Wie gestalten wir Veränderungen?

Horst Zillessen
Stefan Kessen
(Hrsg.)

Wie gestalten wir Veränderungen?

Herausforderungen für die Kommunen durch den demographischen Wandel

PETER LANG
Frankfurt am Main · Berlin · Bern · Bruxelles · New York · Oxford · Wien

Bibliografische Information der Deutschen Nationalbibliothek
Die Deutsche Nationalbibliothek verzeichnet diese Publikation in der Deutschen Nationalbibliografie; detaillierte bibliografische Daten sind im Internet über <http://www.d-nb.de> abrufbar.

Umschlaggestaltung:
Atelier Platen

ISBN 978-3-631-56208-6

www.peterlang.de

Inhaltsverzeichnis

Vorwort

Die öffentliche Diskussion über den demographischen Wandel, konkret: über sinkende Einwohnerzahlen und zunehmende Überalterung, hat sich in den letzten Jahren auf die Fragen nach dessen Folgen für das Wirtschafts- und das Sozialsystem sowie auf die Befürchtungen konzentriert, die mit diesen Folgen verbunden werden. Es steht sicher außer Zweifel, dass dieser Wandel erhebliche Auswirkungen auf sehr unterschiedliche Politikfelder haben und somit Gesellschaft und Politik vor große Herausforderungen stellen wird.

Nachdem die ersten Schockwellen, die die gesellschaftliche Wahrnehmung einer sich schon länger abzeichnenden Entwicklung ausgelöst hatten, abgeebbt sind, mehren sich freilich die Stimmen, die auf die positiven Seiten der bislang eher als Bedrohung wahrgenommenen Entwicklung hinweisen. Als ein Beispiel für viele Veröffentlichungen der letzten Zeit sei auf das Buch des Soziologen Karl Otto Hondrich hingewiesen mit dem Titel „Weniger sind mehr. Warum der Geburtenrückgang ein Glücksfall für unsere Gesellschaft ist" (Campus Verlag 2007).

Der vorliegende Band versucht, eine Brücke zu schlagen zwischen Befürchtungen, Herausforderungen und Hoffnungen im Blick auf den demographischen Wandel und seine Folgen. Dabei werden die konkreten Probleme, die sich den Kommunen in diesem Zusammenhang stellen, in den Mittelpunkt gestellt, weil hier die Entscheidungen gefällt und umgesetzt werden, die den Lebensalltag der Menschen am unmittelbarsten betreffen. Dass hier wesentliche Veränderungen für den Alltag stattfinden werden, ist angesichts der auch hier noch einmal dargestellten Daten und Fakten (s. dazu die Beiträge von Müller und Münz am Anfang dieses Bandes) unbestreitbar. Die entscheidende Frage wird sein, wie und durch wen diese Veränderungen gestaltet und wie die Konflikte angegangen und geregelt werden, die dabei offenkundig unvermeidlich sind (vgl. dazu die Beiträge von Münz und Zillessen).

Die Herausforderungen, die sich dabei stellen, werden im dritten Abschnitt dieses Bandes zunächst unter kommunaler Perspektive mit der Frage aufgenommen, wie vor Ort ein Gesamtkonzept zur Gestaltung des demographischen Wandels entwickelt werden kann (s. dazu den Beitrag von Große Starmann/Schmidt) und welche Folgerungen für die Gestaltung des Wohnalltags sowie für eine nachhaltige Stadtplanung und die Nutzung der Stadt als öffentlicher Raum und „Lebensort" zu ziehen sind (s. dazu die Beiträge von Ebner/Höllbacher/Rommel und von Heiss sowie Voskamp).
Die in den genannten Beiträgen vorherrschende Blickrichtung auf die Kommunen wird über den gesamten Band weitergeführt, aber auch ausgeweitet auf die

Familien- und Bildungspolitik sowie die Gesundheitspolitik. In den beiden Beiträgen von Dohmen und Fink geht es um notwendige Veränderungen, die sich für die genannten Politikfelder ergeben und die über den politischen Kontext hinaus insbesondere auch individuelle Verhaltens- und Lebensweisen betreffen.

Es ist angesichts der Dauer und Intensität der Diskussion über den demographischen Wandel nicht überraschend, dass einzelne Landkreise und Kommunen nicht bei der Bestandsaufnahme der Probleme stehen geblieben sind, sondern die Herausforderungen angenommen und neue Wege eingeschlagen haben. Der vierte Abschnitt dieses Bandes wendet sich daher den vielfältigen Bemühungen und Erfahrungen zu, über die in diesem Zusammenhang berichtet werden kann. Sie betreffen einerseits die Ergebnisse der von der Bertelsmann-Stiftung durchgeführten Studie „Wegweiser Demographischer Wandel“ (vgl. dazu den zweiten Beitrag von Große Starmann/Schmidt), andererseits aber auch die konkreten Erfahrungen der Umsetzung dieser Ergebnisse im Landkreis Holzminden (vgl. den Beitrag von Waske). Vor dem Hintergrund der demographischen Situation und Entwicklung im Bundesland Schleswig-Holstein beschreibt Rentsch in seinem Beitrag die kommunalen Handlungsfelder und entwickelt Vorschläge für Instrumente und Strategien, mit denen die Kommunen auf den demographischen Wandel reagieren können.

Praktische Erfahrungen darüber, wie und mit welchem Erfolg in der Stadt Halle auf die Auswirkungen von Schrumpfungsprozessen mit dem Einsatz kooperativer Planungsstrategien reagiert worden ist, werden im Beitrag von Merk vorgestellt, während Wermker/Heidemann und Binne darüber berichten, wie in Essen und in Bremen die Integrationsprobleme von Migranten durch eine kooperative Planung mit und Partizipation von Betroffenen angegangen und ebenso neuen wie nachhaltigen Lösungen zugeführt worden sind.

Die großen Chancen, die ein kooperativer und partizipativer Ansatz bei dem Umgang mit Veränderungen bietet, schildert eindrucksvoll Elliott in seinen beiden Beiträgen über die Metropolregionen Atlanta, Cleveland und San Fransisco sowie den ökonomischen und ökologischen Erneuerungsprozess durch einen kommunalen Diskurs in der Stadt Chattanooga, Tennessee. In allen Fällen war die Unterstützung der Beteiligungsprozesse durch professionelle Moderatoren und Mediatoren eine wichtige Voraussetzung für den Erfolg der partizipativen Verfahren.

Die letzten beiden Beiträge schließen hier an. Sellnow beschreibt in seinem Beitrag aus der Sicht eines Stadtplaners und nebenamtlichen Moderators sowie Mediators, wie Politik und Verwaltung, aber auch mit der Vorbereitung und Durchführung von kommunalen Planungsprozessen beauftragte Planungsbüros dabei

unterstützt werden können, eine funktionierende Bürgerbeteiligung zu organisieren.
Stefan Kessen betont die entscheidende Rolle des Vertrauens aller an den Planungs- und Gestaltungsprozessen beteiligten Personen, Gruppen und Organisationen darin, dass sie sich dabei mit ihren je besonderen Interessen und Bedürfnissen einbringen können, und er begründet, warum die strukturierte Vorgehensweise in der Mediation dabei helfen kann, eine Antwort auf die Anforderungen zu geben, die der demographische Wandel im Hinblick auf die Zukunfsfähigkeit unserer Gesellschaft stellt.

Um angesichts der Vielzahl und Vielfalt der Beiträge dieses Bandes den Einstieg in die verschiedenen Texte und die Übersicht über die jeweiligen Inhalte zu erleichtern, haben wir den Beiträgen kurze Inhaltsübersichten vorangestellt.
Wir hoffen, dass dieses Vorgehen die praktische Nutzung der in diesem Band vorgestellten Erfahrungen und Ideen, die wir uns sehr wünschen, erleichtern wird.

Oldenburg, im April 2007

Horst Zillessen
Stefan Kessen

A Einführung

Obwohl die Fakten des demographischen Wandels seit mehr als hundert Jahren bekannt sind und die durchschnittliche Kinderzahl in Deutschland seit fast 40 Jahren unter dem Reproduktionsniveau liegt, nehmen Gesellschaft und Politik die damit gestellten Herausforderungen erst seit wenigen Jahren wahr.
Der einführende Beitrag von Müller beschreibt das vielgestaltige Gesicht dieses Wandels und stellt die Ursachen sowie die Folgen für Kommunen und Regionen dar. Dabei wird einerseits deutlich, dass der vorausschaubare Rückgang der Bevölkerung insgesamt auf absehbare Zeit kaum zu beeinflussen sein wird.
Zum anderen ist dabei zu berücksichtigen, dass es zwischen Regionen bzw. Gemeinden erhebliche Unterschiede geben wird und das Entstehen von Gewinner- und Verlierer-Regionen die ohnehin bestehende politische Herausforderung noch erheblich erhöhen wird. Die Schlussfolgerungen, die der Autor aus seinen Darlegungen zieht, sind von einem Grundton bestimmt, der in vielen anderen Beiträgen dieses Bandes aufgenommen worden ist: Kooperation der Kommunen und Regionen ist hier gefordert und zugleich auch die Zusammenarbeit von politisch Verantwortlichen, engagierten Bürgerinnen und Bürgern und zivilgesellschaftlichen Gruppen.

I Wachstum und Schrumpfung in Deutschland – Trends, Perspektiven und Herausforderungen

Bernhard Müller

1. Demographischer Wandel: Ein neues Thema für Wirtschaft, Staat und Gesellschaft?

Dass der demographische Wandel in seinen unterschiedlichen Facetten unsere Gesellschaft vor immense Herausforderungen stellt, ist keineswegs eine neue Erkenntnis. Schon seit Anfang der 1980er Jahren verwiesen Experten auf die Folgen der seinerzeit absehbaren Trends der Bevölkerungsentwicklung (Mackensen/Jung/Umbach 1984, Häußermann/Siebel 1988, Winkel 1988). Konsequenzen wurden zunächst keine gezogen, und die deutsche Vereinigung drängte das Thema für einige Jahre in den Hintergrund. Die öffentliche Diskussion konzentrierte sich allenfalls auf die Veränderung des Verhältnisses zwischen den Generationen.

In den 1990er Jahren titelte DIE ZEIT „Keine Angst vor dem Alter. Der Krieg der Generationen findet nicht statt". Cora Stephan (1996:50f) schrieb, die Angst vor der alternden Gesellschaft sei unsinnig; reizvoll dagegen die Vorstellung von einem Gemeinwesen, das nicht jugendfixiert sei. Der Beitrag enthielt zwar eine Graphik mit Daten des Statistischen Bundesamtes, die einen Bevölkerungsrückgang in Deutschland von 81 Mio. im Jahr 1992 auf 72,4 Mio. im Jahr 2040 zeigte, beschäftigte sich aber ausschließlich mit dem quantitativen Verhältnis der Altersgruppen zueinander und der Verteilungsgerechtigkeit zwischen den Generationen. Von Opportunismus und Kurzsichtigkeit der Politik war die Rede angesichts der Scheu, eine öffentliche Debatte über die demographische Entwicklung in Deutschland zu führen.

Dies hat sich inzwischen gewandelt. Finanzierungsprobleme der Sozialversicherungssysteme, Probleme der Rentenkassen, steigende Ausgaben der gesetzlichen Krankenkassen, der prognostizierte Kollaps des Gesundheitssystems: all dies trug dazu bei, dass die Folgen des demographischen Wandels – wenngleich nach wie vor in seiner Ausprägung einer alternden Gesellschaft – gegen Ende der 1990er Jahre immer deutlicher in der öffentlichen Debatte wahrgenommen wurden.

„Schrumpfung", d.h. die Problematik eines anhaltenden Bevölkerungsrückgangs, wurde hingegen angesichts der deutschen Vereinigung und der damit zusammenhängenden Verlagerung der öffentlichen Aufmerksamkeit auf neue Wachstumspotenziale und die Herausforderungen bei der Schaffung „blühender Landschaften" im Osten auch in den neunziger Jahren weitgehend ausgespart. Sie trat erst mit den negativen Folgen einer ungebremsten Abwanderung aus Ostdeutschland, den dramatisch sinkenden Einwohnerzahlen in ostdeutschen Städten und Regionen, den Wohnungsleerständen, die zu erheblichen Problemen und drastischen Preiseinbrüchen auf den Immobilienmärkten führten, sowie der Unterauslastung und den erhöhten Pro-Kopf-Aufwendungen für Infrastruktur in den Blickpunkt von Wissenschaft und Politik.

Wo man Anfang der 1990er Jahre noch große Wohnungsbauvorhaben auf den Weg gebracht, Dörfer zu Kleinstädten zu machen versucht und Netzinfrastrukturen auf kontinuierlich steigende Einwohnerzahlen ausgelegt hatte, wurden nun die fatalen Folgen der Fehleinschätzungen einer wachstumsorientierten und an Wachstum gewöhnten Gesellschaft deutlich. Kommunen waren von den Konsequenzen der Schrumpfung am unmittelbarsten betroffen, gleichwohl fiel es gerade der Kommunalpolitik zunächst aus nachvollziehbaren Gründen – Alterung ist politisch leichter verdaulich als Schrumpfung – schwer, dies offen zu thematisieren.

Seit einigen Jahren hat der öffentliche Diskurs zum demographischen Wandel in Deutschland damit in all seinen Facetten Konjunktur: Demographiekommissionen wurden gebildet, Demographiekongresse werden ausgerichtet, Demographieberichte werden erarbeitet. Ende 2006 führte zum Beispiel der Freistaat Sachsen auf Initiative des Ministerpräsidenten bereits seinen zweiten „Demographiegipfel" durch, bei dem hochrangige Vertreter aus Politik, Wirtschaft und

Gesellschaft über die Folgen des demographischen Wandels und mögliche Maßnahmen zur ihrer Minderung diskutierten. In der Debatte wird inzwischen auch zunehmend erkannt, dass der demographische Wandel nicht nur höchst unterschiedliche Ausprägungen haben kann, sondern insbesondere auch räumlich äußerst differenziert ist.

2. Das komplexe Bild des demographischen Wandels

Die Fakten des demographischen Wandels sind inzwischen gut bekannt. Seit über hundert Jahren gehen die Kinderzahlen in Deutschland zurück, und seit den 1970er Jahren verharrt die durchschnittliche Kinderzahl weit unterhalb des Reproduktionsniveaus der Bevölkerung, d.h. seit mehreren Jahrzehnten ist jede Elterngeneration größer als die ihrer Kinder. Bis zum Jahr 2050 wird in Deutschland mit einem Rückgang der Bevölkerung von heute über 82 Millionen auf – je nach Höhe der Zuwanderung – unter 70 Millionen gerechnet. Der Anteil der 20- bis unter 65-Jährigen, d.h. der Personen, die nach heutigen Maßstäben im Erwerbsalter sind, wird dann nur noch bei etwa 55 Prozent der Gesamtbevölkerung liegen, gegenüber 62 Prozent zu Beginn des Jahrtausends (vgl. Müller 2004).

Ein Grund für Schrumpfung und Alterung liegt in der so genannten „zweiten demographischen Transformation". Diese ist gekennzeichnet durch einen Rückgang der mittleren Geburtenzahl je Frau. Während die Totale Fruchtbarkeitsrate (TFR) in Deutschland Mitte der 1960er Jahre noch bei etwas 2,5 Kindern lag, sank sie im Jahr 2003 auf einen Durchschnittwert von etwa 1,4. Dieser Wert liegt weit unter dem Reproduktionsniveau der Bevölkerung und ist kurzfristig nicht zu beeinflussen.

Bereits seit mehreren Jahrzehnten sind viele Gebiete von demographischer Schrumpfung betroffen. Und die negativen Bevölkerungstrends weiten sich in den letzten Jahren räumlich erheblich aus. Inzwischen sind nicht nur weite Teile Ostdeutschlands, sondern auch große Gebiete in den westdeutschen Bundesländern – z.B. Nordhessen, Südniedersachsen, Nordost-Bayern, Saarland sowie Teile von Rheinland-Pfalz und Nordrhein-Westfalen – betroffen (vgl. Abb. 1). Unterschiede gibt es nicht nur hinsichtlich der Bundesländer, sondern vor allem auch kleinteilig zwischen Regionen bzw. Gemeinden. Wachsende Gemeinden werden in Zukunft häufiger als bisher in enger räumlicher Nähe neben schrumpfenden Gemeinden liegen. Diese Gewinner-Verlierer-Situation kann interkommunale und regionale Zusammenarbeit erheblich erschweren, der demographische Wandel und seine Folgen machen sie aber zu einer unverzichtbaren Bedingung für zukunftsorientiertes Handeln.

Abb. 1: Wachstums- und Schrumpfungsgebiete in Deutschland (1993-2002)

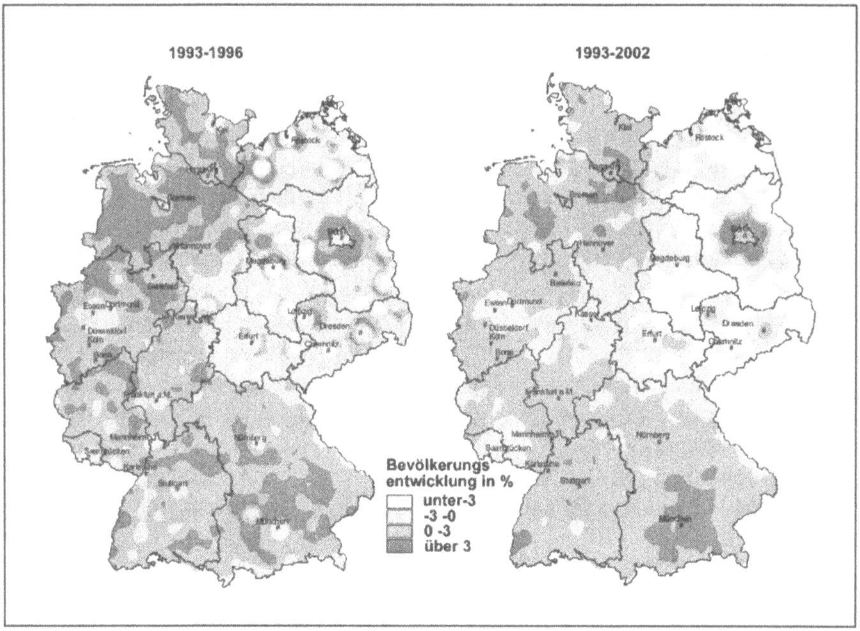

Quelle: Müller et al. (2004)

Dabei ist zu bedenken, dass der demographische Wandel ganz Europa betrifft. Das Green Paper der EU zum demographischen Wandel (Commission of the European Communities 2005) prognostiziert zum Beispiel einen Anstieg des Anteils von Menschen im Alter von 65 bis 79 Jahren zwischen 2005 und 2050 um 44.1 %. Bei den über Achtzigjährigen wird eine Zunahme von mehr als 180 % zu verzeichnen sein. Bis zum Jahr 2030 werden in der EU 20,8 Mio. Menschen im Beschäftigungsalter fehlen (6,8 %).

Und auch bei der demographischen „Schrumpfung“ handelt es sich keineswegs um ein Thema, das auf Deutschland oder gar auf Ostdeutschland beschränkt ist. Vielmehr geht es auch hier um ein europäisches Phänomen, denn viele Regionen Europas, z.B. in Süd- sowie in Mittel- und Osteuropa, aber auch in den übrigen Staaten, verzeichnen bereits seit Jahrzehnten einen teilweise dramatischen Rückgang ihrer Reproduktionsraten bzw. Bevölkerung.

In der Zukunft wird sich diese Situation weiter verschärfen: Im Jahr 2001 prognostizierte die Europäische Kommission in ihrem Zweiten Bericht über den wirtschaftlichen und sozialen Zusammenhalt in Europa einen Bevölkerungsrückgang in 90 von 200 europäischen Regionen bis zum Jahr 2025. Betroffen sind nahezu alle Mitgliedsstaaten und dort insbesondere die Gebiete mit (teilweise erheblichen) Entwicklungsproblemen. Bis zum Jahr 2050 wird mit einem Bevölkerungsrückgang in Europa um über 15 % Prozent gerechnet (Gans, Schmitz-Veltin 2006b).

Ursachen für diese Entwicklung gibt es viele. Hierzu gehören der Wertewandel in einer pluralen Gesellschaft und die Veränderung von Lebensformen (z.B. Singles, Partnerschaften, Patchwork-Familien, Living-apart-together). Bedeutsam sind auch Fragen der Vereinbarkeit von Familie und Berufstätigkeit, der Kinderbetreuung, der Flexibilität von Arbeitszeiten und der Akzeptanz berufstätiger Mütter. Zudem ist das Verhalten der Menschen in Umbruchsituationen mit Ungewissheit zu beachten, z.B. hinsichtlich der Entwicklung der Wirtschaft oder auch der sozialen Absicherung. Und schließlich spielt die ökonomische Situation der Familien eine Rolle. In diesem Zusammenhang mag es interessieren, dass das Statistische Landesamt Baden-Württemberg (2005) ausgerechnet hat, dass allein erziehende Frauen mit Kindern unter 3 Jahren im Hinblick auf ihre relative Wohlstandsposition lediglich bei 46 % des Durchschnitts der Bevölkerung liegen, während nicht eheliche Lebensgemeinschaften ohne Kinder bei 136 % liegen.

Dass die Folgen des demographischen Wandels inzwischen auch bei der Bevölkerung „ankommen", darüber besteht kein Zweifel. Es handelt sich dabei aber nach wie vor eher um die Folgen von Alterung als von Schrumpfung. In einer Umfrage der Bertelsmann Stiftung und von Forsa vom Mai 2003 (Meier 2004) äußerten 90 % der Befragten, dass in der Zukunft eine Reduktion der Gesundheitsleistungen zu erwarten sei. 88 % sahen es als wahrscheinlich an, dass die Rente in Gefahr sei. 86 % sahen steigende Arbeitsanforderungen auf die Gesellschaft zukommen und 77 % waren überzeugt, dass ein Pflegenotstand eintreten würde. Geteilter Meinung war man hinsichtlich möglicher Wertverluste des Wohneigentums. Nur ein Drittel der Befragten sah dies als wahrscheinlich an.

3. Folgen für Kommunen und Regionen

Kommunen und Regionen sind vom demographischen Wandel in besonderem Maße betroffen. Durch Schrumpfung und Alterung bedingt gehen die Bedarfe in vielen Bereichen zurück, in einigen Bereichen verändern sie sich strukturell, in anderen Bereichen wiederum erweitern sie sich. Die folgenden Beispiele verdeutlichen dies (Kilper/Müller 2005, vgl. auch Gans, Schmitz-Veltin 2006a).

Die lokalen und regionalen Wohnungsmärkte sind durch stark zurückgehende Bevölkerungszahlen relativ schnell und direkt betroffen, denn weniger Menschen benötigen weniger Wohnungen und Wohnfolgeinfrastrukturen. Auf den

Wohnungsmärkten ist bei demographischer Schrumpfung in vielen Teilbereichen – auch wenn man Entwicklungen wie zum Beispiel Haushaltsverkleinerungen berücksichtigt, die zu einer Bedarfssteigerung führen – von einem tendenziell rückläufigen Bedarf auszugehen und mit Leerständen zu rechnen. Dies trifft insbesondere für die weniger attraktiven Teilmärkte zu.

Dies haben viele Kommunen, insbesondere in Ostdeutschland, in den letzten Jahren schmerzhaft erfahren müssen. Konnte Wohnungsbau jahrzehntelang und im Osten zumindest seit der Wende als fortwährendes Wachstum quasi mit Gewinngarantie verstanden werden, so kehrten sich die vielerorts günstigen Rahmenbedingungen ab der zweiten Hälfte der 1990er Jahre in ihr Gegenteil. Bedingt durch den demographischen Wandel fehlte es insbesondere an den weniger attraktiven Standorten und in den teilweise negativ stigmatisierten Großwohnsiedlungen, aber auch anderswo an Mietern. Hohe Leerstände waren die Folge. Der Wohnungsbau in Ostdeutschland – mit Ausnahme des Berliner und Hamburger Umlandes – ließ stark nach. Preise verloren ihre Korrektivfunktion. Immobilienwerte sanken rapide. „Stadtumbau Ost“ ist eine der Antworten auf die Problematik.Die Zukunft auf dem Wohnungsmarkt ist ungewiss: Entsprechend dem Wandel der Altersstruktur wird sich die Nachfrage nach Immobilien verändern. Dabei ist mit Unterschieden zwischen Ost und West sowie zwischen den Bundesländern und innerhalb dieser zu rechnen. Grundsätzlich ist zu erwarten, dass das Potenzial an Ersthaushaltsgründungen (Zwanzig- bis Dreißigjährige) und an Eigentumserwerbern (Dreißig- bis Fünfundvierzigjährige) in den kommenden Dekaden stark zurückgehen wird. Demgegenüber wird das Potenzial für betreutes Wohnen erheblich an Bedeutung gewinnen, da die Zahl der über Fünfundsiebzigjährigen weit über dem heutigen Stand liegen wird (Banse/Effenberger 2006). All dies hat auch Konsequenzen für die Wohnfolgeinfrastruktur. Sie sind abhängig von den jeweiligen Nutzergruppen. Mittel- bis langfristig ist zum Beispiel im Bereich der Kinderkrippen, Kindergärten und Schulen mit einem Bedarfsrückgang zu rechnen, teilweise ist dieser – man denke an die öffentlichen Diskussionen um Schulschließungen in vielen ostdeutschen Städten – bereits fassbar. Im Hinblick auf Einrichtungen für ältere Menschen und insbesondere Hochbetagte ist teilweise mit erheblichen Zuwächsen der Nachfragepotenziale zu rechnen.

Ein zweites Beispiel für die Folgen des demographischen Wandels auf kommunaler und regionaler Ebene ist die Siedlungsentwicklung. Auf den ersten Blick mag man vermuten, dass demographische Schrumpfung zu einem zurückgehenden Flächenverbrauch für Siedlungs- und Verkehrszwecke führen sollte. Allerdings ist die Gleichung „Rückgang der Bevölkerung = Rückgang des Flächenverbrauchs“ falsch, denn die Neuinanspruchnahme von Flächen für Siedlung und Verkehr wird weiter anhalten. Ursache dafür ist nicht nur die Nachfrage von privaten Haushalten, Unternehmen und der öffentlichen Hand, sondern auch das

Angebotsverhalten der Kommunen auf den Baulandmärkten. Für viele Städte und Gemeinden dürfte die anhaltend hohe Bereitschaft, neue Flächen für Siedlungsentwicklung bereitzustellen anstatt sich – im regionalen Konsens – auf Innenentwicklung zu konzentrieren, jedoch in einen ruinösen Wettbewerb führen.

Dabei wird häufig übersehen, dass die Erschließung neuer Flächen für Siedlungs- und Verkehrszwecke auch schon bei stagnierenden Bevölkerungszahlen zu einer geringeren Zahl an Einwohnern pro Siedlungs- und Verkehrsfläche führt. In Sachsen ist die Siedlungsdichte zum Beispiel seit 1990 um etwa 20 % zurückgegangen, liegt aber noch etwas höher als in den meisten anderen Ländern und als der westdeutsche Durchschnittswert. Bei einem angenommenen durchschnittlichen Flächenverbrauch von zwei bis fünf Hektar pro Tag geht die Siedlungsdichte im Freistaat allerdings bis zum Jahr 2020 um weitere 20 % bis 25 % zurück (vgl. Abb. 2).

Dies ist jedoch die eigentliche Stellgröße für die Raumentwicklung und die technische Infrastruktur unter Schrumpfungsbedingungen (Müller/Siedentop 2004). Denn mit der Erschließung neuer Flächen werden Infrastrukturnetze länger und die Kosten steigen. Diese müssen jedoch von immer weniger Menschen getragen werden. Eine Schlussfolgerung hieraus lautet: Es ist unter Schrumpfungsbedingungen noch wichtiger, als ohnehin im Rahmen der Nachhaltigkeitsdebatte postuliert, den „Flächenverbrauch" einzudämmen.

Abb. 2: Veränderung der Bevölkerungs- und Siedlungsdichte in Sachsen seit 1992 und Szenarien der Entwicklung bis 2020

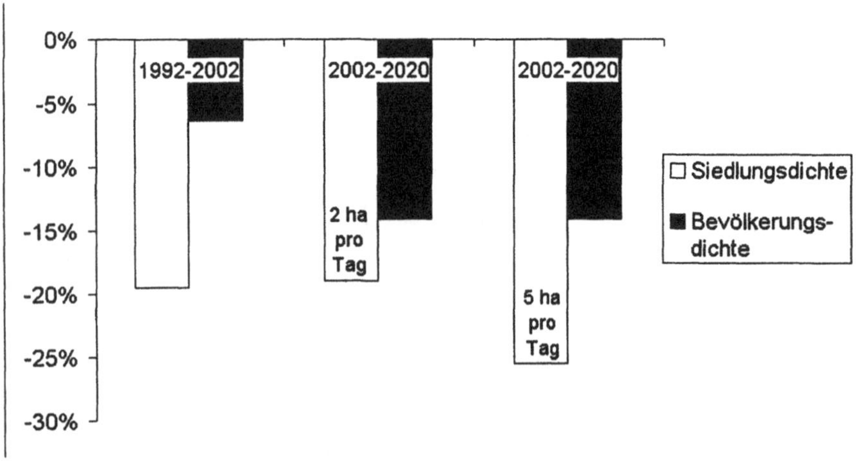

Quelle: Statistisches Landesamt des Freistaates Sachsen, Berechnungen des Leibniz-Instituts für ökologische Raumentwicklung

Erläuterung: Das Szenario 2002-2020 ermittelt die Veränderung der Siedlungsdichte in Sachsen unter den alternativen Annahmen, dass pro Tag zwei bzw. fünf Hektar Siedlungsfläche neu in Anspruch genommen werden.

Im Bereich der technischen Ver- und Entsorgung werden die Folgen einer Entdichtung deutlich. Die Bedarfe gehen in demographischen Schrumpfungsgebieten in wesentlich stärkerem Maße zurück, als dies aufgrund des veränderten Verbraucherverhaltens (z.B. beim Wasserverbrauch) und effizienterer technischer Lösungen (z.B. bei Energie und Fernwärmeversorgung) bereits ohnehin der Fall ist. Da die langlebigen Systeme der Ver- und Entsorgung allerdings schwer an die demographische Entwicklung anzupassen sind, entstehen höhere Pro-Kopf-Aufwendungen. Diese erhöhen sich durch zusätzliche Kosten für die Aufrechterhaltung der technischen Funktionsfähigkeit der Ver- und Entsorgungssysteme und die Kosten von Umbaumaßnahmen. Die Kostenbelastung wird bei sinkender Siedlungsdichte spürbar zunehmen, da die Umlage nicht reduzierbarer Fixkosten auf eine geringere Anzahl von Infrastrukturnutzern erfolgen muss. Das heißt, dass im Ergebnis immer weniger Einwohner für zunehmend überdimensionierte Netze bezahlen müssen (Koziol 2004, Herz/Marschke 2005). Neue Ideen, die zur Lösung dieser Problematik beitragen können, sind gefragt. Es wird deutlich und durch viele Beispiele belegt, dass solche Lösungsansätze vor allem im regionalen bzw. interkommunalen Verbund erfolgreich umgesetzt werden können.

4. Perspektiven: Demographischer Wandel und Kooperation

Die Auseinandersetzung mit den Problemen des demographischen Wandels für Kommunen und Regionen gehört für die Verantwortlichen in Ostdeutschland längst zum Tagesgeschäft. Dass dies auch in Westdeutschland zunehmend der Fall ist, zeigt eine Kurzbefragung von Bürgermeisterinnen und Bürgermeistern in 276 Städten und Gemeinden (Langhagen-Rohrbach/Gretschel 2005). 93 % der Befragten war sicher, dass der demographische Wandel eine wesentliche zukünftige Herausforderung in westdeutschen Kommunen darstellt. Über 80 % der Befragten gab an, dass sie sich bereits mit Problemen des demographischen Wandels auseinandergesetzt haben. In etwa 67 % der Fälle hatte sich auch bereits die Verwaltung mit dem Thema auseinandergesetzt, gleichwohl gab es nur in 57 % der Fälle auch bereits Strategieansätze zum Umgang mit dem demographischen Wandel. Themenfelder dabei waren Schule, Kinder, Jugendzentren (in 88,5 % der Strategien), Siedlungsflächenentwicklung (88,3 %), Senioreneinrichtungen (70,7 %) sowie Einzelhandel, Nahversorgung (58,6 %). Lediglich in etwa je 25 % der Fälle wurden Themen wie Öffentlicher Personennahverkehr, Abwasserentsorgung und Wasserversorgung thematisiert.

Trotz dieser positiven Anzeichen zeigt sich vielerorts, dass kommunale und regionale Planungen in der Praxis noch nicht ausreichend auf Schrumpfungsprozesse vorbereitet sind. Ein Umdenken und Umsteuern fällt nicht leicht, denn die aktuellen Entwicklungstendenzen legen es nahe, dass neben das traditionell wachstumsorientierte Planungsparadigma in Zukunft ein „Paradigma der Schrumpfung" treten muss. Dies heißt keineswegs, von Wachstum Abschied zu nehmen. Vielmehr geht es um das „Mitdenken" von Schrumpfung.

Planungsansätze sind vor diesem Hintergrund stärker in Richtung auf ein „Schrumpfungsparadigma" hin zu orientieren, das auf Bestandsentwicklung, Stabilisierung, Revitalisierung und qualitative Entwicklung sowie die Wiedernutzung von Flächen und Gebäuden setzt, Planung als Management von Prozessen der Schrumpfung versteht, strategische Planung und integrierte Konzepte nutzt und über interkommunale Kooperation, Ausgleichsregelungen, Mehrebenenkooperation sowie intersektorale Koordination zu steuern versucht (Müller 2005).

Dabei gewinnt die Region als Handlungsebene an Bedeutung. Da Schrumpfungsprozesse nicht allein auf der kommunalen Ebene bewältigt werden können, ist es nicht nur nahe liegend, sondern auch unter den gegebenen Rahmenbedingungen stärker als bisher geboten, funktional eng verflochtene Räume aus planerischer Sicht als eine Einheit aufzufassen. Stehen Umbau und Rückbau auf der Tagesordnung von Kommunen, dann gilt es, Anpassungs- und Entwicklungskonzepte im regionalen Verbund zu erarbeiten und umzusetzen.

Die Region gewinnt dabei insbesondere als räumliche Plattform für eine Anpassung von Siedlungsstrukturen an Bedeutung. Wenn mehrere Kommunen gleichzeitig vor der Frage nach einer Schließung von Schulen oder einem Rückbau von technischer Infrastruktur stehen, dann ist es im Sinne des „Überlebens" von Einrichtungen bzw. einer langfristigen und bedarfsorientierten Aufrechterhaltung von öffentlichen Dienstleistungen angebracht, Probleme nicht nur auf der Ebene jeder einzelnen Kommune zu bearbeiten, sondern nach regionalen Potenzialen der Problemlösung zu suchen. Gleiches gilt für den Wohnungsbau und eine Vielzahl anderer Bereiche. Dass solche Anpassungsstrategien regionale Ausgleichsmechanismen erfordern und auf die Zusammenarbeit von öffentlichen Stellen, Privaten und zivilgesellschaftlichen Gruppen angewiesen sind, versteht sich von selbst.

Kooperation kann schädliche Konkurrenz vermeiden helfen, interkommunalen Erfahrungsaustausch fördern, eine stärkere öffentliche Wahrnehmung sichern, zur Imageaufwertung führen, Arbeitsteilung begünstigen und zur Vergrößerung der Handlungsoptionen beitragen. Zudem lassen sich Vorteile bei der Akquisition von Fördermitteln erzielen, insbesondere dann, wenn Fördermittelgeber Wert auf Kooperationskonzepte legen. Kooperation erleichtert die Aufrechterhaltung der Versorgung der Bevölkerung mit sozialer und technischer Infrastruktur zu vertretbaren Kosten, sie kann zu Kosteneinsparungen und zur gemeinsamen Finanzierung von Maßnahmen führen und durch sie können gemeinsame Projekte initiiert werden. Kooperation schließt dabei den Wettbewerb um gute Ideen und Projekte nicht aus, sondern sollte ihn beflügeln.

Interkommunale und regionale Kooperation sind damit nützliche und wichtige Ansätze im Umgang mit den Folgen des demographischen Wandels. Allerdings ist eines zu bedenken: Es gibt sie nicht zum Nulltarif. Kooperation ist aufwendig und muss kontinuierlich gepflegt werden, wenn sie langfristig funktionsfähig bleiben soll.

Literatur

Banse, J. / Effenberger, K.-H., Deutschland 2050 – Auswirkungen des demographischen Wandels auf den Wohnungsbestand, Dresden 2006.

Commission of the European Communities, Green Paper "Confronting demographic change: a new solidarity between the generations", Brüssel 2005.

Europäische Kommission, Einheit Europas. Solidarität der Völker. Vielfalt der Regionen. Zweiter Bericht über den wirtschaftlichen und sozialen Zusammenhalt, Luxemburg 2001.

Gans, P./Schmitz-Veltin, A., Demographische Trends in Deutschland. Folgen für Städte und Regionen. Hannover 2006 (a). (ARL, Forschungs- und Sitzungsberichte Band 226)

Gans, P./Schmitz-Veltin, A, Grundzüge der demographischen Entwicklung in Europa, in: Gans, P./Schmitz-Veltin, A. (2005), 34-54.

Häußermann, H./Siebel, W., Die schrumpfende Stadt und die Stadtsoziologie. In: Kölner Zeitschrift für Soziologie und Sozialpsychologie, Sonderheft 29/1988, S. 78-92.

Herz, R./Marschke, L., Konsequenzen der Stadtschrumpfung für stadttechnische Infrastruktursysteme, in: Wissenschaftliche Zeitschrift der TU Dresden 2005, Heft 3-4, S. 99-104.

Kilper, H./Müller, B., Demographischer Wandel in Deutschland - Herausforderungen für die nachhaltige Raumentwicklung. In: Geographische Rundschau, 57. Jg., 3/2005, S. 36-41.

Koziol, M., Folgen des demographischen Wandels für die kommunale Infrastruktur, in: Deutsche Zeitschrift für Kommunalwissenschaften, 43. Jg., 1/2004, S. 69-83.

Langhagen-Rohrbach, C./Gretschel, S., Westdeutsche Kommunen und der demographische Wandel - Ergebnisse einer Kurzbefragung und ihre Konsequenzen, in: Raumforschung und Raumordnung, 63. Jg. 3/2005, S. 223-231.

Mackensen, R. / Jung, E./Umbach, R. (Hrsg.), Leben im Jahre 2000 und danach - Perspektiven für die nächsten Generationen. Berlin 1984.

Meier, J., Der demographische Wandel als Chance für einen gesellschaftlichen Innovationsschub, in: Milbradt, G./Meier, J., Die demographische Herausforderung – Sachsens Zukunft gestalten, Gütersloh 2004, S. 14-19.

Müller, B., Demographischer Wandel und die Folgen für die Städte - Einführung und Übersicht, in: Deutsche Zeitschrift für Kommunalwissenschaften, 43. Jg., 1/2004, S. 5-13.

Müller, B., Demographischer Wandel – Herausforderung für Raumentwicklung und Raumplanung, in: Wissenschaftliche Zeitschrift der TU Dresden 54, Heft 3-4/2005.

Müller, B./Siedentop, S., Wachstum und Schrumpfung in Deutschland – Trends, Perspektiven und Herausforderungen für die räumliche Planung und Entwicklung, in: Deutsche Zeitschrift für Kommunalwissenschaften 43. Jg., 1/2004.

Müller, B. et al., Demographische Entwicklung im Freistaat Sachsen - Analyse und Strategien zur Raumentwicklungs- und Raumplanungspolitik. Gutachten im Auftrag der Sächsischen Staatskanzlei, Dresden 2004.

Statistisches Landesamt Baden-Württemberg, Die Bevölkerungsentwicklung in Baden-Württemberg. Eine Herausforderung für unsere Gesellschaft. Statistische Analysen Heft 3, Stuttgart 2005.

Stephan, C., Droht ein Krieg der Generationen?, in: DIE ZEIT, ZeitPunkte Nr. 1/1996, S. 50-53.

Winkel, R., Die demographische Entwicklung: Entlastungen oder zusätzliche Probleme für die kommunalen Haushalte, in: Der Landkreis 12/1988, S. 548-550.

B Konfliktentwicklung

Nach der Darstellung der des sehr unterschiedlichen Gesichts des demographischen Wandels befasst sich der folgende Abschnitte mit dessen Folgen. Dabei geht es einerseits um das bereits jetzt heiß diskutierte Thema der sozialen Sicherung und andererseits um die Frage, wie unsere Gesellschaft mit den unterschiedlichen Konflikten umgehen kann und sollte, mit welchen sie in Zukunft konfrontiert sein wird.
1. Bei der Diskussion über die demographische Entwicklung bleibt oft unerwähnt, dass Deutschland gegenwärtig mit ca. 82,5 Millionen Einwohnern einen historischen Höchststand erreicht hat. Der Beitrag von Münz gibt zunächst einen kurzen Überblick über die Bevölkerungsentwicklung der letzten 100 Jahre und einen Ausblick auf die nächsten 50 Jahre mit den zu erwartenden unterschiedlichen Entwicklungen in den Ländern und Regionen.
Bei aller Unterschiedlichkeit insbesondere zwischen dem Osten und dem Westen der Bundesrepublik sowie zwischen dem ländlichen Raum und den städtischen Ballungsgebieten wird aber deutlich, dass die deutsche Gesellschaft sich insgesamt auf eine sinkende Bevölkerungszahl einstellen muss: selbst bei einer Netto-Zuwanderung von zehn Millionen Menschen aus dem Ausland in den nächsten fünf Jahrzehnten würden Mitte der 50er Jahre dieses Jahrhunderts in Deutschland etwa 7,5 Millionen Menschen weniger leben als heute.
Diese Entwicklung muss Konsequenzen haben für das System der sozialen Sicherung. Der Autor stellt daher abschließend fünf verschiedene Strategien dar, die einander zwar nicht ausschließen, aber zu ganz unterschiedlichen Ergebnissen führen werden.

I Demographische Entwicklung in Deutschland - Konsequenzen für die soziale Sicherung

Rainer Münz

Europas Bevölkerung altert. Und sie wird im 21. Jahrhundert wahrscheinlich auch schrumpfen. In Deutschland hat dieser Prozess schon begonnen. Hauptursache dafür sind: die steigende Lebenserwartung, die sehr niedrigen Kinderzahlen und ein wachsendes Geburtendefizit. Mögliche Antworten darauf sind ein höheres Rentenalter und eine Verlängerung der Lebensarbeitszeit, eine höhere Frauenerwerbsquote sowie mehr Zuwanderung. Diese Strategien schließen einander nicht aus. Voraussetzung dieser möglichen Antworten auf die demographische Herausforderung wären allerdings ein funktionierender Arbeitsmarkt für ältere Erwerbstätige, eine bessere Vereinbarkeit von Beruf und Familie und/oder eine wesentlich größere gesellschaftliche Akzeptanz von Zuwanderung.

1. Rückblick auf das 20. Jahrhundert: Deutschlands Bevölkerung zwischen 1900 und heute

Heute hat Deutschland kapp 82,5 Millionen Einwohner. Dies ist ein historischer Höchststand. In der Vergangenheit lebten in Deutschland durchwegs weniger Menschen. Doch in den letzten Jahren begann die Bevölkerung leicht zu schrumpfen. Und es gibt gute Gründe für die Annahme, dass die Bevölkerung dieses Landes und etlicher anderer Länder Europas im Laufe des 21. Jahrhunderts kaum noch wachsen, sondern eher schrumpfen wird.

Im Jahr 1900 hatte das Deutsche Reich knapp 65 Millionen Einwohner. Und die lebten auf einem Territorium, das rund 40 Prozent größer war, als das heutige Deutschland. Charakteristisch für die Bevölkerung jener Zeit war eine Altersverteilung, die den Namen „Bevölkerungspyramide“ im eigentlichen Wortsinn noch verdiente. Damals gab es in Deutschland relativ viele Kinder und Jugendliche, aber nur wenige alte Leute. Ein Drittel aller Einwohner (34 Prozent) war unter 15 Jahre alt, nur 5 Prozent über 65 Jahre. Unter diesen Voraussetzungen eine Altersrente ursprünglich ab 70, später ab 65 Jahren einzuführen, war für den Staat als Garanten der umlagefinanzierten Rente risikolos. Die meisten Menschen wurden gar nicht so alt.

Während des 20. Jahrhunderts wuchs die Zahl der Einwohner Deutschlands. Die Bevölkerung begann zu altern. Und es kam zu einer deutlichen Verschiebung des Siedlungsraums. Folgende Prozesse und Veränderungen – die in ähnlicher Form auch für andere Teile Europas dokumentiert sind – waren dafür ausschlaggebend.

Erstens: die Verlängerung der Lebensspanne. Um das Jahr 1900 hatten Frauen bei der Geburt eine Lebenserwartung von 48 und Männer von 45 Jahren. Damals war die Säuglings- und Kindersterblichkeit in Deutschland noch relativ hoch. Und tödlich verlaufende Infektionskrankheiten waren an der Tagesordnung. Im Jahr 1950 hatten Frauen in Deutschland eine Lebenserwartung von 68 und Männer von 64 Jahren. Heute beträgt die Lebenserwartung von Frauen bereits 82 und die der Männer 76 Jahre. Im Laufe des 20. Jahrhunderts stieg die durchschnittliche Lebenserwartung in Deutschland somit um rund 30 Jahre.

Zweitens: der Rückgang der Kinderzahlen. Zu Beginn des 20. Jahrhunderts bekamen Frauen in Deutschland im Schnitt noch 4 Kinder. Bis in die frühen 1930er Jahre gab es einen ersten deutlichen Rückgang von Geburtenraten und Kinderzahlen. Ihren ersten historischen Tiefstand erreichten sie zur Zeit der Weltwirtschaftskrise. Danach folgten während der NS-Zeit sowie in den 1950er und frühen 1960er Jahren zwei aufeinander folgende Baby-Booms. Von Mitte der 1960er Jahre bis in die 1980er Jahre gingen Geburten und Kinderzahlen in Westdeutschland wieder zurück, während es in der DDR nach 1975 noch einmal zu einer kleinen Geburtenwelle kam. Dafür war der Rückgang im Osten

Deutschlands nach 1989 umso drastischer. Im Schnitt liegen die Zahlen heute in Westdeutschland bei 1,4 und in Ostdeutschland bei 1,1 Kindern pro Frau. Eine wachsende Minderheit der Jüngeren bleibt auf Dauer kinderlos. Niedrige Kinderzahlen bewirken ein Geburtendefizit. Seit 1972 sterben in Deutschland mehr Menschen als Kinder zur Welt kommen.

Drittens: die großen Bevölkerungsverschiebungen durch Weltkriege, NS-Zeit und Änderungen der Grenzen Deutschlands. Bereits zwischen 1918 und 1923 immigrierten rund 1,2 Millionen Deutsche aus ehemals zu Deutschland gehörenden Regionen (aus Elsass-Lothringen, dem 1918 unabhängig gewordenen Polen und der Freistadt Danzig) sowie aus dem Baltikum. Während der Zeit des Nationalsozialismus mussten über 350.000 deutsche Juden und Gegner des NS-Regimes das Land verlassen. Zwischen 1938 und 1944 wurden ca. 650.000 Volksdeutsche nach Deutschland umgesiedelt. Ihnen folgten 1945-48 rund 12 Millionen Ostflüchtlinge und Vertriebene aus den ehemaligen deutschen Ostgebieten, aus den 1945 wieder errichteten Staaten Polen, Tschechoslowakei und Jugoslawien sowie aus Ungarn.

Viertens: die Wende vom Auswanderungsland zum Einwanderungsland. In der ersten Hälfte des 20. Jahrhunderts überwog in Deutschland die Zahl der Auswanderer. In der zweiten Hälfte des 20. Jahrhunderts kamen in großer Zahl, deutschstämmige Aussiedler aus Ostmittel- und Osteuropa, Arbeitsmigranten vor allem aus Mittelmeerländern, später auch deren Familienangehörige, schließlich Asylbewerber und Flüchtlinge. Zwischen 1954 und 2005 wuchs die Bevölkerung Deutschlands durch Zuwanderung um 10,1 Millionen Menschen; darunter sowohl Ausländer als auch Aussiedler ethnisch deutscher Herkunft. Hinzu kommt eine beträchtliche Wanderung zwischen beiden deutschen Staaten. Zwischen 1949 und 1990 verließen rund 5,3 Millionen Ostdeutsche die DDR. Nur 0,5 Millionen Bundesbürger emigrierten im selben Zeitraum nach Ostdeutschland. Seit den späten 1990er Jahren ist die Zuwanderung nach Deutschland rückläufig, während die Zahl der Auswanderer wieder steigt. Seit einigen Jahren reicht daher der geringer werdende Wanderungsgewinn nicht mehr aus, um das Geburtendefizit auszugleichen.

Fünftens: die fundamentale Änderung der Siedlungsstruktur. Zu Beginn des 19. Jahrhunderts lebte die Mehrzahl der Deutschen noch auf dem Lande. Seit der industriellen Revolution vergrößerten die Städte ihre Einwohnerzahl um ein Vielfaches, und so manche agrarische Region verstädterte. Aus einem Land der Dörfer und Kleinstädte wurde ein Land mit Agglomerationen mit mehreren Millionen Einwohnern (v.a. Ruhrgebiet, Berlin, Oberschlesien). Im 20. Jahrhundert kam es zu einer Gegenbewegung. Während der Zuzug in die Städte anhielt, zogen immer mehr Stadtbewohner an den Rand der Städte oder in deren ländliche Umgebung. Der Prozess der Suburbanisierung verwischte in vielen Teilen

Deutschlands die Grenze zwischen den Kernstädten und ihrem Umland. Heute haben diese Umländer in etlichen Fällen erhebliche Einwohnerzahlen.

2. Bevölkerungswachstum seit 1950

Bei ihrer Gründung im Jahr 1949 hatten die alte Bundesrepublik 49,3 und die DDR 18,8 Millionen Einwohner. In Summe lebten in Deutschland damals 68,1 Millionen Menschen. Im Jahr 2005 hatte Deutschland um rund 14 Millionen Einwohner mehr. Der Zuwachs erklärt sich aus einem Geburtenüberschuss von knapp 4 Millionen und einem Wanderungsgewinn von etwa 10 Millionen Personen. Geburtenüberschüsse gab es vor allem in den 1950er und 1960er Jahren. Wanderungsgewinne gab es vor allem in der Zeit der Anwerbung von Gastarbeitern zwischen 1961 und 1973, während des Falls des Eisernen Vorhangs und unmittelbar nach dem Ende der politischen Spaltung Europas (1988 bis 1992) sowie während der Kriege in Kroatien (1992, 1996), Bosnien (1993-1996) und im Kosovo (1999).

2005 lebten in Deutschland rund 82,5 Mio. Menschen, davon 65,5 Millionen (79 Prozent) in Westdeutschland sowie 17 Millionen (21 Prozent) im Osten Deutschlands (neue Länder und Berlin). 75,2 Millionen Einwohner (92 Prozent) besaßen die deutsche Staatsbürgerschaft, 6,7 Millionen (8 Prozent) waren Ausländer. Ein Sechstel der Bewohner Deutschlands war unter 15 Jahre alt (16 Prozent), drei Fünftel waren im Alter zwischen 15 und 60 (54 Prozent), ein weiteres Fünftel über 60 Jahre alt (20 Prozent). Aus der klassischen „Alterspyramide“ wurde eine Altersverteilung, deren mittlere Jahrgänge am stärksten besetzt sind.

3. Zukünftige Bevölkerungsentwicklung: Ausblick auf das 21. Jahrhundert

In Zukunft wird die Bevölkerung Deutschlands weiter altern und voraussichtlich auch schrumpfen. Absehbar ist eine wachsende Zahl von Sterbefällen. Dies ist trotz weiter steigender Lebenserwartung unausweichlich, sobald die „starken“ Geburtsjahrgänge der NS-Zeit sowie des Baby-Booms der 1950er und 1960er Jahre ins Sterbealter kommen. Gleichzeitig wird aller Voraussicht nach die Zahl der Geburten abnehmen. Das ist eine Spätfolge des Geburtenrückgangs ab den späten 1960er Jahren. Denn jener Rückgang führte vor allem ab 1970 zu „schwachen“ Jahrgängen. Und dies führt nun dazu, dass es heute und in Zukunft in Deutschland immer weniger potenzielle Eltern und folglich auch weniger Geburten gibt.

Bei wachsendem Überschuss der Sterbefälle über die Geburten entscheidet die Zuwanderung aus dem Ausland über zukünftige Struktur und Entwicklung der Bevölkerung. Ohne jede Zuwanderung hätte Deutschland im Jahr 2050 voraussichtlich um rund 23 Millionen Einwohner weniger als im Jahr 2006. Vier von zehn Bewohnerinnen und Bewohnern des Landes wären dann über 60 Jahre alt (40 Prozent). Selbst bei einer Netto-Zuwanderung von 200.000 Personen pro Jahr – netto 10 Millionen während der nächsten fünf Dekaden – würden 2050 in Deutschland etwa 75 Millionen Menschen leben: 7,5 Millionen weniger als heute. Und selbst dann wäre im Jahr 2050 mehr als ein Drittel der Bewohner des Landes über 60 Jahre alt (34 Prozent), aber nur noch jeder bzw. jede Achte unter 15 Jahre alt (12 Prozent). Kein realistisch erwartbares Wanderungsvolumen wird in Deutschland dazu führen, dass der Anteil der Einwohner im Haupterwerbsalter – also der Anteil der 20- bis 60-Jährigen – in absehbaren Zukunft wieder mehr als 50 Prozent ausmacht. Derzeit stellt diese für die Produktion von Gütern und Dienstleistungen sowie für die Finanzierung der öffentlichen Haushalte und der sozialen Sicherung entscheidende Altersgruppe mit 54 Prozent noch die Mehrheit in der Gesamtbevölkerung. Im Jahr 2050 werden allenfalls noch 46-48 Prozent der Bevölkerung zwischen 20 und 60 sein. Auf jeden Fall wird sich das Gewicht noch viel stärker von der jüngeren zur älteren Generation verschieben. Denn bei schrumpfender Gesamtbevölkerung wächst nicht bloß der relative Anteil der Personen im Rentenalter, sondern in der ersten Hälfte des 21. Jahrhunderts auch deren absolute Zahl. Aus der ursprünglichen „Alterspyramide“ wird damit binnen 150 Jahren eine Altersverteilung, die quasi „auf dem Kopf“ steht, also in der die Ältesten zugleich das größte Gewicht haben.

4. Das wachsende und das schrumpfende Deutschland

Alterung und Schrumpfung werden die einzelnen Länder und Regionen Deutschlands nicht gleichermaßen betreffen. Bereits während der 1990er Jahre schrumpfte die Bevölkerung in vier der fünf neuen Bundesländer. Nur Brandenburg konnte seine Einwohnerzahl durch Zuwanderer vor allem aus Berlin stabilisieren. Die Umländer der ostdeutschen Landeshauptstädte und anderer größerer Städte (z.B. Leipzig, Rostock, Schwerin) profitierten ebenfalls vom einsetzenden Prozess der Suburbanisierung. Dennoch schrumpfen etliche ostdeutsche Landkreise trotz laufender Wanderungsgewinne. Denn im Westen Mecklenburgs, dem Norden und Osten Brandenburgs sowie im Raum Dresden-Leipzig reichen die Gewinne aus Binnen- und Außenwanderungen nicht, um das enorme Geburtendefizit zu kompensieren. In Ostmecklenburg, Vorpommern, Sachsen-Anhalt, Thüringen sowie im Süden und Osten Sachsens ist der Wanderungssaldo negativ und addiert sich noch zum Geburtendefizit. Berlin hatte bis Mitte der 1990er Jahre trotz Abwanderung ins Umland durch Zuwanderung aus dem Ausland noch eine wachsende Bevölkerung. Seit 1995 schrumpft die Einwohnerzahl der Bundeshauptstadt wieder.

Auch in Westdeutschland stagniert oder sinkt die Einwohnerzahl vieler Kernstädte, während jene der Umländer weiter wächst. Allerdings verlagert sich das Bevölkerungswachstum bei zunehmender Pendeldistanz in das weitere Umland

der Städte. Demographische Gewinner waren bisher Bayern, Teile Baden-Württembergs, Hessens, Nordrhein-Westfalens (ohne das Ruhrgebiet), das nordwestliche Niedersachsen und ein Großteil Schleswig-Holsteins, wo es bislang sowohl Geburtenüberschüsse als auch Wanderungsgewinne gab. Bevölkerungsrückgänge sind hingegen für das Ruhrgebiet, das Saarland und das südöstliche Niedersachsen dokumentiert.
Im frühen 21. Jahrhundert (und darüber hinaus) wird sich der Bevölkerungsrückgang in Berlin und weiten Teilen Ostdeutschlands fortsetzen. Trotz der voraussichtlich einsetzenden Schrumpfung der Gesamtbevölkerung Deutschlands wird die Mehrzahl der Regionen Westdeutschlands zumindest bis zum Jahr 2015 noch an Einwohnerzahl gewinnen. Dies erklärt sich fast zur Gänze aus zu erwartenden Wanderungsgewinnen. Gegenden mit Geburtenüberschüssen wird es hingegen in Zukunft nicht mehr geben.

5. Konsequenzen für die Systeme der sozialen Sicherung

Drei Elemente der demographischen Entwicklung haben besonderen Einfluss auf das System der sozialen Sicherung:

- der starke Anstieg der Zahl alter Menschen;
- die veränderte Dynamik der Familienbildung;
- die sich ändernde Relation zwischen jüngeren und älteren Erwachsenen.

Ersteres – nämlich die rasch wachsende Zahl alter, insbesondere hochaltriger Menschen – bedeutet zuerst eine Herausforderung für das Gesundheitssystem und die Pflegesicherung. Denn die demographische Alterung bewirkt fast automatisch mehr Gesundheitsausgaben, auch wenn die Alten von morgen gesünder sein werden als die Alten von heute.

Insbesondere die erfolgreiche Zurückdrängung sogenannter Zivilisationskrankheiten – insbesondere Tod durch Krebs, Herzinfarkt und Hirnschlag – wird bewirken, dass Menschen nicht nur älter werden, sondern im Alter auch eine längere Zeit an chronisch-degenerativen Erkrankungen leiden werden. Dadurch steigt die Nachfrage nach Pflegeleistungen.

Zugleich dünnen durch geringe Kinderzahlen, gesunkene Heiratshäufigkeit und steigende Scheidungsraten jene familiären Netzwerke aus, innerhalb derer bislang unentgeltlich Pflegeleistungen erbracht wurden. An ihre Stelle muss professionelle Pflege treten. Damit fragt sich, wie diese Pflege für die Alten von morgen finanziert werden soll: durch Ausbau der Pflegeversicherung – also im Umlageverfahren; oder durch stärkere Beteiligung der Pflegebedürftigen bzw. ihrer Familien. Letzteres setzt die Entwicklung intelligenter Modelle des Entsparens im Alter voraus. Dabei geht es darum, Teile des im Laufe des Lebens erworbenen Vermögens als monatlichen Zuschuss zur Altersrente zu konsumieren. Es müsste auch möglich werden, zur Pflegefinanzierung ein bereits lastenfreies Eigenheim wieder mit einer monatlich wachsenden Hypothek zu belasten, die erst nach dem Tod fällig wird. An einer solchen Lösung müssten vor allem kinderlose Angehörige der älteren Generation interessiert sein.

Die sich ändernde Relation zwischen jüngeren und älteren Erwachsenen stellt vor allem die Rentenversicherung vor ein Finanzierungsproblem. Tendenziell müssen immer weniger Junge für immer mehr Alte aufkommen. Dagegen lässt sich folgendes tun:

1. Wir können das Rentenalter erhöhen. Zur Diskussion steht als erstes eine Anhebung des gesetzlichen Rentenalters auf 67 Jahre. Voraussetzung dafür ist die Entstehung eines funktionierenden Arbeitsmarktes für ältere Erwerbstätige. Sonst verschiebt sich das Finanzierungsproblem bloß von der Rentenversicherung zur Arbeitslosenversicherung oder zu den Kommunen, die für Sozialhilfe aufkommen müssen.

2. Wir können versuchen, die Erwerbsquoten der Frauen zu erhöhen. Auch dafür gibt es klare Voraussetzungen: die flächendeckende Versorgung mit Kinderbetreuungs-einrichtungen und ganztägigen Schulformen sowie eine familiengerechtere Organisation von Erwerbsarbeit. Wären die Väter bereit, bei der Betreuung und Erziehung ihrer Kinder mehr Verantwortung zu übernehmen, würde dies das Leben berufstätiger Mütter ebenfalls erleichtern.

3. Wir können qualifizierte Migranten anwerben, die an die Stelle jener Kinder treten, welche wir selbst nicht in die Welt gesetzt haben. Hierzu bedarf es nicht nur einer geeigneten Migrationspolitik, sondern auch eines Klimas der Akzeptanz von Zuwanderern. Sonst werden jene Zuwanderer, die wir gerne nach Deutschland holen wollten, nicht hierher kommen.

4. Darüber hinaus lässt sich immer der Versuch unternehmen, Beiträge zur Renten-versicherung anzuheben bzw. dieser Versicherung alternative Einkommensquellen zu erschließen (Stichwort: Ökosteuer) oder das Rentenniveau abzusenken. Letzteres läuft auf Konsumverzicht für die ältere Generation hinaus.

5. Schließlich bleibt als Strategie die private (Sparplan, Privatpension) oder staatlich geförderte Eigenvorsorge (Riester-Rente). Dies setzt allerdings einen gewissen Konsumverzicht in der Gegenwart voraus.

Die genannten Strategien schließen einander nicht aus, führen aber zu ganz unterschiedlichen Ergebnissen. Die ersten beiden Strategien zielen auf eine Vollerwerbsgesellschaft, also auf die stärkere Erwerbsbeteiligung von Einheimischen und schon im Land lebenden Zuwanderern. Die dritte Strategie setzt hingegen auf permanente Zuwanderung und eine zunehmend heterogene Gesellschaft. Konsumverzicht der jüngeren Erwachsenen hätte dagegen den Aufbau eines Kapitalstocks zum Ziel, aus dem kapitalgedeckte Renten mehr oder weniger unabhängig von der Zahl der zukünftigen Erwerbstätigen (und Beitragszahler) finanziert würden.

Außerdem ist klar, dass auch die zuerst genannten Strategien Einfluss auf die Höhe des Einkommens im Alter haben. Eine Verlängerung der Lebensarbeitszeit sichert am ehesten eine höhere Rente, ohne die Erwerbstätigen wesentlich stärker belasten zu müssen. Ein so früher Renteneintritt wie in den letzten Jahren muss hingegen quasi automatisch über ein sinkendes Rentenniveau und höhere Beiträge der noch Aktiven finanziert werden. Dem gegenüber zielt die Rekrutierung von Migranten darauf ab, die Last der Finanzierung auf mehr Schultern zu verteilen. Zugleich bedeutet Zuwanderung für fernere die Zukunft: noch mehr Rentner, denn auch Migranten werden alt.

Literatur

Gans, P. / Schmitz-Veltin, A. (Hrsg.), Demographische Trends in Deutschland. Folgen für Städte und Regionen, Hannover 2006 (ARL, Forschungs- und Sitzungsberichte Band 226).

Gans, P. / Schmitz-Veltin, A. (2006b): Grundzüge der demographischen Entwicklung in Europa, in: Gans, P. / Schmitz-Veltin, A. (Hrsg.), Demographische Trends in Deutschland. Folgen für Städte und Regionen, Hannover 2006, S. 34-54.

2. Das in der Einführung von Müller angesprochene Grundthema der Kooperation und Partizipation wird zum ersten Mal in dem Beitrag von Zillessen aufgenommen. Er stellt die in der Demographiediskussion vorherrschenden Prozesse der Schrumpfung, Alterung und Zuwanderung als Konfliktfelder dar, die Politik und Gesellschaft mit bislang unbekannten Herausforderungen konfrontieren werden. Sie sind nach seiner Ansicht nur dadurch zu bewältigen, dass sich einerseits das Staatsverständnis ändert und die Bürgerinnen und Bürger mehr Eigeninitiative und Verantwortung übernehmen, andererseits aber auch das politische System dafür Räume öffnet und Möglichkeiten der Selbstverantwortung einräumt.
Als konkrete Form der politischen Bewältigung der Folgen des demographischen Wandels wird auf die Mediation verwiesen, die Kooperation und Partizipation in einer Weise ermöglicht, die die Beteiligten nicht nur zu einer Informationsquelle für die Politik macht, sondern zu Mitwirkenden an einer Problemlösung. Dadurch sind die Bürgerinnen und Bürger in der Lage, an der Gestaltung der öffentlichen Angelegenheiten, der res publica, unmittelbar und konkret teilzunehmen.

II Demographischer Wandel und Bevölkerungsverschiebungen – Herausforderungen für kooperative Konfliktregelung

Horst Zillessen

1. Problembeschreibung: Drei wesentliche Konfliktfelder

Die von Bernhard Müller und Rainer Münz vorgestellten Folgen des demographischen Wandels für die räumliche Entwicklung und für die Systeme der sozialen Sicherung haben schon deutlich werden lassen, dass unsere Gesellschaft hier mit Herausforderungen konfrontiert werden wird, die ihre derzeitigen Fähigkeiten zur Konfliktbearbeitung weit übersteigen. Aus den vorliegenden Daten und Untersuchungsergebnissen lassen sich unter der Perspektive der Konfliktbearbeitung drei Entwicklungen ausmachen, die – weil sie von unterschiedlichen Teilen der Bevölkerung als Bedrohung empfunden werden – aller Voraussicht nach zu verschärften gesellschaftlichen Auseinandersetzungen führen werden:

- Schrumpfungsprozess
- Alterungsprozess
- Zuwanderungsprozess

1.1 Folgen des Schrumpfungsprozesses

Wenn die Bevölkerungszahl von jetzt 82 Millionen bis zum Jahr 2030 auf 76,7 Millionen und bis 2050 auf 67 Millionen sinken sollte[1)], wird diese rein quantitative Veränderung zu erheblichen Folgen im Bereich der Infrastruktureinrichtungen und der Sozialsysteme führen. Diese Folgen müssen durchaus nicht nur als Bedrohungen verstanden werden, denn quantitative Reduzierungen beinhalten auch – nicht nur in ökologischer Hinsicht – Chancen der Neugestaltung und der Optimierung. Es ist aber nicht zu übersehen, dass sie mit zahlreichen Konflikten verbunden sein werden, denn

- wenn Kindergärten geschlossen werden müssen oder Grund- und weiterbildende Schulen, Universitäten, Theater, Krankenhäuser, Postämter und Banken etc., wird sich auf der jeweiligen lokalen Ebene Widerstand regen;
- die Kommunen werden gezwungen sein, neue Formen der interkommunalen Kooperation zu finden und lokalpatriotische Engstirnigkeit z.B. zwischen Ober- und Unterzentren aufzugeben. Sie werden aber auch viel stärker als bisher dezernatsübergreifend Schwerpunktthemen bearbeiten und „Zuständigkeiten“ verändern, also insgesamt Systeme für inter- und innerkommunales Konfliktmanagement müssen;
- die Schrumpfungsprozesse verlaufen in den Bundesländern und Regionen nicht gleichförmig, es wird einerseits noch wachsende und andererseits stark schrumpfende Länder und Regionen und dementsprechend heftige Verteilungskonflikte zwischen ihnen geben. In den schrumpfenden Regionen wird die Notwendigkeit des „Rückbaus“ von Städten und Infrastruktur ein völlig neuartiges Konfliktfeld eröffnen, mit dem die administrativ und politisch Verantwortlichen, aber auch die davon direkt Betroffenen sich werden auseinandersetzen müssen.

1.2 Folgen des Alterungsprozesses

Im Hinblick auf die durch ihn entstehenden Konflikte ist das Potential des Alterungs-prozesses noch weitaus höher einzuschätzen als das des Schrumpfungsprozesses. Von 1998 bis 2050 wird die Zahl der über 60-Jährigen um rund 10 Millionen zu- und die Zahl der 20- bis 60-Jährigen um 16 Millionen abnehmen. Die Zahl der über 80-Jährigen steigt von rund 3 Millionen auf rund 10 Millionen, d.h. es wird im Jahr 2050 so viele Menschen über 80 geben wie unter 20![2)]

---

[1] Vgl. Schirrmacher, Frank, Das Methusalemkomplott, München 2004, S. 41 f.

[2] Vgl. dazu Birg, Herwig, Dynamik der demographischen Alterung, Bevölkerungsschrumpfung und Zuwanderung in Deutschland, in: ApuZ, B20, Bonn 2003, S. 11. Schirrmacher weist darauf hin, daß im Jahr 2050 die Zahl der über 85-Jährigen Frauen höher sein wird als die aller anderen Altersgruppen (a.a.O., S. 45).

Nach Berechnungen des Statistischen Bundesamtes verdoppelt sich der Altenquotient von derzeit ca. 40 auf ca. 80 im Jahr 2050: auf 100 Personen im Erwerbsalter (nach derzeitigem Maßstab) kommen statt 40 dann 80 Personen im Rentenalter.[3)]

Diese Entwicklung ist deshalb so konfliktträchtig, weil

- bei Beibehaltung des heutigen Renten- und Versorgungsniveaus (Gesundheits- und Pflegeleistungen) die Beitragsbelastungen der 20- bis 60-Jährigen auf mehr als 40 Prozent des Bruttoeinkommens verdoppelt oder das Ruhestandsalter auf 73 Jahre angehoben werden müssten, wenn es bei dem bisherigen Umlageverfahren bliebe.[4)] (Einkommen von Beamten, Freiberuflern, Unternehmern oder aus Vermögensanlagen werden z. Zt. nicht zur Finanzierung herangezogen.) Jede Neuregelung des Renten- und Sozialsystems wird auf erheblichen Widerstand stoßen;
- mit der Zunahme der Zahl der alten Menschen sich auch die Gewichte in der Politik verschieben werden, denn „die deutschen Wahlen werden mehr und mehr von älteren, ja alten Leuten entschieden..“[5] und das heißt nach deren politischen und vor allem ökonomischen Prioritäten. Was hier für tiefgreifende innergesellschaftliche Konflikte anstehen, wird deutlich, wenn man sich Folgendes vor Augen hält: In den USA wurden bereits Anfang der 90er Jahre 14 Dollar für die Gesundheitsfürsorge für Ältere ausgegeben, aber nur 1 Dollar für jedes Kind; nach heutigen Schätzungen würde in Deutschland ein um 14 Tage früheres Abstellen der Apparate in der Intensivstation das gesamte Gesundheitssystem sanieren,[6)] (die ersten Vorboten der darauf gründenden Konflikte haben wir schon erlebt);
- die Zunahme des politischen Einflusses der Älteren über die Wahlen nicht einhergeht mit dem, was in der virtuellen Welt der Medien das Geschehen bestimmt. D.h. neben den sozialen Verteilungskonflikten zwischen den Generationen wird es – wie in den USA schon geschehen – Auseinandersetzungen darüber geben, wer in einer der entscheidensten Industrien unserer Gesellschaft, in der – so Schirrmacher – „Träume, Bewusstsein und Geschichten für ganze Nationen geschaffen werden“ [7)], die Richtung vorgibt. Sowohl in den USA wie in Deutschland sind es Menschen unter 40, so daß in der virtuellen Welt Erfahrungen, Sichtweisen und Lebensgefühle von Älteren keinen Platz mehr haben werden. „Die Zensur von Geschichten, *ehe* sie geschrieben sind, weil der Autor der Geschichte zu alt

---

3 Statistisches Bundesamt, Bevölkerungsentwicklung Deutschlands bis zum Jahr 2050, Wiesbaden 2003, S. 31.

4 So Birg, Herwig, a.a.O., S. 12.

5 Herzog, Roman, Die Rentner sind sich zu sicher, in: FAZ, Nr. 202, 31.8.2005, S. 42.

6 Vgl. Schirrmacher, Frank, a.a.O., S. 124 f.

7 a.a.O., S. 160.

zu sein scheint, ist ohne Zweifel eine neue Stufe von Altersrassismus..“[8]) – den die Älteren mit ihrem großen politischen Einfluß sicher nicht einfach hinnehmen werden.

1.3 Folgen des Zuwanderungsprozesses

In Jahr 2004 lebten in Deutschland 82,5 Millionen Menschen, von denen 7,3 Millionen ausländischer Herkunft waren. Der langjährige Durchschnitt der Zuwanderung lag zwischen 100.000 und 200.000 Personen pro Jahr, für die Zukunft wird von einer absoluten Größe von 300.000 ausgegangen, das ist der Saldo zwischen Zuzug und Rückwanderung von Ausländern. Das Bundesamt für Statistik geht davon aus, dass es bis zum Jahr 2050 kumulierte „Wanderungsgewinne“ zwischen 5.66 und 14.46 Millionen geben wird, wobei diese Gewinne überwiegend auf den nichtdeutschen Anteil an der Zuwanderung zurückgehen.

Was in statistischer Betrachtungsweise als „Gewinn“ ausgewiesen wird, ist im bundesdeutschen Alltag mit erheblichen Integrationsproblemen verbunden, denn

- der Begriff „Wanderungssaldo“ bildet die Differenz zwischen Zuwanderung und Abwanderung pro Jahr ab, so dass, wenn etwa 200.000 abwandern, bei einem Wanderungssaldo von 300.000 ca. 500.000 Menschen integriert werden müssen[9]);
- aufgrund der derzeit noch deutlich höheren Geburtenrate sowie des jüngeren Durchschnittalters wächst die Zahl der Zugewanderten und ihrer Nachkommen stark, während die deutsche Bevölkerung schrumpft. Birg folgert daraus, daß der Anteil der Zugewanderten an der Bevölkerung in Deutschland bis zum Jahr 2050 auf 27,9 Prozent ansteigt und daß er in vielen Großstädten schon ab 2010 – 2015 bei den unter 40-Jährigen die 50%-Schwelle erreichen wird[10]);
- die erheblichen Bildungsdefizite insbesondere der jungen Zuwanderer sowie der ausländischen Schulabgänger in Deutschland begrenzen die Möglichkeiten ihrer Einordnung in das Berufsleben und damit in die Gesellschaft: Die Arbeitslosen- und Sozialhilfequote der Zugewanderten ist etwa dreimal so hoch wie die der Einheimischen; bei den Schulabgängern verließen 1999 19,5 % der ausländischen die Schule ohne Abschluß (8 % der deutschen), von den 20- bis 25-jährigen Deutschen besuchten 17,4 % eine Hochschule, von den Ausländern nur 3,8 %.[11]) Es besteht also die große Gefahr, dass die Zugewanderten „eine ethnisch geprägte Unter-

---

[8] ebda.
[9] Vgl. dazu Birg, Herwig, a.a.O., S. 13.
[10] ebda.
[11] Birg, Herwig, a.a.O., S. 15.

schicht bilden, die einen wachsenden Anteil des staatlichen Sozialbudgets beansprucht" [12] und die sich ihrer Situation als Unterschicht mehr und mehr bewusst wird. Unter Bezugnahme auf die jüngsten sozialen Unruhen in Birmingham sowie die 9.000 im Jahr 2005 in Brand gesteckten Polizeiwagen in Frankreich zeichnet Michael Jeismann das Bild eines Kontinents, „...dessen Gesicht zersplittert wie das Glas eines Spiegels. Hier eine Stadt, die von ihren letzten Bewohnern aufgegeben wird und langsam zufällt. Dort Hunderte von bunten Greisen und Hunderte von Leichenhallen der Lebendigen, dort Jugendliche, deren Augen schmaler werden, wenn sie auf die Ritter der satten Gesellschaft treffen. Dann Reiche und Arme, deren Wege sich nicht mehr begegnen. Wie abgefallene Reiche erstehen Quartiere eigener Ordnung. Sie gehören dem Land nicht mehr an, in dem sie stehen..."[13]

2. Problembehandlung

2.1 Aktuelle Strategien der Problembehandlung

Die ökonomischen, sozialen und letztlich politischen Folgen der drei in der Problembeschreibung skizzierten Veränderungsprozesse stellen unsere Gesellschaft vor Herausforderungen, deren Tragweite sie auch nicht annähernd begriffen, geschweige denn aufgenommen hat. Zwar halten nach einer repräsentativen Befragung von Bürgermeistern, die die Bertelsmann Stiftung im Februar und März 2005 in Kommunen mit mehr als 10.000 Einwohnern durchgeführt hat, 70 Prozent der Befragten das Thema „Demographischer Wandel" für sehr wichtig, aber nur ein Drittel gibt an, sich damit bereits ausreichend beschäftigt zu haben[14] – was immer hier mit „beschäftigt" gemeint ist.

Offensichtlich ist zumindest, dass die Problembearbeitung zunächst und vor allem auf der kommunalen Ebene stattfinden muß. Dank der verdienstvollen Arbeit der „Aktion Demographischer Wandel" der Bertelsmann Stiftung sind zumindest die Handlungsfelder definiert, auf die es ankommen wird: [15]

- Ein altengerechtes Wohnumfeld schaffen und selbstbestimmtes Wochen fördern.
- Zukunftsorientierte Altenhilfestrukturen aufbauen.
- Eine familienfreundliche Kommune werden.
- Das Miteinander von Jung und Alt fördern.

---

[12] Birg, Herwig, Demographische Konflikte, in: FAZ, Nr. 51, 2. März 2005, S. 39.
[13] Jeismann, Michael, Neuntausend, in: FAZ, Nr. 249, 26. Oktober 2005, S. 37.
[14] Vgl. Bürgermeisterbefragung, Aktion Demographischer Wandel, in: www.aktion2050.de
[15] Vgl. Schmidt, Kerstin, Den Demographischen Wandel gestalten – Weichen für die Zukunft stellen, in: www.kompass-modellkommunen.de, S. 32 ff.

- Die Kernstädte stärken und kommunale Infrastruktur erhalten.
- Dem Wettbewerb zwischen Kommunen um den Zu- bzw. Wegzug von Einwohnern begegnen.
- Die Bürger am Umgang mit dem Demographischen Wandel beteiligen.

Aus den Handlungs- und Strategiekonzepten der Aktion Demographischer Wandel geht hervor, daß sie die Beteiligung von Bürgerinnen und Bürgern sowie die Kooperation und Einbindung aller Betroffenen für einen konstitutiven Bestandteil einer erfolgversprechenden Bewältigung der Probleme und Konflikte ansehen. Auch im Bundesamt für Bauwesen und Raumordnung wird in diese Richtung gedacht, wenn es um den „Stadtumbau" geht, der durch den Bevölkerungsrückgang erzwungen wird. Und es ist dabei auch eingeschlossen, dass Kooperation und Beteiligung über die informativen und partizipativen Elemente hinausgehen müssen, die z.B. im Bauleitplanverfahren gesetzlich vorgesehen sind. [16)]

Jakubowski schreibt den von ihm aufgelisteten „neuen Kooperationsformen" folgende Vorteile zu:

- „Erhöhung der Chance auf die tatsächliche Umsetzung der Ergebnisse;
- Erhöhung der Planungssicherheit durch Konfliktlösungen in früher Planungsphase;
- Förderung von Kompromissen zwischen bedarfsgerechten, städtebaulich hochwertigen und wirtschaftlich umsetzbaren Lösungen;
- Förderung von stabilen Ratsbeschlüssen und einer breiten politischen Zustimmung für ein Projekt mit somit erhöhte Akzeptanz". [17)]

2.2. Die entscheidende Herausforderung: eine neue Kultur der Staatsbürgerschaft

Die soeben vorgestellten Formen der Bürgerbeteiligung und der gesellschaftlichen Kooperation können sicher ihren Teil zur Problembewältigung beitragen. Angesichts der sozialen und politischen Brisanz der mit dem Schrumpfungs-, Alterungs- und Zuwanderungsprozess einhergehenden Konflikte erscheint es in der Tat dringlich, das diese Instrumente in das bestehende politische System eingebaut werden, um das zu erreichen, was hier gefordert ist: eine verständi-

[16] Vgl. dazu Jakubowski, Peter, Den Stadtumbau flankieren – was leisten neue Kooperationsformen in der Stadtentwicklung, in. Aus Politik und Zeitgeschichte, B3/2005, Bonn 2005, S. 18.

[17] Jakubowski, Peter, a.a.O., S. 19f.

gungsorientierte Interessenabwägung und die Bereitschaft zu Solidarität mit den heute sozial und politisch Schwachen und mit den kommenden Generationen.

In der Internetseite der „Aktion Demographischer Wandel“ wird unter dem Thema „Herausforderung Demographie“ die Frage „Wie gehen wir miteinander um“ wie folgt beantwortet:

„Soziale Wärme in der Gesellschaft ersetzt den allzuständigen Staat.“

Wenn wir alle sozialen Dienstleistungen, die eine immer älter werdende Gesellschaft benötigt, professionell über den Staat organisieren wollen, dann überfordert das die Leistungsfähigkeit der Beitrags- und Steuerzahler. Deshalb brauchen wir mehr soziale Leistung in und aus der Gesellschaft. In der Alten-WG in der Innenstadt statt im Seniorenheim im Grünen leben wollen, mag als Metapher für mehr Selbstorganisation dienen. Wir brauchen den Blick für die Nöte der Nachbarn im eigenen Wohnquartier. Junge helfen alten Nachbarn beim beschwerlichen Einkauf. Dafür wird in Mehrgenerationensolidarität die Wohnung während des Urlaubs von den Nachbarn betreut oder die Leihgroßeltern in der Straße gehen jungen Eltern bei der Kinderbetreuung zur Hand. Wir werden uns mehr auf unser eigenes Engagement als auf die staatliche Vollversorgung verlassen müssen und dabei feststellen, dass in einer solchen Gesellschaft mehr soziale Solidarität gelebt wird als heute, wo sich niemand für andere verantwortlich fühlt, weil die Verantwortung an die Gesellschaft delegiert ist.“ [18)]

Die zentrale Frage lautet nun: Wie entsteht diese soziale Wärme, diese soziale Solidarität im „Zeitalter des eigenen Lebens“ [19)] und angesichts der Tatsache, dass die Verantwortung nicht, wie hier fälschlicherweise formuliert wird, an die Gesellschaft, sondern an staatliche Organisationen, Institutionen und Ämter delegiert ist, deren Mitglieder und Inhaber einen Macht- und Funktionsverlust befürchten , wenn sie nicht mehr das letzte und entscheidende Wort haben. Es ist offenkundig: die soziale Solidarität entsteht nicht dadurch, dass man (wer auch immer sich hinter „man“ verbirgt) sie fordert, sondern nur durch **verantwortliche Mitgestaltung** einer Entscheidung für das Gemeinwesen.

Es geht damit letztlich um eine neue „politische Kultur der Staatsbürgerschaft (Citizenship)“, d.h. die Bürgerinnen und Bürger müssen sich als diejenigen verstehen - und vom politischen System her auch verstehen können - , die den Staat im Sinne von Gemeinwesen konstituieren und tragen und damit auch Mitverantwortung übernehmen. Das setzt sicher zum einen die Bereitschaft der Menschen zur Mitgestaltung voraus, aber zum anderen und vor allem auch die Be-

---

[18] Wie gehen wir miteinander um? Aktion Demographischer Wandel, in: www.aktion2050.de

[19] Vgl. dazu Beck, Ulrich, Das Zeitalter des „eigenen Lebens“. Individualisierung als „paradoxe Sozialstruktur“ und andere offene Fragen, in: APuZ, B29/2001, Bonn 2001, S. 3 ff.

reitschaft von Parteien, Amtsträgern und Verbänden, Raum zur Mitgestaltung zu gewähren.[20]

Daß soziale Wärme in der Gesellschaft den allzuständigen Staat ersetzen soll, ist eine durchaus billige Forderung: sie ist billig im sinne von „recht und billig“ wie auch im Sinne von „kostensparend“. Aber die Umsetzung dieser Forderung setzt auf der Seite des Staates in Gestalt der den Staat repräsentierenden Organe die Bereitschaft voraus, ihre Allzuständigkeit bewusst und gezielt einzuschränken und dem gesellschaftlichen Engagement Entscheidungsräume zu öffnen.
Unsere Gesellschaft – mit ihrer auf Parteien und Verbänden ausgerichteten Staatsordnung steht hier vor einem fundamentalen, die Grundfesten ihrer politischen Ordnung betreffenden Problem. Wie können die politisch Verantwortlichen, die dem Souverän, dem „Volk“ mit so tiefem Misstrauen begegnen, dass sie ihm sogar das demokratische Grundrecht der Abstimmung über die eigene Verfassung vorenthalten haben, dazu gebracht werden, der Mitgestaltung der Bürgerinnen und Bürger entscheidungsrelevanten Raum zu geben. Es ist zu befürchten, dass die demographische Entwicklung sich erst weiter zuspitzen muss, bevor die demokratische Entwicklung wirklich in Bewegung kommt.

Dabei ist klar: unsere Parteiendemokratie ist strukturell ungeeignet, ein so langfristiges Problem wie das der demographischen Entwicklung anzugehen. Denn wie Richard von Weizsäcker bereits 1982 festgestellt hat – das Zeitmaß der Parteien ist durch den nächsten Wahltermin bestimmt und zugleich begrenzt.... Hierin liegt eine Strukturschwäche der Parteiendemokratie, die sich zu Lasten der Zukunft auswirkt“. [21] Diese Strukturschwäche wird im vorliegenden Zusammenhang immer offensichtlicher: „Welche rationalen Kalküle sollten einen gewählten Politiker dazu bringen, sich den Anliegen einer Generation zu widmen, die heute erst geboren wird, wo er doch die Zustimmung derer gewinnen muss, die heute bereits über ein Stimmrecht verfügen“ [22] (In den USA wird dieses Problem so formuliert: Politicians discount the future: Future is next election, eternity is two elections.)

Im Rahmen des bestehenden Systems der Herrschaft von Parteien und Verbänden ist eine zukunftsfähige Politik nicht zu verwirklichen. Denn für sie gilt das, was Götz Briefs vor etwa 100 Jahren das „autonome Verbandsinteresse“ genannt hat. Es ist das von den Aufgaben des Verbandes oder der Partei losgelöste Interesse der Funktionäre auf die (kurzfristige) Bestätigung im Amt. Da hilft

---

[20] Für den Prozess der Mitgestaltung müssen auch Finanzmittel bereit gestellt werden, ggf. durch moderate Kürzung der den politischen Parteien für ihren Auftrag der politischen Willensbildung bereitgestellten Mittel, die ja durchaus als reichlich bemessen zu bezeichnen sind.

[21] von Weizsäcker, Richard, Krise und Chance unserer Parteiendemokratie, in: APuZ, B42/82 Bonn 1982, S. 6.

[22] Speich, Mark, Zur Einführung: Demographie und Politik, www.h-quandt-stiftung.de. S. 3.

auch der Rückgriff auf das „Entscheidungskollektiv Wählerschaft" nicht, weil – so der Politikwissenschaftler Peter Graf Kielmannsegg – „anthropologische Grundkonstanten" einer größeren Zukunftssensibilität im Weg stünden:

Erstens spielten für die menschlichen Entscheidungskalküle die Angelegenheiten, die uns hier und jetzt betreffen, eine größere Rolle als jene, die uns in einer Zukunft betreffen könnten, von der wir nicht einmal wissen, ob wir sie erleben werden, und zweitens veranschlagen wir die eigenen Belange höher als die Anliegen anderer – also auch die der nach uns Geborenen.[23)]

Müssen wir also eingestehen, dass das Demographieproblem unser politisches System überfordert? Und wenn dem so ist, müssen wir dann nicht fragen, an welcher Stelle wir das System ändern müssen, um seine Zukunftsfähigkeit herzustellen? Wenn der Sächsische Innenminister Thomas de Maizière in einem Gespräch über Demographie-Politik in Sachsen feststellt, dass man u.a. darüber reden müsse, „...wie sich das Staatsverständnis wandeln muß und wie man zu mehr Eigeninitiative und Verantwortung kommen kann" [24)], dann ist damit zunächst einmal das Staatsverständnis der sogenannten „staatstragenden Parteien" angesprochen. Sie müssen bereit sein, dem Bürger für das, was sie an Eigeninitiative und Verantwortung von ihm fordern, auch Entscheidungsräume zu öffnen. Es ist die Misere des deutschen Staatsverständnisses, dass auch nach 1949 die Rolle des Bürgers als politisches Subjekt nicht mit wirksamen Beteiligungsrechten ausgestattet wurde. Unter diesen Bedingungen konnte sich der politische Begriff des Bürgers, der diesen als mitverantwortlich für das Gemeinwesen versteht, kaum entwickeln, denn „...wer über nichts zu entscheiden hat als über die Verwendung seines Monatseinkommens, dem schrumpft in der Tat das Bewusstsein auf diejenige Dimension, auf die ihn die Gesellschaft durch diese Entscheidung festlegt."[25]

Die überaus schwierigen Konflikte, die der demographische Wandel mit sich bringen wird, könnten sich für unser gesellschaftliches und politisches System zu einer ernsthaften Bedrohung entwickeln, wenn der individuelle und soziale Egoismus nicht überwunden werden kann. Wenn aber die von diesem Wandel in ihrem Lebensalltag Betroffenen in die dafür maßgeblichen Entscheidungen nicht oder nur unmaßgeblich eingebunden werden, dann wird das vorherrschen, was lange schon als ein Defizit der politischen Kultur in Deutschland ausgemacht worden ist: das Kultivieren der Privatheit, der Rückzug auf die eigenen Interessen einerseits und der Mangel an Miteinander-auskommen-wollen, an Kompromissbereitschaft und sozialer Verantwortung andererseits.

---

[23] Hier zitiert nach Speich, Mark, ebda.

[24] Zitiert bei Burger, Reiner, Silberbergwerk, Braunkohletagebau, Brachland, in: FAZ, Nr. 97, 27. April 2005, S. 3.

[25] Horn, Klaus, Zur Überwindung politischer Apathie, in: Greiffenhagen, Martin (Hrsg.), Demokratisierung in Staat und Gesellschaft, München 1973, S. 214.

Die deutsche Politik muß endlich begreifen, dass die Gemeinwohlorientierung des Einzelnen nicht als anthropologische Konstante vorausgesetzt werden kann, dass die Forderung nach mehr sozialer Verantwortung hohl bleiben muß, wenn sie nicht mit **Verantwortlichkeit** gepaart wird. Verfahren für eine kooperative, selbstverantwortliche und verständigungsorientierte Form der Konfliktaustragung stehen bereit. Ihnen fehlt freilich bislang der entsprechende Stellenwert im politischen Entscheidungssystem, damit auch im Zeitalter des eigenen Lebens die Einsichten, Fähigkeiten und Tugenden sich ausbreiten können, die unter den Bedingungen des demographischen Wandels das Zusammenleben in der Gesellschaft gelingen lassen und sozial erträglich machen.

Man kann mit Blick auf den demographischen Wandel heute voraussagen, dass dieses Zusammenleben kein friedvolles mehr sein wird, wenn es allein dem Entscheidungskartell von politischen Parteien und Interessenverbänden anheim gegeben bleibt. Wie kann man Zustimmung zu den Parteien und zum demokratischen Regierungssystem erwarten, wenn man den Bürgern abverlangt, länger als bisher zu arbeiten (z.B. bis zum 67. Lebensjahr), mehr als bisher für die Gesundheits- und Altersvorsorge zu zahlen, aber weniger Leistungen daraus zu erhalten, sich auf das Zusammenleben mit Menschen aus anderen Kulturen einzustellen, möglicherweise in manchen Regionen zur Minderheit im „eigenen" Land zu werden – ohne sie in irgendeiner Form, über das Kreuz auf dem Wahlzettel hinaus, am Zustandekommen der alles dies bewirkenden Entscheidungen zu beteiligen?

2.3 Konfliktregelung durch Kooperation

Wie weit die deutsche Politik sich von den Wählern entfernt hat, ist im Herst 2006 offenkundig geworden. Die Abstrafung der politischen Parteien bei den Landtagswahlen, bei denen die „Partei" der Nichtwähler den größten Zulauf zu verzeichnen hatten, liefert nur einen kleinen Vorgeschmack auf das, was die Folgen des demographischen Wandels mit sich bringen werden. In seiner Analyse des Wahlerfolgs der NPD hat Frank Schirrmacher[26] darauf hingewiesen, dass der entscheidende Faktor für die Radikalisierung eines Landes die demographische Zusammensetzung der Bevölkerung ist. Dies Radikalisierung kann viele Formen annehmen und muss sich nicht auf die Wahl einer radikalen Partei beschränken. Ihr muss daher auf vielfältige und sicher auch phantasievolle Weise begegnet werden - vor allem aber mit einem neuen Politikstil der politischen Parteien. Diese müssen nun wirklich Konsequenzen ziehen aus der grundsätzliche Feststellung des Bundesverfassungsgerichts[27], nach welcher die Bürger „in möglichst weitgehendem Umfang" an den ihre Lebensumstände betreffenden

---

[26] Schirrmacher, Frank, Nackte Äste. Die neue soziale Basis der NPD ist eine demographische, in: FAZ, Nr. 219, 20.9.2006, S. 35.

[27] BVGE 1952/56

politischen Entscheidungen zu beteiligen sind. Es kann wohl keinem Zweifel unterliegen, dass die politischen Entscheidungen aufgrund des demographischen Wandels die Lebensumstände der Menschen sehr unmittelbar betreffen werden. Das soziale und politische Gefährdungspotential, das mit diesem Wandel ebenso unzweifelhaft verbunden sein wird, sollte daher von der Politik als Chance genutzt werden, die Grundidee der Demokratie als „Herrschaft des Volkes“ neu zu beleben.

Die Grundidee der Demokratie, dass die Ausübung von Herrschaft auf die ausdrückliche Billigung der Herrschaftsunterworfenen gründen muss, ist auch heute nicht völlig verloren gegangen. Jedoch ist in den westlichen Demokratien fast in gleichem Maße, wie die Funktion staatlich geregelter Daseinsvorsorge in den Vordergrund getreten ist, die ausdrückliche Billigung durch eine vorwiegend formale Zustimmung zur Herrschaftsausübung ersetzt worden. Die Beteiligung des Bürgers bezog und bezieht sich weitgehend nicht auf die Ziele von Politik, sondern auf die Auswahl derer, die diese Ziele „fürsorglich“ für ihn festlegen.

Wichtig ist in diesem Zusammenhang, dass die Voraussetzungen für die Akzeptanz einer fürsorglichen Interessenbefriedigung durch staatliches Handeln von drei Seiten her problematisch wird. Erstens: Im Zeitalter des Individualismus oder „des eigenen Lebens“ tritt eine dialogische Existenz an die Stelle eines Lebens nach vorgegebenen Rollen oder als selbstverständlicher Teil eines Ganzen. Der Einzelne entscheidet in der Kommunikation mit anderen über das, was für sein Leben wichtig ist und schafft sich einen Raum, „...in dem die Erwartungen der Ich-Autorenschaft und Ich-Zuschreibung von Handlungs-(er)folgen dominiert“[28]. Beck knüpft daran die Frage, ob dadurch auch die Idee der Demokratie transformiert wird und an die Stelle ihrer repräsentativen Form ein individualistischer Republikanismus tritt, „...welcher die kulturelle und politische Diversität der ‚eigenen Leben‘ erkennt, anerkennt und zum Leitprinzip des Politischen macht?“

Wie auch immer diese Frage beantwortet werden wird, sicher scheint heute – und in der durch demographischen Wandel bestimmten Zukunft um so mehr -, dass eine Politik, die die Interessen der Entscheidungsbetroffenen nicht nachweisbar in die Entscheidungsvorbereitung einbezieht, auf Dauer nicht mehr akzeptiert werden wird. Das heißt, Partizipation wird/muss an die Stelle der bisher dominierenden staatlichen Entscheidungszuständigkeit treten bzw. diese ergänzen. Dies gilt - und das ist der zweite Punkt - auch aus einem eher praktischen Grund. Die Ausdehnung der staatlichen Daseinsvorsorge hat den Staat an die Grenzen seiner Funktionsfähigkeit geführt – nicht nur deshalb, weil er damit die ihm verfügbaren Ressourcen überfordert hat, sondern auch, weil er immer größeren Widerstand derer auf sich zieht, in deren Leben er immer tiefer eingreift.

---

[28] Beck, Ulrich, a.a.O., S 4.

Zustimmung ist auch in der Demokratie ein knappes Gut, und es wird um so mehr abnehmen, je öfter es in Anspruch genommen werden muss, ohne sich zeitnah regenerieren zu können.

Die Antwort auf eine der entscheidenden Fragen von Beck: „... was hält im Individualisierungsprozess das Bewusstsein dafür wach, dass die Grundlagen des ‚eigenen Lebens‘ *nur* im öffentlichen und politischen Austausch mit anderen gewonnen und verteidigt werden können?“[29], lautet daher: neue Formen demokratischer Konsensstiftung, die die Zustimmungsfähigkeit der Bürger nicht durch die Beschränkung auf einen im Wesentlichen inhaltsleeren Wahlakt überfordern, sondern neue Formen der Partizipation und der Kooperation, die das Aktivierungspotential der Bürger in Sozialkapital verwandeln.

Die Rolle des Staates und die Akzeptanz „staatlicher“ Entscheidungen wird zum dritten auch dadurch eingeschränkt, dass de facto und auch nachvollziehbar für den Bürger die Globalisierung dem Staat nicht nur Ressourcen, sondern auch Zuständigkeiten entzieht. Damit entfallen zumindest teilweise die *strukturellen* Voraussetzungen für eine Aufgabe, die zum Wesensmerkmal des Staates gehört: das Fällen und Umsetzen kollektiv bindender Entscheidungen. In dem Maß, in dem sich durch die genannten drei Entwicklungen die Wahrnehmung staatlichen Handelns und damit auch des Staates selbst verändert hat, ist auch der Mythos der Einheitlichkeit der Staatsgewalt verloren gegangen. Die Politiker mögen noch so oft die ganzheitliche Zuständigkeit und Letztverantwortlichkeit des Staates und seiner Organe beschwören: „Der Staat wird nicht mehr ‚geglaubt‘...“[30].

Im Umfeld von Gesellschaft und Staat haben sich also wesentliche Veränderungen vollzogen. Sie haben das Recht und die Interessen des Einzelnen, des Individuums, gegenüber staatlicher Machtausübung gestärkt, zugleich aber auch die Gefahr mit sich gebracht, dass über die neue Wertschätzung des Individuums, des „eigenen Lebens“, die Bedeutung des Gemeinwesens und des gemeinsamen Lebens zurückgedrängt wird. Damit wird offensichtlich: unsere Zeit braucht Verfahren der Konsensstiftung und der Integration, die in Anerkennung der Vielzahl und Vielfalt der „eigenen Leben“ das gemeinsame Leben oder das Leben in Gemeinschaft ermöglichen. Der gesellschaftliche Prozess, der solche Verfahren geradezu erzwingt, wird wesentlich gestützt und in seiner Dynamik verstärkt durch das, was Helmut Willke[31] die „Wissensgesellschaft“ genannt hat: Kommunikations- und Informationstechnologien verschaffen immer mehr Menschen Zugang zu entscheidungsrelevanten Wissensinhalten und stellen damit jedes „Herrschaftswissen“ in Frage. Der Satz: „Wissen ist Macht“ erhält eine

---

[29] Beck, Ulrich, a.a.O., S. 6

[30] Reinhard, Wolfgang, Geschichte der Staatsgewalt. Eine vergleichende Verfassungsgeschichte Europas von den Anfängen bis zur Gegenwart, 2. Aufl., München 2000, S. 26.

[31] Willke, Helmut, Supervision des Staates, Frankfurt 1997.

neue Bedeutung und Ausrichtung, weil er nun eine neue, wissensbasierte Macht des Bürgers mit einschließt. Diese Macht wird zur Ressource für die politische Problemlösung, wenn letztere nicht mehr in Form kollektiv bindender Entscheidungen „von Staats wegen" vorgegeben, sondern als Prozess gemeinsamer Problemdefinition und Problemlösung verstanden wird, in den die Entscheidungsbetroffenen eingebunden sind.

Der Parteienstaat wird dadurch nicht abgelöst, sondern ergänzt, es entsteht ein neues Miteinander von repräsentativer und direkter Demokratie mit innovativen und intelligenten Verfahren der partizipativen Entscheidungsvorbereitung. Diese Verfahren reagieren auf die Komplexität der aktuellen Entscheidungsbedingungen mit deliberativen und diskursiven Formen und erweitern die traditionellen Funktionen der Partizipation um die der Kommunikation und der Reflexion.

Für den Staat, besser für eine zivilgesellschaftlich ausgerichtete Politik, stellt sich somit eine Hauptaufgabe darin, das Nachdenken und den öffentlichen Diskurs über gesellschaftlich notwendige oder wichtige Planungen, Entwicklungen und Maßnahmen zuzulassen und ggf. auch aktiv zu organisieren. „Es gilt, den Wert deliberativer oder diskursiver Demokratie zu erlernen, die Angst vor den Bürgern zu verlieren und viel mehr ihre Perspektiven und Ressourcen zu nutzen"[32].

Der besondere Wert dieser Demokratie liegt darin, dass sie die Praxis des gleichberechtigten, aber kooperativen Streits ermöglicht und damit eine kontinuierlich von sich selbst lernende Gesellschaft. Auf diese Weise werden nicht nur die intellektuellen und moralischen Ressourcen der Gesellschaft besser genutzt, sondern auch Perspektivenwechsel möglich gemacht: Das Individuum lernt, sich in dem Diskurs mit Anderen als Teil eines Ganzen zu verstehen und kann solidarisch leben und handeln.

Wenn hier zur politischen Bewältigung der Folgen des demographischen Wandels für partizipative Formen der Entscheidungsvorbereitung plädiert wird, dann soll Beteiligung - um zunächst negativ abzugrenzen - weder verstanden werden als Partizipation aller an allen Entscheidungen noch als irgendeine Art massenhafter Beteiligung in Gestalt von Plebisziten. Die erste Form ist eine Utopie, und die zweite kann gerade das nicht leisten, was bei komplexen politischen Entscheidungen vorausgesetzt wird: ein angemessenes Niveau an Reflexion und Kommunikation. Beteiligung soll auch nicht die politische oder administrative Entscheidungszuständigkeit verändern, sondern die Voraussetzungen für sachlich und sozial richtige Entscheidungen verbessern helfen.

In positiver Kennzeichnung wird Beteiligung hier inhaltlich verstanden als Teilhabe an konkreten Sachentscheidungen - von der Vorbereitung bis zum Vollzug.

[32] Gohl, Christopher, Bürgergesellschaft als politische Zielperspektive, in: Aus Politik und Zeitgeschichte, B 29, 2001, S.10.

Formal geht es um Teilnahme außerhalb der bestehenden Parteien im Sinne einer direkten Mitwirkung im Entscheidungsprozess. Das heißt auch, daß Beteiligung hier nicht primär öffentlichen Charakter hat und sich der Mittel der Öffentlichkeitsarbeit bedient, auch wenn der Gesichtspunkt der öffentlichen Nachvollziehbarkeit der Beteiligung eine wesentliche Rolle spielt. Es geht vielmehr um eine frühzeitige, geordnete, zahlenmäßig überschaubare und dauerhafte Beteiligung dergestalt, daß eine realistische Chance besteht, Vorbereitung, Verlauf und Ergebnis der Entscheidung zu beeinflussen.

2.4. Mediation – eine innovative Form der Partizipation und der Kooperation

Das Mediationsverfahren läßt sich als einer dieser neuen Wege präsentieren[33]. Es wird den Anforderungen an eine verständigungsorientierte Interaktion gerecht und gewährleistet eine Form der Kooperation, die die Beteiligten nicht lediglich als zusätzliche Informationsressourcen einsetzt, sondern zu Mitwirkenden an einer Problemlösung macht, die diese dann auch mitverantworten können. Das ist im wesentlichen darauf zurückzuführen, daß das Mediationsverfahren durch eine Vorgehensweise gekennzeichnet ist, die sich an einer umfassenden Integration der Interessen orientiert, während die traditionellen Beteiligungsverfahren sehr häufig in einer Konkurrenz von Positionen gefangen sind. Die Unterscheidung von Interessen und Positionen ist zentral für die Mediation, denn über Interessen, deren Befriedigung und über einen Interessenausgleich kann man verhandeln, sich verständigen; Positionen hingegen, zumal solche, die öffentlich vertreten werden, kann man meist nur verteidigen oder unter der Gefahr des Gesichtsverlustes aufgeben.

Ob es im Beteiligungsverfahren zu einer Integration von Interessen oder nur zu einer Verteidigung von Positionen kommt, hängt wesentlich ab vom Zeitpunkt der Beteiligung, vom Kreis der Beteiligten und von der Institutionalisierung der Beteiligung. Eine zu späte Beteiligung führt zu Verfestigungen von Positionen, auf die sich alle Konfliktparteien längst öffentlich festgelegt haben. Ein Interessenausgleich kann nicht mehr stattfinden, es geht letztlich nur noch um das Ja oder Nein der Entscheidung. Beteiligung kann nur dann zu einer Integration der Interessen führen, wenn sie so frühzeitig einsetzt, daß der Entscheidungsprozeß noch offen ist in bezug auf das Ergebnis oder doch zu wesentlichen Aspekten noch Optionen und Alternativen möglich sind.

Was den Kreis der Beteiligten angeht, so muß er den von der Entscheidung betroffenen Interessen und Problemsichten entsprechen. Bei den bisher üblichen Partizipationsformen werden diejenigen, die nicht beteiligt worden sind und

---

[33] Vgl. dazu insbesondere Mehta, Gerda/ Rückert, Klaus, Mediation und Demokratie, Heidelberg 2003.

auch den der Entscheidung vorausgegangenen Abwägungsprozeß nicht nachvollziehen können, das Ergebnis entweder einfach akzeptieren oder mehr oder weniger nachdrücklich ablehnen. Andererseits ist die Überschaubarkeit des Teilnehmerkreises eine wichtige Voraussetzung für den Erfolg des Beteiligungsverfahrens, wenn dabei schwierige Zielfindungs- oder Bewertungs- und Abwägungsprozesse ablaufen müssen. Der erste Aspekt spricht gegen die bisherige Form der informalen Kooperation im Verwaltungsverfahren, der zweite gegen die Form des traditionellen Anhörungsverfahrens.

In einer hoch arbeitsteiligen und durchorganisierten Gesellschaft mit sehr komplexen Entscheidungen bedarf eine Beteiligung, die Einfluß auf Ablauf und Inhalt der Entscheidungsprozesse nimmt und dadurch einen Interessenausgleich anstrebt, organisatorischer Hilfen. Spontane Aktionen besitzen zwar den Vorteil, daß über sie politische Apathie leichter zu überwinden ist, aber auch den Nachteil, daß ihnen das notwendige Maß an Kommunikation und Reflexion abgeht. Das zu organisieren, gegebenenfalls auch mit personellen und materiellen Hilfen bis hin zur Bereitstellung wissenschaftlichen Sachverstands zu unterstützen, dazu bedarf es einer institutionellen Absicherung der Partizipation. Das gilt sicher nicht für jede Form der Beteiligung, aber wohl mehr und mehr für eine effektive Teilnahme an hoch komplexen politischen Entscheidungen.

Mediationsverfahren erfüllen die hier genannten Kriterien. Sie setzen an in der Phase der Entscheidungsvorbereitung und sind angelegt auf verständigungsorientierte Interaktionen. Sie erweitern den Kreis der im informalen Verwaltungshandeln Beteiligten aus der Verwaltung, Industrie, Wirtschaft und Verbänden um Vertreter der betroffenen Bürger, sichern damit eine größere Transparenz für die allgemeine Öffentlichkeit und können durch das Vertretungsprinzip gewährleisten, daß der Teilnehmerkreis überschaubar bleibt und eine kooperative Atmosphäre entsteht, in der ein Interessenausgleich möglich wird. Mediationsverfahren werden mit Zustimmung aller Beteiligten durchgeführt, erhalten dadurch sowie durch den Einsatz eines Mediators oder eines Mediationsteams und die finanzielle Ausstattung die notwendige organisatorische Unterstützungsmöglichkeit und institutionelle Absicherung.

Mediation beinhaltet darüber hinaus auch die Chance, den Bürger auf eine neue Weise Anteil nehmen zu lassen an der Gestaltung der öffentlichen Angelegenheiten, der res publica. Der entscheidende Vorteil, den Mediationsverfahren für die Weiterentwicklung der Demokratie bringen können, ist darin zu sehen, daß sie Entscheidungen, die die Gesellschaft betreffen, in deren Verantwortung zurückgeben. Die amerikanischen Erfahrungen des Verfassers vermittelten jedenfalls stets den Eindruck, daß in diesen Verfahren Menschen zusammenkamen, um ein sie betreffendes Problem gemeinsam zu lösen. Niemand erwartete diese Lösung von einer staatlichen Behörde oder politischen Institution. Selbst für deren Vertreter war es selbstverständlich, daß eine tragfähige Lösung nur eine gemeinsam erarbeitete sein kann, sie also keine fachliche, politische oder rechtliche Prärogative geltend machen werden.

Die Einstellung, selbst Verantwortung für anstehende Entscheidungen zu übernehmen und dafür anderen gleiche Chancen zu geben, kann als „entwickeltes Staatsbürgertum" bezeichnet werden. Es nimmt den staatlichen Amts- und Mandatsträgern nicht die Letztverantwortung für politische Entscheidungen, sondern ist bereit, an diesen Entscheidungen verantwortlich mitzuwirken bzw. auch sie insoweit zu ersetzen, als sie durch die Verhandlungsergebnisse überflüssig geworden sind. Daher können Mediationsverfahren staatstheoretisch auch als Beiträge zur Wiedergewinnung gesellschaftlicher Eigenständigkeit betrachtet werden, die unter der Allzuständigkeit des Staates im Sinne von Staatsapparat verlorenzugehen droht.

C Auswirkungen und Herausforderungen

Der nun folgende Teil des Buches ist den Folgen des demographischen Wandels und den daraus sich ergebenden Handlungsanforderungen gewidmet. Diese betreffen zunächst ganz allgemein die Kommunen, die den Lebensalltag der Bürgerinnen und Bürger unmittelbar betreffen und gestalten. Hier geht es um den Wohnalltag, aber auch um die diesen Bereich bestimmenden Konzepte und Maßnahmen des Städtebaus sowie der Gestaltung, Veränderung und generellen Nutzung des öffentlichen Raumes. Zum anderen wird in diesem Teil danach gefragt, wie die Familien- und die Bildungspolitik auf den demographischen Wandel reagieren kann und soll und welche Folgen sich für das deutsche Gesundheitssystem ergeben werden.

1. Der von der Bertelsmann-Stiftung erstellte Wegweiser gibt für alle deutschen Kommunen mit mehr als 5.000 Einwohnern ein Bild der zukünftigen Entwicklung. Er enthält alle wichtigen Daten, an denen sich die kommenden Herausforderungen für diese Kommunen ablesen lassen. In dem Beitrag von Kerstin Schmidt und Carsten Große-Starmann werden die Zielsetzung des Wegweisers erläutert, ein Überblick über wichtige Ergebnisse gegeben, zwei ausgewählte Demographietypen vorgestellt und die vorrangigen Handlungsfelder benannt.

Ein bemerkenswertes Ergebnis dieser Untersuchung betrifft die Unterschiedlichkeit der regionalen Entwicklungen, durch die es Gewinner- und Verliererkommunen geben wird, was den Wettbewerb und damit auch die Konflikte in und zwischen ihnen verschärfen wird.

Am Beispiel von ausgewählten Demographietypen für Städte mit zwischen 5.000 und 100.000 sowie mit mehr als 100.000 Einwohnern werden die vorrangigen Herausforderungen und Handlungsfelder herausgearbeitet.

I Wegweiser 2020: Deutschlands Kommunen im Wandel*

Kerstin Schmidt, Carsten Große Starmann

Kommunen und Regionen im demographischen Wandel – das sind Kommunen und Regionen im Wettbewerb um Einwohner, gute Arbeitsmöglichkeiten, attraktive Lebensbedingungen und gute Standortqualitäten. Die Tatsache, dass die Kinderzahlen in Deutschland seit 33 Jahren unter dem Wert liegen, der für eine langfristig stabile Bevölkerungsentwicklung notwendig wäre, spüren in erster Linie die Kommunen. Ausreichend Nachwuchs ist nicht in Sicht und viele Regionen sind von unterschiedlich stark ausgeprägten Wanderungsbewegungen be-

* www.wegweiserdemographie.de

troffen. Nur ein Effekt entwickelt sich stetig: in allen Kommunen wird die Bevölkerung aufgrund der steigenden Lebenserwartung immer älter.
Eine aktive und funktionierende Stadtgesellschaft mit einer erfolgreichen Wirtschaft braucht jedoch eine Bevölkerung mit einer ausgewogenen Altersstruktur, die sich für die Zukunft ihres Standortes einsetzt und engagiert. Das gilt um so mehr, als demographische und wirtschaftliche Entwicklungen sich gegenseitig beeinflussen: Mit einer langfristig stabilen Bevölkerungsentwicklung ist nur in denjenigen Kommunen zu rechnen, die auch ökonomisch attraktiv sind und genügend Nachwuchs an motivierten und gut qualifizierten Arbeitskräften haben.

Mit dem Wegweiser Demographischer Wandel zeichnet die Bertelsmann Stiftung ein Bild von der Zukunft städtischer und gemeindlicher Entwicklungen. Welche Kommunen sind besonders stark vom demographischen Wandel betroffen? Welche Unterschiede gibt es zwischen städtischen und ländlichen Räumen? Welche Handlungsstrategien sollten verfolgt werden? Der Wegweiser gibt auf diese Fragen Antworten und verbindet umfangreiches Analysematerial mit konkreten Handlungsempfehlungen für die Arbeit vor Ort.

1. Der Wegweiser Demographischer Wandel 2020

Für alle Kommunen mit mehr als 5.000 Einwohnern stellt der Wegweiser Demographischer Wandel Zahlen, Daten und Fakten zur Verfügung. Insgesamt 3.000 bundesdeutschen Städte und Gemeinden – und damit 85 % der Gesamtbevölkerung - sowie die insgesamt 323 Landkreise erhalten somit eine Gesamtschau aktueller Trends und demographischer Entwicklungen bis in das Jahr 2020. Durch eine tiefgehende Analyse des mit dem Wegweiser bereitgestellten Datenmaterials ist es in Kombination mit der vorgenommenen Typisierung der untersuchten Kommunen möglich, sowohl kommunenspezifische Entwicklungen abzubilden, als auch allgemeine Trends herauszuarbeiten.

Der Wegweiser Demographischer Wandel ist ein Frühwarn- und Informationssystem für Städte, Gemeinden und Kreise. Er enthält folgende Bausteine:

- 52 Indikatoren für die Politikfelder Soziale Lage, Wohnen, Wirtschaft und Arbeit und Demographische Entwicklung
- Eine kleinräumige Bevölkerungsprognose für alle Kommunen mit mehr als 5.000 Einwohnern
- Individuelle Demographieberichte für Bürger, die Arbeit in Ausschüssen und öffentliche Veranstaltungen
- Die Beschreibung von insgesamt 15 Demographietypen - inklusive spezifischer Empfehlungen für jeden Typ
- Karten, Graphiken und Tabellen zum Download
- Konkrete Handlungsempfehlungen für ausgewählte Politikfelder

Alles ist online zu finden unter www.wegweiserdemographie.de. Der Wegweiser eröffnet somit viele verschiedene Blickwinkel. Vor allem kommunenspezifisch werden Antworten auf ganz unterschiedliche Fragen gegeben, wie z.B. nach der durchschnittlichen Kaufkraft der Haushalte, nach der Bedeutung der Kommune als Arbeitsort, nach der Größe des Anteils der Hochqualifizierten oder nach der Entwicklung der Zahl der Beschäftigten im Dienstleistungssektor. Damit wird ein Grundstein gelegt für die so wichtige Analyse der Ausgangslage in der Kommune, an die sich die Identifizierung der zentralen Herausforderungen für die Kommunen und die Erarbeitung konkreter Handlungsstrategien anschließt.
Die darüber hinaus erkennbaren allgemeinen Trends und Entwicklungen haben für den Umgang mit den demographischen Veränderungen in den Kommunen aber ebenfalls eine große Bedeutung, da sie im Umgang mit den Herausforderungen mitzudenken sind.

2. Ausgewählte Ergebnisse des Wegweisers im Überblick – Vielfalt der Ergebnisse zeigt Vielfalt der Entwicklungen

Einige dieser allgemeinen Entwicklungen werden exemplarisch dargestellt:

2.1 50 % der deutschen Kommunen schrumpfen

Das Ergebnis der Bevölkerungsprognose der Bertelsmann Stiftung zeigt, dass die Zahl der Einwohner in der Bundesrepublik bis zum Jahr 2020 um insgesamt 1,4 % schrumpfen wird. Das klingt zunächst nach einer moderaten Schrumpfung. Neben den inzwischen breit diskutierten Auswirkungen auf die sozialen Sicherungssysteme wird dieser Bevölkerungsrückgang aber nicht auf der gesamtstaatlichen Ebene, sondern vor allem in den Städten und Gemeinden des Landes konkret spürbar – und hier gibt es eine sehr breite Streuung unterschiedlicher Entwicklungen.

Aus der Betrachtung der Gesamtergebnisse wird deutlich, dass rund 50 % aller deutschen Städte und Gemeinden mit mehr als 5.000 Einwohnern von Bevölkerungsschrumpfung betroffen sein werden. Die Spannbreite der Schrumpfung reicht hierbei von geringen Bevölkerungsrückgängen mit weniger als einem Prozent Abnahme bis hin zu gravierenden Einwohnerverlusten. So werden in einigen ostdeutschen Kommunen bis zum Jahr 2020 Bevölkerungsverluste zwischen 30 % und 40 % erwartet.

Demographisch - aber auch ökonomisch – wachsende und schrumpfende Kommunen liegen dabei erkennbar häufig nah beieinander. Das gilt zunächst für die ostdeutschen Bundesländer, wo sich die regionalen Entwicklungen stark unterscheiden und durch ein Patchwork von Gewinner- und Verliererkommunen gekennzeichnet sind. Aber auch in den alten Bundesländern ist die Entwicklung sehr heterogen. Z.B. ist Hessen mit einem tendenziell stark schrumpfenden Norden und einem eher wachsenden und wirtschaftlich prosperierenden Süden ein solches Land der Gegensätze. Und auch innerhalb dieser Regionen gibt es große Unterscheide in der Entwicklung.

Verstärkt wird durch diese unterschiedliche Entwicklung der Wettbewerb zwischen den Kommunen: der Wettbewerb um Arbeitsplätze, um Einwohner, um Infrastruktur und um Lebensqualität. Hier sind die Kommunen gefordert aktiv zu werden und klare Prioritäten zu setzen. Diese Notwendigkeit wird z.B. deutlich mit Blick auf die Menschen, die Kinder haben oder perspektivisch haben möchten. Für sie wird sich z.B. Lebensqualität einer Stadt zu einem ganz erheblichen Teil an der Kinder- und Familienfreundlichkeit der Kommune fest machen. Hier haben Kommunen die Chance, klare Akzente zu setzen und ein eigenes Profil herauszubilden.

2.2 Alle Kommunen altern

Demographisch gesehen wird sich in den bundesdeutschen Kommunen aber nicht nur die Bevölkerungszahl verändern. In seinen Ausmaßen weitaus gravierender als Schrumpfung oder Wachstum ist die Veränderung der Altersstruktur. Der Wegweiser zeigt im Gesamtergebnis, dass ausnahmslos alle betrachteten Kommunen bis zum Jahr 2020 altern werden. Das heißt: das Durchschnittsalter wird sich erhöhen, die Zahl der älteren Menschen (vor allem die der Hochbetagten über 80 Jahre) wird ansteigen, die Zahl der Kinder hingegen immer stärker abnehmen.

Die zunehmende Alterung ist dabei das Ergebnis unterschiedlicher Entwicklungen:
Zum einen steigt - und das ist für die Menschen ein schöner und positiv zu bewertender Effekt - die Lebenserwartung kontinuierlich an. So wird in der demographischen Forschung z.B. vom Alterungsexperten James Vaupel, Direktor am Max Planck Institut, bereits für 2050 eine durchschnittliche Lebenserwartung von 90 Jahren für möglich gehalten (bei Frau sogar bis 100) Eine insgesamt noch zu wenig diskutierte Entwicklung, die bislang vor allem bei den Lebensversicherern Eingang in die Festlegung der Sterbetafeln gefunden hat. Kommunale Reaktionen auf diese Entwicklung sind kaum erkennbar.

Tendenziell erhöht sich das Durchschnittsalter in der Kommune besonders dann, wenn vor allem junge Menschen (18- bis 24-jährige Bildungswanderer) auf der

Suche nach Bildung und Ausbildung aus der Kommune abwandern. Die Bevölkerung schrumpft durch diese Wanderungsbewegungen und mit den jungen Menschen gehen auch die potenziellen Eltern. Zurück bleiben die älteren Menschen, und in der Folge werden immer weniger Kinder in diesen Städten geboren. So haben vor allem die stark schrumpfenden und von Abwanderung betroffenen Städte häufig auch eine sehr hohe Alterung zu verzeichnen. Z.B. in Guben, Wittenberge oder Hoyerswerda wird die Hälfte der Bevölkerung im Jahre 2020 älter als 58 Jahre alt sein. Und auch der Anteil an Menschen über 80 Jahre wird in Städten wie z.B. Hoyerswerda oder Cochem an den Mosel bei ca. 15 % liegen.

Auf diesen Trend der Alterung, der sich in den Städten und Gemeinden in vielen Facetten zeigt, sind bislang nur wenige Kommunen vorbereitet, obwohl er ein radikales Umdenken in der Ausrichtung kommunaler Seniorenpolitik erfordert. Diese Entwicklung ist in jeder Stadt in mehrerlei Hinsicht zu bedenken: Zum einen trägt eine alternde Gesellschaft viele Potenziale, die für die bürgerliche Gesellschaft nutzbar gemacht werden können. Überkommene Altenbilder sind dabei neu zu diskutieren und die Kommunen müssen sich fragen, wie sie für die vorhanden Potenziale wie Zeit, Wissen, Lebenserfahrung etc. einen strukturellen Rahmen schaffen können, der es möglich macht, diese zu nutzen.

Zum anderen ist es wichtig, frühzeitig zu überlegen, wie mit der größer werdenden Gruppe älterer Menschen umgegangen wird, die Hilfs- und Pflegeleistungen benötigen. Welche sozialen Infrastrukturen werden benötigt? Wie kann die Selbstorganisation der älteren Menschen gestärkt werden („Alte helfen sehr Alten“)? Welche Wohnformen können das unterstützen? Welche konkreten Bedarfe gibt es eigentlich in der Kommune?

Und letztlich stehen die Kommunen mit einer älter werdenden Gesellschaft auch vor der Fragestellung, wie das Miteinander der Generationen zukünftig verbessert werden kann, denn die Interessen von Familien und Kindern sind häufig andere als die der Senioren. Hier gilt es, bereits heute aktiv zu werden und kommunale Zukunft im Dialog der Generationen neu zu denken. Es kommt für die Kommunen ganz entscheidend darauf an, die unterschiedlichen Interessen einer vielschichtigen Stadtgesellschaft zu berücksichtigen und so eine Balance zwischen den kommunalen Zielgruppen zu schaffen.

2.3 Ostdeutsche Kommunen nehmen gesamtdeutsche Entwicklung vorweg

Bereits in den letzten 15 Jahren haben vor allem die neuen Bundesländer einen Bevölkerungsrückgang von bislang nicht bekanntem Ausmaß erlebt. So haben in diesem Zeitraum ca. zwei Millionen Menschen den Osten verlassen. Und auch bis zum Jahr 2020 werden in vielen Regionen starke Bevölkerungsverluste erwartet, die vor allem auf einer intensiven Abwanderung beruhen. Der Wegweiser Demographischer Wandel zeigt für die betroffenen Kommunen diese im Trend klar zu identifizierenden, in der spezifischen kommunalen Ausprägung jedoch sehr differenziert zu betrachtenden Entwicklungen.

Einwohnerrückgang und Alterung sind aber bei weitem kein rein ostdeutsches Phänomen. Vielmehr erleben viele ostdeutsche Kommunen bereits heute Veränderungen des demographischen Wandels, die in 20 Jahren allerorts spürbar sein werden. Der Osten ist hier somit der gesamtdeutschen Zeit um mehrere Jahre voraus. Denn mehr und mehr ist die Bevölkerungsschrumpfung auch in den strukturschwachen bzw. ländlichen Regionen im Westen Deutschlands erkennbar. Im Saarland, Süd-Niedersachsen, im Ruhrgebiet, Nordbayern und dem Norden von Schleswig-Holstein ist der demographische Wandel mit den Effekten des Bevölkerungsrückgangs, aber auch der Alterung, bereits heute deutlich zu spüren.

2.4 Demographischer Wandel und Ökonomisierung

Ein klar erkennbares Faktum ist die enge Zusammengehörigkeit von Demographie und Ökonomie. „Die Menschen folgen den Ausbildungs- und Arbeitsplätzen" – auf diese knappe Formel lassen sich vielerorts die regionalen und überregionalen Wanderungsbewegungen und in der Folge auch Gründe für die kommunale Entwicklung bringen. Vor allem mit dem Verlust der ökonomischen Basis in der Kommune wurden und werden häufig starke Bevölkerungsschrumpfungsprozesse in Gang gesetzt.

So haben in der Konsequenz fehlende wirtschaftliche Potenziale und eine in der Folge hohe Arbeitslosigkeit (z.B. durch den ökonomischen Bruch nach der Wende 1989/1990) in vielen Regionen der ostdeutschen Bundesländer zu einer stark rückläufigen und deutlich älter werdenden Bevölkerung geführt. Ähnliche Entwicklungen zeichnen sich ab z.B. für den Harz, das Wendland um Lüchow-Dannenberg in Niedersachsen sowie die Ostseeküste in Schleswig-Holstein.

Die Bevölkerung schrumpft und altert nicht nur durch diesen Effekt, sondern sie verliert ihre Entwicklungspotenziale: Zum einen wandern in der Altersgruppe der 18- bis 34-Jährigen vor allem die gut ausgebildeten Fachkräfte sowie die Akademiker der Region ab. Durch diesen sog. „Brain Drain“ geht das für die Schaffung einer neuen ökonomischen Basis in den Kommunen dringend benötigte Potenzial an qualifizierten Kräften verloren. Zum anderen sind es die Frauen im gebärfähigen Alter, die bereits seit Anfang der 1990er Jahre diese Regionen verlassen. Damit geht neben dem geistigen Potenzial ein weiteres wichtiges verloren: das der Kinder. Sie werden aufgrund dieser Wanderungsbewegungen in anderen Regionen geboren. Die Entwicklung wird um das Jahr 2010 in diesen Regionen zu einem sprunghaften Geburtenrückgang, dem sog. „Zweiten Geburtenknick“ führen.

Zentrale Herausforderung für die Kommunen in den betroffenen Regionen ist es, eine neue ökonomische Basis für die kommunale Entwicklung zu schaffen und alles dafür tun, um junge Menschen zu halten.

2.5 Deutlicher Trend „Zurück in die Städte“

Die ökonomischen Entwicklungen, durch die sich eine prosperierende Wirtschaft mit Potenzial an Arbeitsplätzen häufig in den Städten konzentriert, aber auch die steigende Attraktivität des urbanen Lebens für viele kommunale Zielgruppen bedingen einen weiteren klar zu identifizierenden Trend: Den Trend zurück in die Stadt.

Das Tempo bei den Suburbanisierungsbewegungen und der Umlandwanderung ist vielerorts stark rückläufig, und das in der Vergangenheit dominierende Wohnideal vom freistehenden Einfamilienhaus im grünen Umland der größeren Städte ist schon seit längerer Zeit nicht mehr konkurrenzlos. Denn für immer mehr Menschen stellt sich auch das Wohnen in innerstädtischen Quartieren mit seinen Vorteilen als eine attraktive Alternative dar. Die Stadt München z.B. ist allein im vergangenen Jahr um 15.000 Menschen gewachsen, und auch die Prognose sagt deutliche Zugewinne voraus.

Verschiedene Gründe, die für das innerstädtische Leben und Wohnen sprechen, sind erkennbar:

- Durch die oft günstige Arbeitsplatzentwicklung ist die Stadt für viele Menschen zwar (noch) nicht Wohn- und Lebensmittelpunkt, in jedem Fall aber Mittelpunkt des Arbeitslebens. Auch Wohnen in der Nähe des Arbeitsplatzes ist aber ein Stück Lebensqualität – und mit Abschaffung der Eigenheimzulage auch eine häufig günstigere Alternative zum Bauen im Umland.
- Das Leben in der peripheren Umgebung der Städte ist teuer. Vor allem steigende Energiepreise und ÖPNV-Kosten sind für die Berufspendler ein

großer Kostenfaktor. Verstärkt wird diese Entwicklung durch die politisch bereits begonnene Kürzung bzw. Abschaffung der Pendlerpauschale.

- Pendeln in die Städte kostet Zeit – häufig viele Stunden in der Woche. Diese Zeit fehlt den Pendlern in ihrer Freizeit, den Eltern mit ihren Kindern. Der Trend geht dahin, Wohnen, Freizeit und Arbeit in räumlicher Nähe zu verbinden.
- Innerstädtisches Wohnen eröffnet vielfältigere Lebensmodelle. Das gilt insbesondere für berufstätige Paare mit Kindern. Während es an den eher peripheren Standorten z.B. schwierig sein kann, eine adäquate und flexible Betreuung für die Kinder zu finden, fällt eine Berufstätigkeit beider Elternteile in den Städten angesichts des manchmal besseren, aber doch zumindest vielfältigeren Betreuungsangebots häufig leichter.
- Das Freizeit- und Erlebnisangebot in den Städten ist vielfältiger und wird damit von vielen Menschen als attraktiver empfunden.
- Innerstädtisches Wohnen wird für ältere und alte Menschen an Attraktivität gewinnen. Denn auch bei eingeschränkter Mobilität sind die z.B. die wichtigsten Versorgungseinrichtungen, vom Lebensmittelmarkt über den Arzt bis hin zum Friseur gut zu erreichen. Schon heute gibt es in den Städten attraktive neue Wohnformen für Senioren: Stadthäuser, Wohngemeinschaften für Senioren und Mehrgenerationenhäuser.

Die Städte sind gefordert, sich auf diese neuen Entwicklungen einzustellen. Der Stärkung der urbanen Zentren und des urbanen Lebens kommt für die Städte damit ebenso eine zentrale Bedeutung zu wie der Schaffung von adäquatem Wohnraum - für Singles, für Senioren und für Familien.

3. Ausgewählte Demographietypen

Auf Basis der Indikatoren des Wegweisers wurde mit Hilfe einer Clusteranalyse eine Typisierung der insgesamt 2959 Städte und Gemeinden vorgenommen. Dabei wurde zwischen Großstädten mit mehr als 100.000 Einwohnern und Städten mit einer Einwohnerzahl zwischen 5.000 und 100.000 Einwohnern unterschieden. So gibt es insgesamt 15 kommunale Demographietypen – jede der 2959 Kommunen ist einem dieser Typen zugehörig.

Die 6 Demographietypen der Großstädte mit mehr als 100.000 Einwohnern:

Typ 1: Stabile Großstädte mit geringem Familienanteil
Typ 2: Schrumpfende Großstädte im postindustriellem Strukturwandel

Typ 3: Schrumpfende und stark alternde ostdeutsche Großstädte
Typ 4: Prosperierende Wirtschaftszentren
Typ 5: Stabile Großstädte mit hohem Familienanteil
Typ 6: Aufstrebende ostdeutsche Großstädte mit Wachstumspotentialen

Die 9 Demographietypen der Städten zwischen 5.000 und 100.000 Einwohnern:

Typ 1: Stabile Mittelstädte und regionale Zentren mit geringem Familienanteil
Typ 2: Suburbane Wohnstandorte mit hohen Wachstumserwartungen
Typ 3: Suburbane Wohnstandorte mit rückläufigen Wachstumserwartungen
Typ 4: Schrumpfende und alternde Städte und Gemeinden mit hoher Abwanderung
Typ 5: Stabile Städte und Gemeinden im ländlichen Raum mit hohem Familienanteil
Typ 6: Gemeinden mit geringer Dynamik im ländlichen Raum
Typ 7: Prosperierende Städte und Gemeinden im ländlichen Raum
Typ 8: Wirtschaftlich starke Städte und Gemeinden mit hoher Arbeistplatzzentralität
Typ 9: Exklusive Standorte

Für alle 15 Typen sind differenzierte Handlungsempfehlungen für eine demographierobuste Stadtpolitik erforderlich.

Exemplarisch werden im folgenden zwei Demographietypen dargestellt. Die Skizze verdeutlicht, wie Analyse und Entwicklung von Handlungsempfehlungen zusammen spielen:

3.1 Großstadt-Typ 6 : „Aufstrebende ostdeutsche Städte mit Wachstumspotenzialen" am Beispiel der Stadt Jena

Der Großstadttyp 6 ist ein markantes Beispiel für eine positive kommunale Entwicklung in ostdeutschen Großstädten. Sieben Großstädte Ostdeutschlands sind diesem Typ zugeordnet: Berlin, Potsdam, Dresden, Erfurt, Leipzig, Jena und Rostock.

Diese Städte können als großstädtische Wachstumsinseln in Ostdeutschland betrachtet werden. Sie repräsentieren die wirtschaftstärkeren ostdeutschen Städte und verfügen z.T. über hohe Wachstumserwartungen und positive demographische Entwicklungen. Gespeist werden diese Entwicklungen vor allem aus großen Zuzügen bei den jungen Erwachsenen. Diese Zuzüge dokumentieren ihre große Attraktivität für Bildungswanderer und Berufseinsteiger. Klar erkennbar ist in diesen Städten aber auch, dass sowohl Familien mit Kindern als auch ältere Menschen aus den suburbanen Räumen in die Kernstädte zurückkehren.

In der Summe bedingen diese Entwicklungen, vor allem die hohe Zuwanderung der 18- bis 24-Jährigen, weniger stark ausgeprägte Alterungsprozesse: die Großstädte dieses Typs bleiben auch in Zukunft vergleichsweise jung. Trotzdem wird sich die Zahl der Hochbetagten über 80 Jahre bis zum Jahr 2020 verdoppeln und auch die Zahl der Geburten ist in den Städten dieses Typs sehr niedrig.

Ökonomisch betrachtet stecken die sieben Städte dieses Demographietyps in einem sehr dynamischen wirtschaftlichen Strukturwandel. Die Situation ist gekennzeichnet durch eine hohe Arbeitslosigkeit mit vielen Langzeitarbeitslosen, ein geringes Einkommensniveau in der Bevölkerung sowie niedrige kommunale Steuereinnahmen. In den Städten ist jedoch eine wirtschaftliche Festigung eingetreten, und häufig konnten negative ökonomische Strukturdaten umgekehrt werden. Gleichwohl ist der sehr dynamische wirtschaftliche Umstrukturierungsprozess noch nicht abgeschlossen.

Eine Besonderheit stellt der mit durchschnittlich 81 % hohe Anteil der Arbeitsplätze im Dienstleistungssektor dar. Er zeigt die massiven Arbeitsplatzverluste im verarbeitenden Gewerbe. Jedoch holen vor allem die Städte Dresden, Leipzig und Jena deutlich an wirtschaftlicher Leistungskraft auf. Sehr hilfreich in der weiteren Entwicklung wird der mit 17 % auffällig hohe Anteil an hoch qualifiziert Beschäftigten sein. Dies ist u.a. auf die Hochschullandschaften zurückzuführen, durch die sich die Großstädte als Wissensstandorte profilieren konnten.

Ein anschauliches Beispiel für diesen Demographietyp ist die Stadt Jena, die als Stadt der Wissenschaft, Forschung und Technologie auch „Boomtown des Osten“ genannt wird und zusammen mit Erfurt und Ilmenau das thüringische Technologiedreieck bildet. Die Universitätsstadt, die in ihrer Entwicklung klar auf die Wissenschafts-, Forschungs- und Technologieschiene gesetzt hat, ist ein besonderes Beispiel für wirtschaftliche Prosperität. Das zeigen zum einen die dort bereits ansässigen Unternehmen (Jenoptik AG, Schott GmbH, Carl Zeiss Jena), zum anderen viele neue und ausgegründete innovative Unternehmen, die z. T. auch bereits in größeren Netzwerken organisiert sind. Der Anteil der hochqualifiziert Beschäftigten, die in Jena leben, ist mit 24,5 % der zweithöchste aller bundesdeutschen Großstädte im Vergleich und wird lediglich von Heidelberg noch geringfügig übertroffen.

Aber auch demographisch gesehen spiegeln sich diese positiven Entwicklungen in Jena: Bis zum Jahr 2020 wird das Median-Alter nur knapp über 38 Jahre betragen; d.h., die Hälfte der Bevölkerung in Jena ist im Jahr 2020 jünger als 38

Jahre. Dieses Median-Alter ist das niedrigste aller deutschen Großstädte im Vergleich. Daneben wird die Bevölkerung bis zum Jahr 2020 voraussichtlich um 5,7 % wachsen.

Für Jena, aber auch die anderen aufstrebenden ostdeutschen Großstädte dieses Demographietyps, ist es wichtig, zum einen die positive Bevölkerungsentwicklung zu stabilisieren, zum andern die wirtschaftlichen Potenziale zu nutzen und auszubauen, um so die Familien und jungen Erwachsenen, die in die Städte ziehen, zu halten.

Das erfordert in den Städten verschiedene Handlungsansätze und Maßnahmen, die hier nur exemplarisch dargestellt werden sollen:

- Wissensbasierte produzierende Zukunftsbranchen ausbauen;
- Vorhandene Stärken weiter stärken und spezifische Profile zur weiteren wirtschaftlichen Entwicklung ausformulieren;
- Regionale Branchenschwerpunkte als Wachstumsmotoren fördern;
- Vorhandene Netzwerkstrukturen weiterentwickeln;
- bedarfsgerechter Ausbau der Angebote für Familien und junge Erwachsen;
- bewusste Förderung von jungen lebendigen Stadtteilen und die Förderung der Urbanität;
- Reurbanisierungstendenzen nutzen und experimentelle Wohnformen sowie städtische Einfamilienhausprojekte (z.B. „Stadthäuser") fördern.

3.2 Typ 4 der Städte zwischen 5.000 und 100.000 Einwohnern : „Schrumpfende und alternde Städte und Gemeinden mit hoher Abwanderung" am Beispiel der Stadt Wolfen

Alle Kommunen, die dem Demographietyp 4 angehören, sind von den Auswirkungen des demographischen Wandel besonders stark betroffen. 70 % aller ostdeutschen Kommunen gehören dieser Gruppe an. Sie repräsentiert eher abgelegene Städte und Gemeinden, die sich gleichmäßig auf alle neuen Bundesländer verteilen. Dabei sind auch 20 Kommunen der alten Bundesländer mit räumlichen Schwerpunkten im Harz, Wendland, Lüchow-Dannenberg in Niedersachen sowie einige Kommunen an der Ostseeküste und in Schleswig-Holstein.

Charakteristisch für diese Städte und Gemeinden ist eine stark rückläufige und deutlich älter werdende Bevölkerung. Damit verbunden sind selektive Abwanderungen der jungen Bevölkerung, insbesondere der Frauen (im gebärfähigen Alter). Aufgrund der hohen Arbeitslosigkeit und der geringen wirtschaftlichen Potenziale werden der Alterungs- und der Abwanderungsprozess der besonders gut gebildeten Fachkräfte und Akademiker anhalten.

In der Summe ist in den Städten und Gemeinden dieses Demographietyps weiterhin mit der höchsten Bevölkerungsschrumpfung bis zum Jahr 2020 zu rechnen. In den schrumpfenden Kommunen kommt es im Zusammenhang mit dem fortschreitenden Flächenverbrauch zu einer starken passiven Entdichtung. Die weniger dichte und gleichzeitig zunehmend verstreute Siedlungsstruktur wirkt sich sehr negativ auf die Infrastruktur und ihre Bereitstellung aus.

- Hinzu kommt, dass in fast allen Kommunen des Demographietyps 4 (338 von 352) die Hälfte der Bevölkerung älter als 50 Jahre alt sein wird. Gekoppelt mit dem deutlichen Rückgang der jüngeren Bevölkerung kommt es hier zu einer deutlichen Verschiebung innerhalb der Altersstruktur der Bevölkerung.
- Die Schrumpfungsprozesse der Kommunen dieses Demographietyps sind in aller Regel Ausdruck einer krisenhaften ökonomischen Entwicklung. Zu den wichtigsten Ursachen des Bevölkerungsrückgangs zählt der Verlust der alten ökonomischen Basis, ohne dass zugleich eine neue ökonomische Basis aufgebaut werden konnte. Dieses prinzipielle Muster findet sich in nahezu allen Kommunen dieses Clusters. Gerade letztere haben den ökonomischen Bruch 1989/90, mit dem ein abrupter Wechsel vom planwirtschaftlichen zum marktwirtschaftlichen System einherging, noch nicht verkraftet. Für die Kommunen dieses Clusters ist es entscheidend, ihre Rolle in der regionalen Wirtschaft neu zu definieren, dabei auf vorhandene Stärken zu setzen und gezielt Nischen zu suchen. Auch hier muss es daher darum gehen, Prioritäten zu setzen und diese dann konsequent zu verfolgen.

Als Beispiel für die dramatische Entwicklung, die auf eine Stadt des Demographietyps 4 zukommt, ist Wolfen zu nennen. Seit dem Wegfall der Filmfirma Orwo, die einen Großteil der Arbeitsplätze stellte, ist die Stadt mit einem stark spürbaren Einwohnerverlust und sinkender Wirtschaftskraft konfrontiert gewesen. Die Prognose sagt der Stadt Wolfen bis zum Jahr 2020 einen weiteren Verlust an der Bevölkerung um ca. 50 % voraus. Hier steht die Frage im Vordergrund, welche Perspektiven haben die Menschen, die hier leben? Welche Angebote sind für die große Gruppe der älteren Menschen zu entwickeln? Ist es hier möglich, durch Investitionen im Wirtschaftsbereich wieder mehr Prosperität zu schaffen?

- Eine kreative Nischenstrategie bietet in besonders strukturschwachen Kommunen die Chance, die **Orte „neu zu erfinden“**. Dies erfordert den Mut, unkonventionelle, mitunter risikoreiche Ideen und die Entwicklung innovativer Arbeitsmodelle jenseits der heute dominierenden Auffassung von Arbeit zuzulassen. Als Beispiel ist hier die Stadt Apolda zu nennen, die durch die internationale Fachhochschule für Design und das Engagement von Karl Lagerfeld bei der Verleihung des Designpreises auf sich aufmerksam gemacht hat.

3.3 Herausforderungen für die Zukunft:

In den Kommunen des Demographietyps 4 gilt es als mittel- und langfristiges Ziel, eine Optimierung der Situation und eine Stabilisierung der Bevölkerungszahlen nicht aus den Augen zu verlieren. Dazu gehören die

- Milderung der Auswirkungen der starken Wanderungsverluste – vor allem bei den gut ausgebildeten Fachkräften und Akademikern;
- Stärkung der wirtschaftlichen Basis in einem schwierigen ökonomischen Umfeld, das von einer hohen Veränderungsdynamik gekennzeichnet ist;
- Ausrichtung der kommunalen Infrastruktur auf die absehbaren Schrumpfungsprozesse und damit die Gewährleistung langfristig tragfähiger Strukturen der kommunalen Entwicklung;
- Konzentration auf die Siedlungskerne.

Die enormen Bevölkerungsverluste erfordern eine Strategie des Rückbaus orientiert an verstärkter Lebensqualität und nachhaltiger Entwicklung. Den übermächtigen Herausforderungen stehen in schrumpfenden und alternden Städten und Gemeinden jedoch geringe institutionelle und finanzielle Ressourcen gegenüber. Um angesichts der Herausforderungen proaktiv gestalten zu können, erscheinen zwei Aspekte zentral:

1. Prioritäten der Stadtentwicklung (durch)setzen;

2. regional arbeitsteilig vorgehen.

Darüber hinaus erfordert der massive Alterungsprozess in den Kommunen die Ausrichtung der örtlichen Politik auf eine zukünftig deutliche ältere Bevölkerung.

4. Prioritäre Handlungsfelder

Das Tableau der kommunalen Handlungsfelder ist vielfältig. Nahezu alle der kommunalen Handlungsfelder sind von den Auswirkungen der demographischen Veränderungen betroffen. Bei der Entwicklung von Handlungsstrategien kommt es darauf an, eine Doppelstrategie zu verfolgen. Diese beinhaltet zum einen eine Präventionsstrategie (Wo können wir dem demographischen Wandel entgegenwirken? – z. B. Kinder- und Familienfreundlichkeit) und zum anderen eine Anpassungsstrategie (In welchen Bereichen müssen wir vorausschauende Anpassungen vornehmen? - z. B. soziale und technische Infrastruktur).

Eine Strategie der 2 Wege ist notwendig; regionale und kommunale Unterschiede erfordern die Entwicklung ortsspezifischer Strategien:

1. *Anpassungsstrategie:* *Reaktion auf die Auswirkungen des demographischen Wandels, z.B. Rückbau von Infrastruktur,*
2. *Präventionsstrategie:* *Vorsorgliche Abdämpfung der Auswirkungen, z.B. Förderung der Kinder- und Familienfreundlichkeit*

In der Praxis wird ein ausbalancierter Policy-Mix notwendig sein.

Darüber hinaus lassen sich aus Sicht der Bertelsmann Stiftung die folgenden Handlungsfelder identifizieren, die bei der Entwicklung eines strategischen Gesamtkonzeptes zur Gestaltung des demographischen Wandels prioritär zu berücksichtigen sind. Diese Themen müssen in vorausschauende und langfristig orientierte Entwicklungsstrategien Eingang finden (siehe dazu auch den Artikel zur Prozessgestaltung in diesem Band).

1. Zukunftsorientierte Seniorenpolitik
Jede Kommune in Deutschland wird vom Alterungsprozess der Gesellschaft betroffen sein. Eine zukunftsorientierte kommunale Seniorenpolitik ist vor diesem Hintergrund als eine zentrale kommunale Querschnittsaufgabe anzusehen, die von der Bau- und Verkehrsplanung bis hin zu Bildungs- und Gesundheitsthemen reicht. Die Aktivierung der Potenziale älterer Menschen steht dabei besonders im Fokus.

2. Kinder- und familienfreundliche Politik
Das Thema Kinder- und Familienfreundlichkeit wird für Kommunen mehr und mehr zum Standortfaktor. Die Schaffung einer kinder- und familienfreundlichen Kommune ist dabei weit mehr als die Verbesserung der Kinderbetreuung. Es kommt auf ein klares Bekenntnis zu der Zielgruppe „Familie mit Kindern" an und erfordert die Realisierung eines umfassenden und integrierten Angebotes für diese wichtige Zielgruppe.

3. Ausbalanciertes Infrastrukturmanagement
Die Bevölkerungsstrukturen in den Kommunen verändern sich. Eine passende und zielgruppenorientierte Infrastrukturausstattung wird damit zum entscheidenden Faktor für ihre Tragfähigkeit insgesamt, aber auch für die Attraktivität der Kommune. Art und Umfang von neu zu schaffenden, zu erhaltenden oder anzupassenden Infrastruktureinrichtungen sind genau zu analysieren und auf die regionale Situation hin auszurichten. Wichtig ist es hier, regionale Kooperation in der Region frühzeitig mitzudenken und zu realisieren

4. Urbanität und Flächenentwicklung
Für alle Kommunen im demographischen Wandel ist es zentrale Aufgabe, ihre Flächenentwicklung aktiv zu steuern. Hier gilt es, dem Grundsatz „Innenentwicklung geht vor Außenentwicklung" zu folgen. Konkret bedeutet das eine Begrenzung der Siedlungsentwicklung außerhalb der Zentren und Investition in Erhalt und Ausbau der urbanen Zentren. So werden lebenswerte und lebendige Quartiere zu Standortfaktoren für die Städte und Gemeinden

5. Sozialer Segregation entgegenwirken und aktive Integrationspolitik betreiben
Segregation und Integration gehören insbesondere in den Großstädten, aber auch in vielen kleineren Städten, zu den wichtigsten kommunalen Handlungsfeldern. Hier geht es prioritär darum, eine sozial stabile und integrative Stadtteilpolitik zu etablieren und im Sinne ganzheitlicher Ansätze neu auszurichten.

Neben diesen inhaltlichen Fragen ist die Gestaltung der konkreten Prozesse jedoch ebenso wichtig. Dabei ist in erster Linie zu betonen, dass das Thema Demographie in den Kommunen als Chefsache behandelt werden muss. Darüber hinaus sollten im Rahmen des Prozesses (z. B. auf Veranstaltungen zum Thema „Kinder- und Familienfreundlichkeit") möglichst viele lokale Akteure eingebunden werden. Die wichtigste Voraussetzung dafür ist eine absolut transparente Darstellung der zukünftigen demographischen Entwicklungen in der Kommune.

2. Einen wichtigen neuen Handlungsbedarf in den Kommunen sehen Ebner, Höllbacher und Rommel im Hinblick auf die altersgerechte Gestaltung des Wohnalltags.

Das bedeutet für sie einerseits, dass die Flexibilität der Wohnungsgestaltung erhöht werden sollte, so dass im Idealfall eine Wohnung auf die Anforderungen der gealterten Bewohner hin umgestaltet werden kann. Zum anderen folgt daraus als entscheidendes Thema für den Wohnungsbau der Zukunft das barrierefreie Bauen, wobei für die Autoren in diesem Zusammenhang Normen und baurechtliche Empfehlungen zwar wichtig sind, aber individuelle Lösungen, die die Bewohner im Blick behalten, hinzu kommen sollten.

Ein dritter Aspekt ist für die Autoren von ganz besonderer Bedeutung für eine altersgerechte Gestaltung des Wohnalltags: die Kommunikation zwischen Planern, Investoren und Nutzern. Unter Hinweis auf beispielhafte Einrichtungen in Japan und den USA gelangen sie daher zu dem Schluss, dass es nicht darum gehen kann, Erfahrungen anderer einfach zu kopieren. Gefordert wird dagegen ein Mehr an sozialer Verantwortung durch Kooperation als Form und Modell des Handelns bei der Gestaltung des Wohnalltags. Die möglichst weit gefasste Kooperation kann auch in diesem Bereich dabei helfen, unter den Bedingungen des demographischen Wandels die Chancen für die Entwicklung einer gerechteren Gesellschaft wahrzunehmen.

II Der demographische Wandel – Konsequenzen und Chancen im Wohnalltag

Peter Ebner, Roman Höllbacher, Verena Rommel

Das war endlich das wirkliche Leben, mein Herz war gerettet und dazu verdammt, an wahrer Liebe zu sterben, in glücklicher Agonie, an irgendeinem Tag nach meinem hundertsten Geburtstag.
Gabriel García Márquez, Memoria de mis putas tristes

In seinem jüngsten Buch erzählt der lateinamerikanische Nobelpreisträger Gabriel Garcia Márquez die Geschichte eines alten Machos, der sich zum 90. Geburtstag noch einmal die Lust eines jungen Mädchens wünscht. Márquez bricht in diesem Text nicht wenige Tabus. Er spricht über das Alter, und er scheut nicht davor zurück, die charakterlichen Schwächen eines senilen Lüstlings zu benennen. Nach den Erniedrigungen, die diesem alten Mann im Laufe der Erzählung widerfahren, tritt er, erlöst vom Laster, in seinen letzten Lebensabschnitt ein. Ihn erwartet kein luxuriöses, nein, ein bescheidenes, dafür ein würdevolles Leben – „mit einem erretteten Herzen".

Wenn wir von der surreal-amourösen Geschichte Márquez' auf die realen Verhältnisse Deutschlands überblenden, in dem die Alten sage und schreibe 400 Milliarden Euro[1] horten, wird schlagartig bewusst, dass auch hierzulande Zufriedenheit nicht käuflich ist. Der soziale Frieden wird keineswegs nur von den finanziellen Mitteln, sondern nicht zuletzt vom subjektiven Gefühl der Zufriedenheit jedes Einzelnen abhängen. Wir möchten im Folgenden dazu einige Stichworte, Ideen und Beispiele vorstellen. Beispiele, die Anregungen geben und Nachahmer finden sollten. Wir werden dabei „harte" Faktoren nennen, also Optionen, die auf die materielle Gestaltung von Wohnraum Einfluss nehmen, wie die staatlichen Förderrichtlinien und Normen, und wir werden „weiche" Faktoren anführen, die ausschließlich damit zu tun haben, wie wir uns den demographischen Wandel vorstellen, wie wir ihn denken und kommunizieren.

1. Clash of Generations? Chancen im demographischen Wandel

Wir in Deutschland bekommen keine Kinder mehr. Jedenfalls zu wenige. Über die Ursachen rätseln Soziologen und Psychologen. Die Politik versucht, mit direkten finanziellen Anreizen und indirekten steuerlichen Entlastungen eine Trendwende zu erreichen. Bis es soweit ist, werden die Sonntagsreden und die Feuilletons noch voll sein mit kollektivistisch formulierten Imperativen. Kein Artikel zum Thema „Demographischer Wandel", der nicht mit „In Zukunft müssen wir ..." beginnt oder vergleichbaren Appellen an das abstrakte Staatsvolk endet. Es ist bekannt, dass Kinder Geld kosten. Mehrkindfamilien und Alleinerzieherinnen sind am ehesten armutsgefährdet. Und wer von uns will schon absehbar und freiwillig in Armut leben? Umgekehrt sind jene, die über gute und geregelte Einkommen verfügen und sich Kinder leisten könnten, nicht willens, eine Familie zu gründen, weil sie für diesen Wohlstand rund um die Uhr arbeiten müssen. Das unfinanzierbare Sozialsystem ist längst beschworen, der „Clash of Generations", und dennoch sollten wir die positiven Aspekte erkennen und das Gute stärken, das auch in diesem Wandel liegt.

In Europa gibt es eine ganze Reihe von praktizierten Modellen, die den Problemen des demographischen Wandels entgegengesetzt werden und Menschen wie Regierungen zu höchst kreativen Leistungen anspornen. In Finnland beispielsweise erhält eine Frau bis 14 Monate nach der Geburt des Kindes 70 % ihres letzten Nettogehalts. Danach kann sie sich entscheiden, ob sie wieder in ihren Beruf eintritt - oder nicht. Tut sie es nicht, zahlt der finnische Staat das Geld, das die Kinderbetreuung in Kinderkrippen oder -gärten kosten würde. In Schweden wiederum können Frauen bis zum achten Lebensjahr des Kindes ihre Arbeitszeit bei vollem Lohnausgleich um 25 % reduzieren. Diese Modelle sind positive An-

[1] Dana Harakowa nannte diese Zahl in einem ORF-Interview am 21.07.06. Vgl.: Dana Harakowa, Das Christophorus-Projekt, Neuer Europa Verlag, 2006.

sätze, die dann erst richtig greifen werden, wenn sie zu einer neuen Unternehmenskultur führen. Erst wenn die Unternehmen erkennen, dass zufriedene Mitarbeiter, Mütter und Väter, Leistungsbereitschaft und Verlässlichkeit erhöhen, werden diese Modelle ihre volle Wirkung entfalten. Ihre soziale Dimension ist Teil einer gesellschaftlichen Vision, welche zu einem Mehr an Gerechtigkeit in unseren Gesellschaften führt. Der demographische Wandel ist dann ein wesentlicher Impuls für den sozialen Fortschritt - und nicht seine Gefährdung.

In der Renten- und Sozialdiskussion sind wir an diesem Punkt angelangt. Alle stehen wie gebannt vor dem Goldenen Kalb des Rentensystems und diskutieren, wie es zu erhalten wäre. Stillschweigend wird vorausgesetzt, dass die bloße Auszahlung der Renten in der bisherigen Höhe Glück und Zufriedenheit garantiert. Nun, wir sind keine Bevölkerungsstatistiker, und wir werden es anderen überlassen, darüber nachzudenken, wie und ob ein System erhalten werden kann, wenn keine Jungen nachkommen und Zuzug von Menschen weder gewünscht noch politisch durchsetzbar ist. Wir meinen, dass es in der Diskussion um den so genannten demographischen Wandel notwendig ist, vom Feldherrenhügel der Statistik wieder hinunter auf die Ebene der gesellschaftlichen Realität zu steigen, um bei den Problemen der Menschen im Hier und Heute anzukommen. Wir verstehen Datenmaterial und Zahlen als universelle Sprache, eine, die aber auch die Worte vorgibt, in der man spricht, und insofern nicht neutral ist. Die folgende Studie führten wir in ausgezeichneten bayerischen Wohnanlagen durch, die barrierefrei und behindertengerecht errichtet wurden. Wie funktionieren neue Wohnbaukonzepte wirklich?

2. Wohnungsnachfrage und Wohnen im Alter

Aufgrund der uns zugänglichen Daten aus Bayern treffen wir Aussagen über ein begrenztes räumliches Segment, die nicht direkt auf die gesamte Bundesrepublik übertragbar sind. Während der Freistaat seit 1970 kontinuierlich wächst, ist die Bevölkerungsentwicklung insbesondere in den neuen Bundesländern ganz anderer Natur. Die Raumordnung spricht mittlerweile von einer „Schneisenbildung". Sie kennzeichnet das Gefälle zwischen Landesteilen mit einer positiven Bevölkerungs- und Wirtschaftsentwicklung und solchen mit einer (extrem) negativen. Dieses Gefälle zieht sich quer durch Deutschland, sodass es in äußerst inhomogene Zonen zerfällt. Diese Entwicklung gibt es aber nicht nur innerhalb Deutschlands, sondern auch innerhalb von prosperierenden Bundesländern wie dem Freistaat. Selbst hier beobachten wir, dass regionale Entwicklungen stark auseinanderklaffen.

Während Bayern von 1994 bis 2004 einen Bevölkerungsanstieg von 4,4 % aufweist, 521949 in absoluten Zahlen, entfallen allein auf die Region Oberbayern 251718 Personen, was einem Zuwachs von 6,4 % entspricht. Weit mehr als die

Hälfte des Bevölkerungszuwachses entfällt damit auf eine einzige Region. Oberfranken, ehemalige Grenzregion zur DDR, stagniert mit einem Zuwachs von 2047 Personen oder 0,2 %. So kommt es zu einer rasanten Abkoppelung der „heißen" Regionen im Süden von den „kalten" im Nordosten des Freistaats.
Für den Wohnungsbau werden diese Trends dramatisch, wenn man die Bevölkerungsprognosen mit den gesellschaftlichen Entwicklungen verbindet: Das Bundesamt für Bauwesen und Raumordnung schätzt, dass in Bayern bis 2020 die Bevölkerung selbst nur um 2,9 % auf 13 Millionen[2] wachsen, die Zahl der Haushalte aber um rund 7,4 % auf 6,24 Millionen ansteigen wird.[3] Der Prozess der Verkleinerung der Haushalte hält unvermindert an, sodass Singles, kinderlose Paare und kleine Seniorenhaushalte die häufigsten Haushaltsformen in Zukunft sein werden. Größere Familienhaushalte zählen hingegen zu einer aussterbenden Kategorie. Bundesweit werden bis 2020 die Einpersonenhaushalte zwischen 45 und 60 Jahren um 23 % ansteigen. Einpersonenhaushalte mit 75 und mehr Jahren[4] werden um 21 % zunehmen. Einen Anstieg von 40 % soll es bei Haushalten mit zwei und mehr Personen mit 75 und mehr Jahren geben. Das vollkommen gegenläufige Bild zeigt sich bei jungen, größeren Haushalten, die dem klassischen Familienbild entsprechen. Haushalte mit fünf und mehr Personen bis 45 Jahren werden drastisch abnehmen, nämlich um 26 %. Vierpersonenhaushalte werden um 27 %, Dreipersonenhaushalte um 22 % zurückgehen. In den zentralen Regionen Bayerns werden, wie in allen prosperierenden Regionen, Wohnungen fehlen. Allein im Raum München wird ein Anstieg um 124000 Haushalte prognostiziert, in Landesteilen wie Oberfranken hingegen sinkende Haushaltszahlen - minus 5800 Haushalte. Bei einer Wohnungskäufer-

[2] Bayerische Landesbodenkreditanstalt (Hrsg.): Wohnungsmarkt Bayern 2005. Beobachtung und Ausblick, München 2005, S. 47.

[3] Um 1900 lag die durchschnittliche Lebenserwartung von Männern bei etwa 45, von Frauen bei etwa 48 Jahren. Ein halbes Jahrhundert später lag sie bei Männern bei 66,5 Jahren, und am Beginn des 21. Jahrhunderts bei 73,5 Jahren. Zudem hat sich die Alterspyramide stark verändert, sodass der Anteil der über 65-jährigen ständig steigt. Ihr Anteil beträgt in Bayern derzeit 15,1 % und wird bis 2010 auf 17,2 % steigen. Die Bayerische Staatsregierung sieht deshalb in der Gestaltung und Sicherung würdiger Lebensverhältnisse für ältere Menschen eine wichtige Voraussetzung für den Zusammenhalt unserer Gesellschaft. Jede Generation müsse für die Altersphase die Perspektive menschenwürdiger Lebensführung haben. Vgl.: Bayerische Architektenkammer und Oberste Baubehörde im Bayerischen Staatsministerium des Inneren, Barrierfreies Bauen 1, Barrierefreie Wohnungen, Planungsgrundlagen, Leitfaden für Architekten, Fachingenieure, Bauherren zur DIN 18 025 Teil 1 und 2, Ausgabe 1992, München 1992, S.6. Vgl. auch: Bayerische Architektenkammer, Oberste Baubehörde im Bayerischen Staatsministerium des Inneren und Bayerisches Staatsministerium für Arbeit und Sozialordnung, Familie und Frauen, Barrierefreies Bauen 3, Straßen, Plätze, Wege, Öffentliche Verkehrs- und Grünanlagen sowie Spielplätze, Leitfaden für Architekten, Landschaftsarchitekten, Fachingenieure, Bauherren und Gemeinden zur DIN 18 024 Teil 1, Ausgabe 1998, München 2001.

[4] a.a.O., S. 47.

Befragung, die an 15 Standorten in München im Jahr 2005 durchgeführt wurde, haben wir zu diesen abstrakten quantitativen Daten qualitatives Material gewonnen: Was wollen Wohnungssuchende eigentlich? Was bewegt sie bei ihren Entscheidungen?

Unter den 534 von uns befragten Kaufinteressenten stellten die 30- bis 50-Jährigen mit 64 % die größte Gruppe. Es folgten die unter 30-Jährigen mit 17 %, 15 % waren zwischen 51 und 65 und nur vier Prozent über 65 Jahre alt. Ganz klar auch die Verteilung der Haushaltsgrößen: Ein- und Zweipersonenhaushalte waren mit 61 % vertreten, 35 % waren Familien mit wenigstens einem Kind - und 4 % Wohngemeinschaften. Auf Wohnungssuche sind also nicht die Älteren, weil diese längst mit Wohnraum versorgt sind. Die Zunahme der Alten in der Gesellschaft spiegelt sich zunächst am Markt kaum wider. Man bleibt in seiner Wohnung, die unter Umständen nach dem Auszug der Kinder zwar viel zu groß, zu teuer und nicht komfortabel erschlossen ist, aber ein Umzug in eine kleinere Wohnung wird nur selten angestrebt. Nur 17 % der Befragten, und das nicht nur Ältere, dachten an einen solchen Umzug. Das Problembewusstsein im Hinblick auf die mögliche Anpassbarkeit der Wohnung auf geänderte Lebensumstände ist dennoch hoch. In der Gruppe der 30- bis 50-Jährigen, der größten Nachfragergruppe, ist dieser Wunsch am stärksten ausgebildet. Die Anpassbarkeit als Alterswohnsitz wird hier von 46 % der Befragten begrüßt. Allerdings steht die Adaptierbarkeit der Wohnung im Hinblick auf geänderte Familienverhältnisse in dieser Altersgruppe naturgemäß im Vordergrund. Ob diese mündlich geäußerten Wünsche im Zweifelsfall so dominante Vorlieben wie den Wunsch nach großen Freisitzen, Dachterrassen oder Gartenanteilen bei der Kaufentscheidung beeinflussen, ist schwer zu sagen.

Dennoch: Wohnungskäufer schätzen flexible Wohnung, was für den Wohnungsproduzenten ein Argument im Verkauf darstellen müsste. Hier sollte mit entsprechenden Informationen das Bewusstsein der Wohnungssuchenden vertieft werden. Im Idealfall sollte eine Wohnung mit dem Menschen altern können, also auf die Anforderung des gealterten Bewohners reagieren. Hier gibt es aber natürlich Grenzen. Wie kann man also den Umzug älterer Menschen in kleinere Wohnungen unterstützen? Was spricht dagegen, die Kosten für den Transport von Möbeln zu übernehmen und den Umzug in eine barrierefreie Kleinwohnung mit dem Angebot von sozialen Diensten zu verknüpfen? Wichtig ist nur, dass sich eine solche Wohnung im gewachsenen sozialen Umfeld der betreffenden Personen findet. Mit dem Erlös der alten, aber zu großen Wohnungen, könnte die Pflege und Betreuung wenigstens zum Teil abgedeckt werden.

3. Barrierefreies Bauen - der Staat steht in der Pflicht

Das entscheidende Thema für den Wohnungsbau der Zukunft heißt barrierefreies und altengerechtes Bauen. Hierbei handelt es sich um einen der „harten" Faktoren, von denen wir einleitend sprachen. Diese stellen die am einfachsten zu handhabenden Aspekte unseres zukünftigen Wohnalltags dar, und es liegt in der Macht der Politik, hier steuernd einzugreifen. Dass Wohnungssuchende darauf achten, eine im Alter flexible Wohnung zu erwerben, konnten wir im vorangegangenen Abschnitt darstellen. Der Staat steht in der Pflicht, entsprechende Rahmenbedingungen zu formulieren. Erst innerhalb der Normen und Baugesetze entsteht unter Anbietern der notwendige Wettbewerb.

Das Gefühl, die Regelungsdichte sei bereits zu hoch und die gesetzlichen Vorgaben zu weit reichend, sodass die Entfaltung des Lebens eher behindert als gefördert werde, mag stimmen. Gerade in westlichen Zivilisationen steht man Regelwerken oft hilflos, ja ohnmächtig gegenüber. Diese Ohnmacht ist aber nur ein matter Abglanz jener Barrieren, vor denen alte und behinderte Menschen tagtäglich stehen, Hindernisse, die sie nur mit fremder Hilfe überwinden können. Erst allmählich entsteht ein Bewusstsein dafür, dass körperliche und geistige Behinderungen keinen Makel darstellen. Menschen mit Behinderungen könnten sich bisweilen ganz leicht bewegen, wenn wir nur ein paar Dinge anders gestalten würden.

Die DIN 18025 regelt in Teil 1 rollstuhlgerechtes und in Teil 2 barrierefreies Bauen. Die Bayerische Bauordnung empfiehlt, wenigstens ein Geschoss pro Gebäude nach Teil 2 dieser Norm zu bauen. Ein Anfang. Der Freistaat Bayern hat im Jahr 2003, dem „Europäischen Jahr der Menschen mit Behinderungen" unter anderem den Bayerischen Wohnungsbaupreis „Barrierefreier Wohnungsbau mit hoher Qualität" vergeben. Am Lehrstuhl für Wohnungsbau und Wohnungswirtschaft an der Technischen Universität München haben wir alle damals prämierten Projekte evaluiert. Mit den Mitarbeitern am Institut und dem Soziologen Jánosz Kárász haben wir zum Teil mit unkonventionellen Methoden Nutzerinnen und Nutzer auf ihre Zufriedenheit befragt, und wir haben sie gebeten, ihre Lieblingssituation zu fotografieren und zu kommentieren.

Zusätzlich zu den prämierten Wohnungsbauten wurden Modellprojekte zum Thema „Barrierefreies Bauen" untersucht, die die Oberste Baubehörde als Teil des experimentellen Wohnungsbaus initiierte. Diese sind zum Teil 16 Jahre alt und lassen erkennen, ob die gesteckten Ziele erreicht wurden. Gerade im sozialen Wohnbau zeigen sich Qualitäten oft besser, wenn der Putz ein wenig abgeblättert und der publizistische Hochglanz der frühen Tage verblichen ist. Wir werden hier nur einige der Ergebnisse der 140 Seiten umfassenden Studie referieren.[5] In ihrem Rahmen untersuchten wir neun sehr unterschiedliche Wohnanlagen,[6] darunter kleine Objekte wie in Bad Birnbach mit zehn Wohneinheiten, und große mit 85 Mietwohnungen wie in Günzburg oder München mit 101 Mietwohnungen. Zahlreiche Ansätze funktionieren sehr gut, andere sollte man in Zukunft überdenken. Immer aber lassen sich Erkenntnisse für weitere Projekte gewinnen.

Wenn ein Mieter in einer Wohnanlage etwa sagt, es gebe Kräuterbeete, aber die benütze niemand, könnte daraus der Schluss gezogen werden, es wäre am besten, solche Angebote zu streichen. Dieser Schluss könnte falscher nicht sein. Wir lernen vielmehr, solche Maßnahmen besser einzuschätzen, auf sie gegebenenfalls zu verzichten oder ganz bewusst zu setzen. Und wenn in dieser Wohnanlage ein älterer Bewohner sagte, auf den Laubengängen könne er einen kleinen Spaziergang machen, ohne nass zu werden, folgt daraus noch lange nicht, dass man in seniorengerechten Wohnhäusern möglichst immer einen Laubengang errichten soll. Es besagt lediglich, dass ein Laubengang Möglichkeiten bietet, die über eine andere Form der Erschließung hinausgehen, und dass gerade Ältere einen Ort finden, an dem sie, geschützt vor der Witterung, einen kleinen Spaziergang unternehmen und soziale Kontakte pflegen können. Fatal wäre es, daraus eine Norm abzuleiten.

Normen und baurechtliche Empfehlungen sind gute Vorgaben, aber keine individuellen Lösungen. Genau daran müssen wir arbeiten. Nicht nur einfach Richtlinien in Beton gießen, sondern die Menschen im Blick haben, die in diesen Wohnanlagen ihr Leben verbringen. Diese brauchen darüber hinaus vor allem das, was mit einer Norm nicht zu erfüllen ist, und gerade hier ist die Gefahr groß, dass die Mittel zum Zweck werden. Die Bewohner brauchen Nähe, soziale Nähe zu ihren Nächsten und ganz pragmatisch zum Stadt- oder Dorfzentrum, damit sie, auch im Alter und/oder mit eingeschränkter Mobilität, das Leben leben können. Ein mit Auszeichnungen überhäufter behindertengerechter Wohnbau nützt nichts, wenn im näheren Wohnumfeld keine Infrastruktur vorhanden ist, die Bewohnern ermöglicht, die Befriedigung ihrer Bedürfnisse selbst in die Hand zu nehmen.

Die bestehenden Rechtsinstrumente erzielen sehr vernünftige Ergebnisse und sichern das „Minimum". Unsere Forderungen für die Zukunft zielen auf mehr:

---

[5] Vgl. Oberste Baubehörde, a.a.O.

[6] Vgl. Oberste Baubehörde im Bayerischen Staatsministerium des Inneren. Abteilung Wohnungswesen und Städtebauförderung (Hrsg.), Barrierefreies und integriertes Wohnen. Forschungsbericht zur Nachuntersuchung ausgewählter Modellvorhaben und Landeswettbewerb. Konzept, Untersuchung und Forschungsbericht: Lehrstuhl für Wohnungsbau und Wohnungswirtschaft, Prof. Peter Ebner, Technischen Universität München, München 2006. Untersucht wurde Wohnanlagen in Bad Babach, Hans-Moser-Straße; Dorfen, Kloster Algasing; Günzburg, Ludwig-Heilmayr-Straße; Ingolstadt, Hollerstauden; Kempten, Brennergasse; Manching, Schulstraße; München, Volpinistraße sowie Regensburg, Rote-Löwen-Straße.

Wir müssen auf Standortqualitäten achten, wir brauchen Freianlagen, informellen Treffpunkte. Wir müssen die räumlichen Beziehungen in der Wohnung, der Siedlung, im Wohnumfeld und im Kontext zum jeweiligen Zentrum planen und koordinieren. Insellagen sollten generell vermieden werden. Optimal wäre, wenn alle für den Alltag entscheidenden Versorgungseinrichtungen in einem Umkreis von 500 Metern lägen. Dafür braucht es kein zusätzliches Geld, sondern versierte Planer. Das gilt für alle Gebiete Deutschlands, in denen die Bevölkerung noch wächst. Prekär wird die Lage überall dort, wo Städte und Kommunen schrumpfen und die Infrastruktur ausdünnt.

4. Wirtschaftliche Rahmenbedingungen

Die in unserer Studie untersuchten barrierefreien und integrierten Wohnanlagen wurden zu Baukosten zwischen 1090 und 1560 Euro pro Quadratmeter Wohnfläche errichtet. Barrierefreier Wohnraum nach DIN 18 025 (Teil 2) kann mit annähernd den gleichen Kosten erstellt werden wie herkömmliche Wohnungsbauten.[7] Sie weisen aber einen deutlichen Mehrwert auf, der sich nicht nur in einem besonderen architektonischen Standard ausdrückt, sondern auch in baulichen Einrichtungen, die die Kommunikation unterstützen. Beispielsweise können barrierefreie Wohnungen bei intelligenter Konzeption trotz Einhaltung der Bewegungsflächen, wie sie in der Norm formuliert werden, mit einer ähnlichen Wohnfläche realisiert werden. Setzt man Laubengangtypen ein, bei der viele Wohnungen pro Geschoss mit einem einzigen Lift erschlossen werden und gleichzeitig kommunikative und geschützte Außenräume anbieten, lassen sich Vorteile gegenüber punktförmigen Erschließungen erzielen. Bei Wohnungen nach Teil 1 der DIN entsteht ein Flächenmehrbedarf von rund 15 % mit entsprechenden Mehrkosten bei der Errichtung. Allerdings ist der Bedarf nach rollstuhlgerechten Wohnungen bedeutend geringer als nach barrierefreien (Teil 2). In unserer Umfrage hat sich gezeigt, dass Bauträger und Architekten eine vollkommene Einhaltung der DIN nach 18 025 (Teil 1) berechtigterweise als kostentreibend bezüglich der Errichtungskosten einschätzen.

Wir empfehlen aus wirtschaftlicher Sicht barrierefreie Wohnungen nach DIN 18025 (Teil 2) zum Standard zu machen, gerade im Hinblick auf ihre langfristige Nutzbarkeit und Vermarktbarkeit. Betrachtet man nämlich die Festlegungen des barrierefreien Wohnens genauer, kommt man zur Erkenntnis, dass es um die nachhaltige „Alltagstauglichkeit" des Wohnens für alle Generationen geht. Da-

[7] Dies wurde auch in verschiedenen Untersuchungen der Obersten Bayerischen Baubehörde nachgewiesen. Arbeitsblätter "Bauen und Wohnen für Behinderte", Nr. 5, "Wohnen ohne Barrieren "Oberste Baubehörde im Bayerischen Staatsministerium des Inneren. Weiters: IFB Forschungsbericht 1995, Barrierefreies Bauen und kostengünstiges Bauen für alle Bewohner – Analyse ausgeführter Projekte nach DIN 18025-2, Fraunhofer Institut, 1998.

her sollten wir die Folgekosten den Baukosten gegenüberstellen und danach abwägen.

Nachhaltigkeit und Alltagstauglichkeit von Wohnräumen bedeutet, möglichst lange und selbständig in der Wohnung und deren Umgebung mit den alltäglichen existentiellen Bedürfnissen leben zu können. Einkäufe, Arztbesuche und soziale Kontakte möglichst lange autonom wahrzunehmen, ist eine der großen sozialen und ökonomischen Herausforderungen. Es ist eine Frage der Würde, selbstbestimmt den Alltag zu organisieren.

Je früher Barrierefreiheit im Planungsprozess auftaucht, desto besser; Nachbesserungen sind teuer. Je selbstverständlicher barrierefreies Bauen wird, desto günstiger werden sich die Kosten entwickeln.

5. Bewusstseinswandel in der Architektur - Kommunikation als Schlüssel

Für gemeinschaftliche Einrichtungen und Infrastruktur, die sich nur gemeinschaftlich erhalten lassen, werden wir in Zukunft verstärkt sorgen müssen. Viel schwieriger wird es sein, mit den „weichen" Aspekten des demographischen Wandels umzugehen. Im Alter verfestigen sich verschiedene Interessen und Bedürfnisse. Wünscht sich der eine Gemeinschaft und Ansprache, bevorzugt der andere Ruhe und Distanz. Während für manche Menschen das Dauerhafte, Beständige wichtig ist, brauchen andere ständige Veränderung und Abwechslung.[8] Trotz oder gerade wegen der Überalterung der Gesellschaft ist es besonders wichtig, den Bedürfnissen von Familien und so genannten „Patchwork-Familien", von Jugendlichen und Zuwanderern unterschiedlichster Nationalitäten Rechnung zu tragen. Regeln, Gesetzen und Verordnungen zur Schaffung von Wohnraum wird es nie alleine gelingen, diesen vielfältigen Bedürfnissen gerecht zu werden. Bauliche Maßnahmen bilden den Rahmen für einen gesellschaftliche Wandel. Räume, Städte und Häuser müssen künftigen Anforderungen gerecht werden und sollten diese nicht behindern. Eine Schlüsselrolle kommt der Kommunikation zwischen Planern, Investoren und Nutzern zu. Je mehr Interessen im Vorfeld angehört werden, desto wertvoller das Ergebnis. Es geht nicht darum, einen Kompromiss zu finden, sondern das für alle beste und somit nachhaltigste Ergebnis zu erzielen. Mediation, die im Idealfall nicht erst im Konfliktfall zum Tragen kommt, sondern von vornherein zur Konfliktvermeidung angewandt werden kann, bietet hierfür hervorragende Möglichkeiten. Eigenverantwortung, Freiwilligkeit und Ergebnisoffenheit sind die Grundvoraussetzungen für ein gu-

---

[8] Vgl. Riemann-Thomann-Modell: Nach dem Psychoanalytiker Fritz Riemann und dem Psychologen Christoph Thomann lassen sich vier verschiedene Grundausrichtungen beobachten: das Bedürfnis nach Nähe (zwischenmenschlicher Kontakt, Harmonie, Geborgenheit), nach Distanz (Unabhängigkeit, Ruhe, Individualität), nach Dauer (Ordnung, Regelmäßigkeit, Kontrolle) und nach Wechsel (Abwechslung, Spontaneität, Kreativität).

tes Ergebnis. Richtige Kommunikation und Konfliktklärung spielen sowohl in der Planungsphase als auch im späteren nachbarschaftlichen Zusammenleben eine wesentliche Rolle und sollten bei Bedarf professionell unterstützt und geschult werden.

6. Alternativen, Anreize und Anregungen

Wir brauchen gezielte Investitionen in Einrichtungen, wie die in den Vereinigten Staaten und Japan üblichen „Day Care Center", welche die Betreuung von alten Menschen im urbanen Kontext konzentrieren. In größeren Kommunen ist das ein probater Weg. Japan, das ja schon seit längerem mit dem demographischen Wandel kämpft und bereits früher alternative Lösungsansätze entwickelt hat, könnte in vielen Bereichen Vorbild sein. Barrierefreies Wohnen, Wohnraum, der nach den Bedürfnissen von alten Menschen umgebaut wurde, und wohnbegleitende Unterstützungsdienste sind dort neben klassischen Hilfsangeboten längst eingeführt. Seit 1996 wird die Vergabe von besonders günstigen Baukrediten der öffentlichen Wohnungsbaufinanzierer von der Einhaltung der dort fest gelegten Konstruktionsrichtlinien abhängig gemacht.[9] Der Anteil barrierefreier Wohnungen soll in Japan bis zum Jahr 2015 auf 20% der Wohnbauleistung gesteigert werden.[10]

In vom Bevölkerungsschwund betroffenen ländlichen Gebieten wird es kreativerer Ansätze bedürfen. Hier sind die Wege weiter, die Bevölkerungsdichte gering und damit die Kosten für die Einzelnen tendenziell nicht zu bezahlen. Wir werden in Zukunft noch viel differenzierter denken und fördern müssen. Ein Beispiel für eine ganz andere Strategie schildert die Journalistin Dorette Deutsch in ihrem Buch über die italienische Gemeinde Borgatoro.[11] Dort wurden leerstehende und verfallende Häuser altengerecht saniert und so das Zusammenleben der Generationen gefördert. Das hehre Ziel dieses Projekts, das der italienische Sozialreformer Mario Tommasini initiierte, ist nichts anderes als die Abschaffung des Seniorenheims, das Tommasini als Ghetto versteht, in dem Alte ab- und ruhig gestellt werden. Tommasini hat mit diesem Modellprojekt, das zumindest in Italien bereits weite Kreise zieht, ein anderes Wirtschaftsmodell vor Augen. Es soll strukturschwache Gegenden vor Abwanderung schützen und neue Arbeitsplätze schaffen. Nicht nur in der Pflegestation, sondern auch in anderen Erwerbszweigen zeigt dieser neue Ansatz bereits positive Auswirkungen.

---

[9] Fünfter Bericht zur Lage der älteren Generation in der Bundesrepublik Deutschland Poten ziale des Alters in Wirtschaft und Gesellschaft. Der Beitrag älterer Menschen zum Zusammenhalt der Generationen. Berlin 2005, S. 253.

[10] a.a.O., S. 253.

[11] Dorette Deutsch, Schöne Aussichten fürs Alter. Wie ein italienisches Dorf unser Leben verändern kann, München 2006.

Auch in Deutschland gibt es Wohnungsbaugenossenschaften, die sich zunehmend großer Beliebtheit erfreuen und sich über neue Klientengruppen definieren. Wir nennen stellvertretend für andere die Wagnis e. V. Dieses Wohnprojekt ist auf Teilhabe angelegt, alle zukünftigen Bewohner planen von Anfang an gemeinsam. Strukturen werden im Verlauf des Planungsprozesses sukzessiv aufgebaut und dabei die Bedürfnisse, Interessen und Kompetenzen der Projektmitglieder berücksichtigt und mit den Erfordernissen von Projektentwicklung und Planung abgestimmt. Beteiligung entfaltet das eigene Kreativpotential.[12]

7. Wandel als Chance

Die genannten Beispiele lassen sich nicht einfach multiplizieren und verpflanzen. Es braucht dafür Menschen mit Ideen und Engagement. Aber wie bei den anfangs zitierten staatlichen Modellen für Kinderbetreuung und finanzielle Unterstützung von Familien sind auch sie Exempel dafür, wie der gesellschaftliche Wandel, zu einem Mehr an sozialer Verantwortung führt. Auch hier gilt, dass wir den demographischen Wandel nicht nur in seinen Gefahren, sondern auch in seinen Potenzialen für unsere individuelle und gesellschaftliche Entwicklung sehen sollten.

Wir werden in einer künftigen Gesellschaft viel klarer Differenz als Qualität erkennen müssen. Fest auf dem Boden der Berliner Republik stehend scheinen sowohl „Multi-Kulti" als auch das Gegenmodell der deutschen Leitkultur gescheitert. Beide verheißen Integration des Fremden, einerseits durch Romantisieren des Fremden, andererseits durch dessen Ausschaltung. Wir stellen daher den sehr viel weiter gefassten Begriff der Kooperation zur Diskussion. Kooperation statt Integration dient der Konfliktbewältigung mit scheinbaren Minderheiten. Beim Zusammenleben unterschiedlicher Gruppen geht es längst nicht mehr nur um Ausländer und Inländer, sondern auch um Junge und Alte, Singles inmitten von Familien sowie Behinderte zwischen Nicht-Behinderten. In allen Fällen wird zur Konfliktvermeidung auf Integration gesetzt. Dies ist zwar in der Regel gut gemeint, birgt aber die Gefahr, den wertvollen Beiträgen dieser „Minderheiten" nicht genügend Raum anzubieten. Auch hier spielt die richtige und kooperative Kommunikation eine wesentliche Rolle. Kommunikation heißt, diesen anderen Anteilen ihre Sprache zu belassen und durch Kooperation produktiv zu machen.

Natürlich wünschen wir uns eine Welt wie in Gabriel García Márquez' Buch, in der Menschen im hohen Alter, womöglich jenseits der hundert Jahre, „mit errettetem Herzen und in glücklicher Agonie“ ihrem Schöpfer entgegentreten. Als Kollektiv können wir es aber nicht dem Zufall überlassen, wie es dem Einzelnen im Alter ergehen wird. Wir müssen Wege zu einer humanen Gesellschaft be-

---

[12] Vgl. www.wagnis.org

schreiben. Im Prozess des Bauens heißt das, barrierefreies Bauen nicht mehr als Minderheitenthema zu klassifizieren und Initiativen und Institutionen verstärkt zu unterstützen, welche diese Aufgaben heute bereits erfüllen. Kooperation als Form und Modell des Handelns könnte uns helfen, den demographischen Wandel zu bewältigen und so die Chancen für die Entwicklung einer gerechteren Gesellschaft wahrzunehmen.

3. Einen anderen Aspekt, der das Leben unter dem Vorzeichen des demographischen Wandels in der Stadt betrifft, zeigt Oliver Heiss auf. Er stellt die Frage, welche Folgen dieser Wandel für die Stadtplanung besitzt und ob die in diesem Zusammenhang erhobene Forderung nach einer „seniorengerechten Infrastruktur" tatsächlich in die richtige Richtung weist.

Der Autor macht zunächst deutlich, dass es keine zwangsläufige Korrelation zwischen demographischer Entwicklung und Stadtplanung gibt, da letztere als ein gesellschaftliches System von vergleichsweise langer Dauer zu verstehen ist – also nicht unbedingt und sogleich auf eine aktuelle gesellschaftliche Problemlage reagieren kann oder sollte. Was die Zukunftsfähigkeit von Städten und Gemeinden angeht, so kommt es vor allem darauf an, dass sie von einer vitalen Gesellschaft bewohnt werden, d.h. einer Gesellschaft, die allen Generationen Raum gibt. Heiss plädiert daher für eine Stadtplanung, die die Schwelle zwischen privatem und öffentlichem Raum erlebbar macht. D.h. die Straßen und Plätze sind so zu gestalten, dass Dialog und soziale Interaktion zwischen den Anliegern ermöglicht werden. Dies – so der Autor – erfordert eine planerische Begleitung und kooperative Verfahrensformen, „die bisher weder überlegt noch getestet sind".

III Die Stadt - Ein Netz ungezählter Bewegungen, Begegnungen und Erfahrungen

Oliver Heiss

1. Altern

„Unsere Gesellschaft muss mit dem Thema Alter und Altern grundsätzlich anders umgehen", fordert der Parlamentarische Staatssekretär im Bundesministerium für Familie, Senioren, Frauen und Jugend, Dr. Hermann Kues anlässlich der Eröffnung der Konferenz „Älter werden in Deutschland – Kommunen stellen sich der Herausforderung" im September 2006 in Bonn (Kues 2006, S. 1) und ruft zur Neudefinition des vorhandenen Altersbildes ebenso wie zur kreativen, lebensphasengerechten Organisation der Arbeit auf. Aufgabe sei es, die Bedürfnisse älterer Menschen im Alltag stärker zu berücksichtigen und ihre Fähigkeiten besser einzusetzen. Ältere Menschen seien ein Aktivposten, sie würden über reiches Erfahrungswissen, hervorragende Kompetenzen und wichtige Schlüsselqualifikationen verfügen. Das sind tatsächlich Potentiale, die wir derzeit viel zu wenig nutzen. „Jeder Euro, den Kommunen in eine seniorengerechte Infrastruktur investieren, stärkt die Zukunftsfähigkeit des Standorts", so Kues. (Kues 2006, S. 1)
So sehr dem Parlamentarischen Staatssekretär zugestimmt werden kann, dass die Potentiale der älteren Generation gesamtgesellschaftlich bei Weitem nicht ge-

nutzt werden, so hinterfragenswert erscheint allerdings die Segregationsformel „seniorengerechter Infrastruktur" in diesem Zusammenhang. Wird die Zukunftsfähigkeit unserer Standorte tatsächlich dadurch gestärkt, dass wir Planungen in bestimmten, definierten Bereichen lediglich auf einen Teil unserer Gesellschaft, wenn auch einen zunehmend größeren, fixieren? Welche Konsequenzen hat der sogenannte „demographische Wandel" auf die Stadtplanung?

Um sich möglichen Antworten auf diese Fragen zu nähern, erscheint es notwendig, sich über die benutzten Begriffe Klarheit zu verschaffen. Was beinhaltet der Begriff der Stadt? Was der der Stadtplanung? Wie definiert sich der „demographische Wandel" und welche Schlussfolgerungen lassen sich aus eventuellen Präzisierungen im Zusammenhang ziehen.

2. Näherungen

Die Stadt selbst entspringt schlussendlich einer utopischen Vorstellung. Zum Aufbau einer selbstbestimmten und kontrollierbaren Zukunft zog man aus der natürlichen Umgebung, vom Land in die Stadt. Sie ist somit einerseits Ort der Sicherheit, der Produktion, der Befriedigung vieler Vitalbedürfnisse. Andererseits ist sie der Nährboden, der einzigartige Ort der menschlichen Bewusstseinsentwicklung – sowohl im Einzelnen wie auf der Gruppenebene als Wir-Bewußtsein. (Mitscherlich 1965, S. 14, Groys 2003, S. 187-198)

Somit könnten wir als wesentliche Definitionsparameter der europäischen Stadt festhalten: Die Stadt ist einerseits das Produkt von Planungen im Rahmen einer kommunalen Selbstverwaltung, die ihren Ursprung in einer ökonomischen Notwendigkeit hat. Andererseits ist sie das Produkt einer kreativen utopischen gesellschaftlichen Dynamik. Im Gegensatz zum ländlichen Raum war die Stadt der mit Wehr- und Geschlechtertürmen gestapelte, wehrhafte, selbstständige, freie Handels- und Lebensraum.

Die Gestalt der Stadt wird noch heute bestimmt durch politische, soziale, wirtschaftliche und technische Bedingungen. Häufig werden dabei ältere Strukturen aus der Landschaft oder aus früheren Nutzungen beibehalten und überformt.
Die Stadt ist die Lebensform der Moderne. Landluft macht eigen, Stadtluft macht frei, so sagt man. Bereits im europäischen Mittelalter waren die Zusammenballungen Keimzellen des Fortschritts. Hier sprossen Handel, Kultur und Technologie, hier emanzipierte sich das Bürgertum von der Unterdrückung durch den Adel und den Klerus. Gleichwohl blieb die Stadt als Siedlungsform bis weit ins 20. Jahrhundert hinein ein Minderheitenphänomen.
Ein möglicher Zugang zum Städtebau ist somit eine Betrachtung der Stadt durch die Zeit.

Ein anderer Ansatz ist die Betrachtung der städtischen Morphologie. Städtebau befasst sich, im Gegensatz zur Architektur, nicht mit dem Entwurf oder der Gestaltung von einzelnen Gebäuden, sondern mit Ensembles, Siedlungen oder öffentlichen Räumen. Städtebau ist damit der gestalterische Teil der Stadtplanung.

Rechtliche Grundlage ist das Baugesetzbuch, das in §1, Abs.5 formuliert: „die Bauleitpläne sollen eine nachhaltige städtebauliche Entwicklung, die die sozialen, wirtschaftlichen und umweltschützenden Anforderungen auch in Verantwortung gegenüber künftigen Generationen miteinander in Einklang bringt, und eine dem Wohl der Allgemeinheit dienende sozialgerechte Bodennutzung gewährleisten. Sie sollen dazu beitragen, eine menschenwürdige Umwelt zu sichern und die natürlichen Lebensgrundlagen zu schützen und zu entwickeln, auch in Verantwortung für den allgemeinen Klimaschutz, sowie die städtebauliche Gestalt und das Orts- und Landschaftsbild baukulturell zu erhalten und zu entwickeln."

Bei dieser gesetzlich geregelten Definition ist also einerseits die Rede von einer Sicherung und Bewahrung, dem Schutz des Existenten als auch der Pflicht zur Fortentwicklung in Verantwortung künftiger Generationen.

Mit welchen Grundlagen diese künftigen Generationen umzugehen haben, zeigt uns eine Rechnung der Uno-Unterorganisation Habitat, nach der im Jahr 2007 nun – zum ersten Mal in der Geschichte – mehr Menschen in Städten leben als auf dem Land. Bis 2050 werden schon über zwei Drittel der Menschheit – sechs Milliarden Einwohner – in Städten leben, wobei das Problem nicht darin besteht, dass zu viele Menschen in den Städten leben, sondern diese Städte für alle Einwohner lebenswert zu machen. Denn seit den sechziger Jahren hat sich die Zahl der Slumbewohner weltweit mehr als verdreifacht. Eine Milliarde Menschen leben schon heute in den Elendsvierteln rund um die Millionenstädte der Schwellen- und Entwicklungsländer.

Während die Mehrheit der Weltbevölkerung künftig in Städten wachsen wird, schrumpfen zwei Inseln des Wohlstands. Europa und Japan stehen einem Bevölkerungsproblem gegenüber, das beispiellos in der Geschichte der Menschheit ist: Bevölkerungsrückgang bei gleichzeitig steigendem Altenanteil. (Rutz 2006, S. 2)

Diese demographische Sackgasse wird allerdings zumindest in Teilen in Frage gestellt. Nicholas Strange legt in „Keine Angst vor Methusalem. Warum wir mit dem Altern unserer Bevölkerung gut leben können" Folgendes dar: die „Methusalem-Legende" macht die „Abhängigkeitszahl", also das Verhältnis von Erwerbstätigen und Nichterwerbstätigen, zum einzigen und obendrein konstanten Kriterium. Entsprechend düster sieht die Zukunft aus: demnach müsste ein Erwerbstätiger im Jahr 2050 1,6 Nichterwerbstätige ernähren.

Gewiss ist nur, dass die Zahl der Erwerbstätigen bis 2050 abnehmen wird. Nicht konstant ist aber die Zahl jener, die arbeiten könnten, aber dies nicht tun. Das Problem ist demnach gar nicht das Altern der Gesellschaft, sondern die Mobilisierung der Beschäftigungsreserven. Jede Gesellschaft hat solche Reserven – Deutschland besonders viele: Frauen ebenso wie Arbeitslose und Frührentner. Derartige Untersuchungen erzeugen zumindest die notwendige Sensibilität im Umgang mit Statistiken und hinterlassen neue Ansätze zur Problembewältigung.

Auch wenn Bill Rutz - wie oben zitiert - von einem in der Menschheitsgeschichte beispiellosen Problem spricht, so darf nie vergessen werden, dass die Menschheit seit ihrem Bestehen Orte, die keine Lebensgrundlage mehr darstellten, aufgegeben hat. Ein derartiges Verhalten ist nichts Neues, im Gegenteil. Migrationen in mehr oder weniger großem Umfang gab und gibt es seit Bestehen der Menschheit. Auch die Ursache, nämlich die Sicherstellung einer ökonomische Autarkie bzw. zumindest Lebensgrundlage, hat sich nicht geändert.
Wenn allerdings nun einige Regionen der Erde mit einem demographischen Kollaps zu kämpfen haben, so handelt es sich global gesehen um ein regionales und nicht allgemeines Problem. Dieses Problem scheint im Wesentlichen ein an diesen Orten selbst verursachtes zu sein, dem auch auf vergleichsweise einfache Art und Weise entgegengewirkt werden könnte. Nämlich indem schlicht die Grundlagen der Zuwanderungsmöglichkeiten den demographischen Notwendigkeiten angepasst werden.

Durch die hieraus entstehenden Migrationen könnten gesündere, vitale, reproduktionsfähige Gesellschaften entstehen, die durch die zwangsläufig entstehende kulturelle Durchmischung zusätzliche Innovationsmöglichkeiten ebenso generieren können, wie Pflichten zum sicherlich nicht immer reibungslosen Umgang einer „bunter“ werdenden Gemeinschaft.
Somit erscheint eine zwangsläufige Korrelation zwischen demographischer Entwicklung und Stadtplanung nicht per se gegeben. Stadtplanung ist auf ein funktionierendes gesamtgesellschaftliches System von vergleichsweise langer Dauer ausgerichtet und nicht auf die vergleichsweise akute soziologische Problemlösung. Insofern ist es Aufgabe der Stadtplanung für längerfristige Dimensionen Entwicklungen zu initiieren.

3. Herausforderungen

Die Herausforderungen an die Städte und somit die Stadtplanung sind folglich divers und zu differenzieren. Zusätzlich dazu, dass Städte in besonderem Maße mit wirtschaftlichen Schwierigkeiten umgehen müssen, dass Städte als die Orte der Intelligenz zumindest in Frage gestellt werden, dass Städte die Orte sind, die vordringlich und zuerst mit Migranten bzw. Fremden umgehen müssen, kommt hinzu, dass die politische Basis der autarken Selbstbestimmung auf der die Stadt stand, ausgehöhlt wird und ihr somit die politische Souveränität entzogen wird. Zu belegen ist dies durch die verstärkten Privatisierungstendenzen. Selten zuvor waren derartig viele Bereiche des öffentlichen Lebens von sog. ppp-Modellen (public-private-partnership) betroffen. Diese Modelle beinhalten bei all ihren evtl. vorhandenen Chancen gleichzeitig auch einen Rückzug der öffentlichen Hand und somit eine Verlagerung von Zuständigkeiten, Kompetenzen und Verantwortung.

Die beschriebenen Veränderungen treffen allerdings nicht nur die Ballungsgebiete und den städtischen Raum, sondern, abgesehen von den Zuwanderungstendenzen der Mega-cities, insbesondere den ländlichen Raum. Ein Raum der einem enormen Strukturwandel unterworfen ist – hier sei nur die Veränderung in der Landwirtschaft als Schlagwort erwähnt -, der, durch die kleineren Strukturen, viel stärker und direkter von der demographischen und ökonomischen Entwicklung beeinflusst wird.
Stadt wird, im Gegensatz zum Dorf, als der Ort der Begegnung von Fremden, das Dorf als der Ort der Begegnung von Bekannten beschrieben. Dort wo dies zumindest für das Dorf noch zutrifft, ist eine nicht zu unterschätzende Kraft, das von Mitscherlich am Anfang des Artikels zitierte „Wir-Bewußtsein", zu finden. Mit Orten, denen allerdings tatsächlich keine Perspektiven beschieden sind, die nicht aus sich heraus die Kraft zum Überleben entwickeln können, muss möglicherweise durch eine Stadtplanung ein kontrollierter, geplanter Rückzug diskutiert werden. Eventuell müssen mehrere Standorte aufgegeben werden, um zumindest an einer anderen Stelle etwas Vitales zu erhalten und längerfristig zu stärken.

Es lässt sich eindeutig feststellen, dass Städte und Gemeinden nur dann wirklich zukunftsfähig sind, wenn sie von einer vitalen Gesellschaft bewohnt werden, die sich mit ihnen identifizieren. Dies kann nur eine Gesellschaft sein, die allen Generationen Raum gibt. Es sei an dieser Stelle erlaubt, erneut an das von Mitscherlich benannte „Wir-Bewußtsein" zu erinnern.
Wie verhalten wir uns als privater Teil dieser öffentlichen Gesellschaft und als Teil dieses gemeinsamen Bewusstseins? Sind wir tatsächlich Teile eines Organismus mit so etwas wie einem „Wir-Bewußtsein", oder sind wir eine Vielzahl von Subjekten, die ohne ein solches kollektives Verständnis nebeneinander existieren? Zweifellos lebt beides in jedem von uns. Der öffentliche Teil des kollektiven Nebeneinanders ist der öffentliche Raum. Martina Löw beschreibt die Bedeutung des öffentlichen Raumes –ungeachtet aller juristischen Kodierungen – als die Trennung zwischen Privat und Öffentlich. Als eine Entwicklung der bürgerlichen Gesellschaft, der Industrialisierung und Urbanisierung und auch ein Verlagerung der Erwerbsarbeit. Das ursprüngliche Ordnungsprinzip stellte die

Vermischung von Erwerbsarbeit und familiärem Leben dar. Die Trennung von Öffentlichem und Privatem als ein Grundprinzip der modernen Gesellschaft impliziert, dass man ganz klare, emotional zugewiesene Sphären hat, wobei das Öffentliche tendenziell als kalt, als Bühne erlebt wird, auf der man sich verstellen muss, das Private sich aber die Assoziation von Emotionalität und Ehrlichkeit bewahrt hat. (Löw 2006, S. 45)

4. Chancen

Aus stadtplanerischer, stadtentwicklungsplanerischer, stadtsoziologischer und gesellschaftlicher Sicht ist es folglich von entscheidender Bedeutung, wie und von wem die öffentlichen, halböffentlichen und privaten Zwischenräume der Subjekte innerhalb einer Gemeinschaft geplant, angelegt, ausgeführt und benutzt werden.
Hermann Hertzberger diversifiziert diese Schnittstellen sehr nachvollziehbar charmant. Er spricht davon, dass jeder Mensch akzeptiert sein will; irgendwohin gehören, seinen eigenen Platz haben möchte. Das soziale Verhalten sei insofern rollenbezogen, als sich die Persönlichkeit des Einzelnen durch das behaupte, was die anderen in ihm sehen.
„In unserer Welt erleben wir eine Polarisierung zwischen übertriebener Individualität einerseits und übertriebener Kollektivität andererseits. Diese beiden Pole werden allzu sehr hervorgehoben, obwohl es für uns Architekten keine einzige Beziehung gibt, die ausschließlich auf den Einzelnen oder auf eine Gruppe oder auf einen Ditten oder die „Außenwelt" ausgerichtet ist. Immer geht es um Menschen und Gruppen in ihrer Beziehung zueinander und gegenseitigem Engagement, d.h. immer um das Zusammenspiel von Kollektivem und Individuellem" (Hertzberger 1995, S. 11).

Die Schwelle liefert den Schlüssel zum Übergang von Bereichen mit unterschiedlichem territorialem Anspruch und deren Verbindung: als Raum per se bildet sie die wichtigste Voraussetzung für die Begegnung und den Dialog von Bereichen unterschiedlicher Ordnung. Die Bedeutung wird am deutlichsten in der eigentlichen Schwelle, dem Eingang zu einem Haus. Hier handelt es sich um die Begegnung und Versöhnung von Straße und Privatbereich.
„Das Kind, das am Eingang seines Haus auf der Schwelle sitzt, ist weit genug von seiner Mutter weg, um sich unabhängig zu fühlen, um das Aufregende und Abenteuerliche der großen unbekannten Welt zu spüren. Auf dieser Schwelle, die sowohl Teil der Straße wie des Hauses ist, fühlt es sich sicher, weil es seine Mutter in der Nähe weiß. Das Kind fühlt sich zuhause und gleichzeitig in der Außenwelt. Diese Dualität besteht dank der räumlichen Eigenschaft der Schwelle als eigentlicher Plattform, die weniger eine scharfe Demarkationslinie bildet als eine Stelle, an der sich zwei Welten überlappen" (Hertzberger 1995, S. 30).

Durch die Vorstellung des „Zwischen“ wird die scharfe Trennung zwischen Bereichen mit unterschiedlichen territorialen Ansprüchen aufgehoben. Es gilt also „Zwischen“-Räume zu schaffen, die verwaltungsmäßig entweder zum privaten oder zum öffentlichen Bereich gehören, von beiden Seiten jedoch in gleichem Maße zugänglich sind, d.h. dass beiden zumutbar ist, dass die „anderen“ sie benutzen.

Stellen Häuser den privaten Bereich dar, so bilden die daran anschließenden Straßen den öffentlichen Raum. Behausung und Straße die gleiche Aufmerksamkeit zu schenken, heißt, die Straße nicht einfach als übrig gebliebenen Raum zwischen Wohnblöcken, sondern als ein wesentliches, ergänzendes Element zu behandeln, das räumlich ebenso sorgfältig organisiert sein muss, um eine Situation zu schaffen, in der sie nicht mehr nur dem Autoverkehr, sondern auch anderen Zwecken dient. Ist die Straße als Ansammlung von Bauten grundsätzlich Ausdruck der Pluralität einzelner, meist privater Komponenten, so bildet die Abfolge von Straßen und Plätzen als ganzes den potentiellen Raum, in dem der Dialog zwischen den Anliegern möglich wird.

Ursprünglich war die Straße der Ort der Handlung, wo Revolutionen stattfanden, Feste gefeiert wurden und man kann durch die Geschichte hindurch von einer Epoche zur nächsten verfolgen, wie die Architekten den öffentlichen Raum im Auftrag der Gemeinschaft, in deren Dienst sie standen, gestalteten.
Dies ist also ein Plädoyer für die Aufwertung des öffentlichen Raumes, der die soziale Interaktion fördern und zugleich widerspiegeln soll. Bei jedem urbanen Raum müssen wir uns fragen, wie er funktioniert, für wen, durch wen und zu welchem Zweck.

Städte zu planen entspringt einem sehr archaischen menschlichen Bedürfnis und ist wohl mindestens so alt, wie das Bedürfnis neben dem Nomadentum eine gewisse Sesshaftigkeit zu entwickeln. Von der Antike bis in die Gegenwart sind utopische Idealstädte zumindest erdacht worden.
Stadtplanung, wie sie zumindest in europäischen Breiten ihren Ursprung hat, lässt sich im Wesentlichen auf die planerischen Notwendigkeiten im Zusammenhang mit der Industrialisierung zurückführen. Hier konnten mit der Planung von Infrastrukturen und entsprechenden Definitionen über Art und Maß der baulichen Nutzung in erster Linie ökonomische und funktionale Grundlagen planerisch begleitet werden.
Die Stadt in ihrer ursprünglichen Form scheint allerdings nicht nur bedroht, sondern nicht mehr in der Lage, sich selbst zu regenerieren. Das Streben nach der Utopie zwang die Stadt schon immer zur permanenten Selbstüberwindung und Selbstzerstörung. So ist die Stadt zum Ort der Revolutionen, der Umbrüche, der

ständigen Neuanfänge, der flüchtigen Mode, der permanent wechselnden Lifestyles geworden. Als geschützter Ort der Sicherheit gebaut, wurde die Stadt somit zur Bühne der Kriminalität, der Unsicherheit, der Zerstörung, der Anarchie und des Terrorismus. Solange sich das Gesamtsystem Stadt allerdings in einem ökonomischen und intellektuellen Gleichgewicht befindet, solange die Stadt sich als Einheit aller Lebensbereiche darstellt, besitzt sie die Fähigkeit zur Regeneration und Prosperität aus sich selbst heraus. Städte und Gemeinden sind nie fertig gebaut, sie müssen sich immer wieder Veränderungen und neuen Bedürfnissen anpassen. Oft entstehen aus notwendigen Umstrukturierungen neue, bleibende Qualitäten. Die städtebauliche Erneuerung bewegt sich zwischen den Polen Kontinuität und Flexibilität.

Aktuell wird eine entscheidende Wertediskussion geführt. Die Stadtplanung der Zukunft wird viel mehr mit einer interdisziplinär verursachten und umfassend integrativ begleitenden Stadtsoziologie zu tun haben, als es die klassische Planung bisher getan hat. Dies hat nicht mit der demographischen Entwicklung, sondern vielmehr mit dem Verständnis von Systemen und Werten wie Demokratie und Engagement zu tun. Lebensfähige Städte und Gemeinden können nur entstehen durch eine vitale, verantwortungsbewusste Bürgerschaft, die sich mit den Werten des Ortes identifiziert. Die Bürgerschaft zu einem solchen Engagement zu motivieren und entsprechende Prozesse zu initiieren wird die Aufgabe der begleitenden Planer darstellen, weit mehr als die gestalterische Umsetzung an sich.

Nachhaltige (Stadt-)Planung wird nur dann funktionieren, wenn die Stadt einerseits wieder all ihren Bewohnern eine Heimat bietet und eine Ausgewogenheit aller Lebensbereiche sicherstellt und andererseits eine Identifikation der Bürger mit ihrem Ort vorhanden ist, ein Bewusstsein über den Wert des gemeinsamen Ortes und die Bereitschaft sich für diesen einzusetzen. Planerische Begleitungen werden nur in der Zusammenarbeit, in kooperativen Verfahrensformen, die bisher weder überlegt noch getestet sind, erfolgen. Die Rolle des Planers wird sich dementsprechend deutlich ändern. Gemeinsam sollte es aber lohnenswertes Ziel sein, sich für eine vitale, vielleicht buntere Gesellschaft zu engagieren und die Chancen einer dementsprechenden Entwicklung zu begleiten.

Literatur

Baugesetzbuch, Erstes Kapitel, Allgemeines Städtebaurecht, Erster Teil, Bauleitplanung, Erster Abschnitt, Allgemeine Vorschriften.

Bertelsmann-Stiftung: Wegweiser Demokratischer Wandel, 2006.

Blumer, Jaques, Atelier 5 „Siedlungen“, Zürich 1984.

Le Corbusier « Charte d'Athènes », Hamburg 1962, Dritter Teil : Schlussfolgerungen.

Eaton, Ruth, Die ideale Stadt – Von der Antike bis zur Gegenwart, Berlin 2oo3.

Ferguson, Francesca, Deutschlandschaft - Epizentren der Peripherie, 9. Architekturbiennale, Venedig 2004.
Groys, Boris, Topologie der Kunst - Die Stadt im Zeitalter ihrer technischen Reproduzierbarkeit, München, 2oo3.

Häussermann, Hartmut, Siebel, Walter, Stadtsoziologie - Eine Einführung, Frankfurt/New York 2oo4.

Hertzberger, Hermann, Vom Bauen - Vorlesungen über Architektur, München 1995.

Kues, Hermann, Bundesministerium für Familie, Senioren, Frauen und Jugend, Pressemitteilung Nr. 82/2006.

Löw, Martina, Unterschied und Inszenierung, Der Architekt 1-2, 2006.

Matzig, Gerhard, SZ 09./10.09.06, „10. Architekturbiennale in Venedig - Hier wird nichts weniger als die Zukunft der Welt verhandelt".

Mitscherlich, Alexander, Die Unwirtlichkeit unserer Städte - Anstiftung zum Unfrieden, Frankfurt 1965.

Rutz, Bill, Präsident des Think Tanks Population Reference Bureau Washington, Spiegel online, 11.07.06.

Schirrmacher, Frank, Minimum - vom Vergehen und Neuentstehen unserer Gemeinschaft, München 2006.

Siebel, Walter, Die europäische Stadt, Frankfurt /Main 2oo4.

Strange, Nicholas, Keine Angst vor Methusalem. Warum wir mit dem Altern unserer Bevölkerung gut leben können, Springe 2006.

Uno-Besiedlungsstrategien „UN-Habitat", 2006.
Walser, Martin, Angstblüte, Hamburg 2006.

Zumthor, Peter, Architektur denken, Verlag Lars Müller 1998.

4. Der folgende Beitrag nimmt den Gedanken von Oliver Heiss auf, dass die Stadt als öffentlicher Raum, als politischer und gesellschaftlicher Handlungsort erlebbar sein muss. Für Beate Voskamp sind Städte „Lebensorte" und daher erfordert der Umgang mit ihnen unter den demographischen Vorzeichen einen Perspektivenwechsel. Es geht ihr um neue Strategien und Konzepte und insbesondere eine kooperative und experimentelle Planungskultur, damit die Menschen sich mit ihrem Lebensort identifizieren können, ihn trotz der vielfältigen und teilweise gegensätzlichen Interessenverknüpfungen als „Identitätsraum" zu erleben vermögen.
Ein wichtiger Aspekt ist in diesem Zusammenhang der Umgang mit Schrumpfungsprozessen, die – wie die Wachstumsprozesse – der qualifizierten Planung bedürfen und für deren Folgen in Gestalt von aufgelassenen, verwilderten Flächen die Stadtbevölkerung erst noch zu sensibilisieren ist. Im Blick auf den drohenden Verlust an baulicher Dichte, letztlich an Urbanität, sind neue Strategien dafür zu entwickeln, wie diese Übergangsprozesse zu steuern sind. Unter dieser Perspektive analysiert die Autorin die aktuellen Herausforderungen von Schrumpfung, Alterung und Geburtenrückgang sowie Migration und Segregation, macht Vorschläge, wie eine sorgfältige Planung darauf reagieren kann und weist auf die besondere Bedeutung des öffentlichen Stadtraumes für die anstehende Bewältigung kultureller und sozialer Komplexität hin. Auch in dieser Hinsicht wird wieder einmal deutlich: es geht letztlich nichts ohne problemlösungsorientierte Formen der Kooperation mit gesellschaftlichen Akteuren.

IV Öffentlicher Raum als Identitätsraum – Zukunftsstrategien zwischen Wertewandel und kooperativer Planungskultur

Beate Voskamp

1. Öffentlicher Raum als politischer und gesellschaftlicher Handlungsort

Deutschland schrumpft und altert. Der demographische Wandel ist zentrale Herausforderung, hält Einzug in die politisch-gesellschaftlichen Debatten.

Aus den vorliegenden Daten und Untersuchungsergebnissen zum demographischen Wandel lassen sich drei Entwicklungen ausmachen, die – weil sie von unterschiedlichen Teilen der Bevölkerung als Bedrohung empfunden werden – aller Voraussicht nach zu verschärften gesellschaftlichen Auseinandersetzungen führen werden: Schrumpfung, Alterung, Migration / Segregation.

In den Dimensionen, in denen sich dieser fundamentale Wandel vollzieht, bleibt dies nicht ohne sichtbare Auswirkungen auf den öffentlichen Raum.

Bevor Ansätze dafür entwickelt werden können, wie mit dem öffentlichen Raum künftig umgegangen werden kann, sind einige Begriffs- und Inhaltsklärungen notwendig.

Eine Definition für den „öffentlichen Raum“ lässt sich, so der sozialwissenschaftliche Konsens, nicht eindeutig finden. Dennoch soll der Versuch einer Annäherung unternommen werden.

Im öffentlichen Raum lebt Öffentlichkeit in Alltäglichem, Ungebärdigen, Chaotischen. Freiflächen, Straßen, Plätze repräsentieren städtische Kultur und öffentliche Haltung. Öffentlicher Raum ist nicht allein als das sinnlich wahrnehmbare bauliche Phänomen – Platz, Straße, Gemeinschaftsbau – zu betrachten, sondern als Handlungsort von Stadtbewohnern und als Resultat komplexer kommunaler Entscheidungsprozesse. Er ist Spiegel einer Stadtgesellschaft, die sich zunehmend fragmentiert, pluralistisch, vielgestaltig zeigt, und sagt etwas über unseren Umgang miteinander aus: Die Form schaffende Kraft eines öffentlichen Raumes ist die gesellschaftliche Praxis der Menschen, die den gebauten Raum schafft, gestaltet, aneignet, mit Symbolen besetzt und ihn so zu einem gesellschaftlichen Raum macht - als Ort des Begegnens, des Austauschs, des Widerspruchs zwischen verschiedensten Ansprüchen. Und er entfaltet seine wichtigste Funktion im Spannungsverhältnis zwischen gestalterisch-ästhetischen, gesellschaftlichen und ökonomischen Interessen, als Identitätsraum, politischer Raum, Standortfaktor, Aufenthaltsraum, Erlebnisraum, Ruhe- und Rückzugsraum, Verkaufsraum, Integrationsraum, Raum der Stille, zunehmend der Natur und der Wildnis. In wachsenden wie in schrumpfenden Städten, die alle immer heterogener werden, verhindert Öffentlichkeit somit eine soziale Gettoisierung und Privatisierung hinter Mauern von Generation, Ethnie, Religion oder Lebensstil.

Stadtpolitisch wie städtebaulich sind dies keine einfachen und übersichtlichen Entscheidungslagen. Daher lässt sich öffentlicher Raum auch nicht beliebig konstruieren. Fragen, was eigentlich das Öffentliche an einem Raum ist und wie sich das Räumliche in der Öffentlichkeit manifestiert, sind von Bedeutung bei der Suche nach Ansätzen künftigen Umgangs und künftiger Bewertung von Entwicklungsdynamiken. Welche Anforderungen stellt der Einzelne und stellt die Gesellschaft an Nutzbarkeit und Lesbarkeit öffentlicher Räume? Welche Möglichkeiten einer Gestaltung öffentlicher Räume gibt es, welche Strategien sind dafür vonnöten? Wie können die essentiellen Funktionen öffentlichen Raums erhalten und gleichzeitig seine Fähigkeit gestärkt werden, Wandel auch kleinräumig aufzunehmen und sich undeterminiert offen zu halten für temporäre Nutzungen. Fragt man nach den Bedingungen, die Synthesen klein- und großräumlicher Veränderungen ermöglichen, drängt sich zudem die Frage nach den Trägern von Veränderungen auf.

Seit Jahren schon müssen sich kommunale Politiken unter den Vorzeichen von Schrumpfung – bei gleichzeitig sich vollziehenden Wachstumsphänomenen - , von Alterung, Migration und Segregation mit der Verschärfung von Verteilungskonflikten auseinandersetzen. Auswirkungen dieser Entwicklungstendenzen auf den öffentlichen Raum sind ablesbar:

Städte sind Lebensorte. Sie sind aber auch öde oder verödende Orte, wenn ganze Straßenzüge leer stehen oder der soziale Zusammenhalt in den Quartieren brüchig wird. Es gibt bereits heute einen immensen Flächenüberschuss durch aus der Nutzung fallende Industrieareale, sich entleerende Siedlungsstrukturen, überdimensionierte Infrastrukturen technischer oder sozialer Art, deren Auslastungsgrad längst mancherorts zur entscheidenden Existenzfrage geworden ist.

Der Umgang mit öffentlichem Raum erfordert einen Perspektivenwechsel, neue Strategien und Konzepte, eine kooperative und experimentelle Planungskultur, die von gewohnten Wahrnehmungen und vermeintlichen Sicherheiten Abstand nehmen.

Die Verwilderungen städtischer Freiräume hat nichts Romantisches. Sie wirkt auf weite Teile der Bevölkerung – bewusst oder unbewusst – beunruhigend, ja gar beängstigend. Brachen werden als sichtbare Zeichen des Niedergangs erlebt, stehen für Unordnung und Chaos, die in Form von Wildwuchs städtische Sicherheit bedrohen. – Städte sind ihrem Ursprung nach Orte der Sicherheit innerhalb einer als feindlich empfundenen Natur. Schrumpfung geht an die Substanz. Ein Paradigmenwechsel ist vonnöten.

2. Die demographischen Vorzeichen

Der fortwährende Prozess des demographischen Wandels gewinnt an Dynamik. Öffentliche Räume erfahren wachsende Aufmerksamkeit in Planung, Politik und Öffentlichkeit, sie avancieren zur zentralen Herausforderung der Stadtplanung. Dies offenbart die Veränderlichkeit und den Prozesscharakter öffentlicher nutzbarer Freiräume. Mit der großen Komplexität der öffentlichen Räume verbinden sich auch Unübersichtlichkeiten und Unsicherheiten in Situationsbeurteilungen und in der Einschätzung künftiger Entwicklungen. Dennoch wird im Folgenden ein Versuch unternommen, angesichts sich bereits abzeichnender Auswirkungen aus heutiger Sicht einige Herausforderungen zu benennen.

Planung muss heute auf drastische Entwicklungen des demographischen Wandels reagieren, der alle Bereiche von Stadt erfasst hat. In diesem Beitrag wird der Blick auf den öffentlichen Raum gerichtet, denn der Umgang mit öffentlichem Raum wird darüber entscheiden, welche Vorstellungen von städtischem Leben und Lebensqualität sich unter dem anstehenden Veränderungsdruck verwirklichen lassen und welche nicht. In der Auseinandersetzung mit diesen Themenbereichen muss hier Reduktion geübt werden, sind doch die Bestandteile der zu untersuchenden Zusammenhänge in hohem Maße unscharf und deutungsoffen. Und dies gilt gleichermaßen für die Facetten demographischen Wandels wie für den öffentlichen Raum.

Der Umbruch der Gesellschaft, mit dem auch ein struktureller Umbruch in den Städten und Kommunen einhergeht, ist seit längerem deutlich zu sehen. Besonders dort, wo Bevölkerungsverluste, Alterung der Gesellschaft und wirtschaftliche Strukturbrüche zusammentreffen, entsteht ein qualitativ neuer Veränderungsdruck.

Diese Veränderungen, die sich aus demographischem Wandel, Technikentwicklung, Internationalisierung, wachsender lokaler Verflechtung, Suburbanisierung und Städtekonkurrenz ergeben, werden erhebliche Auswirkungen auf das städtische Leben haben. Dennoch bleibt in fast allen Politikfeldern ausgeklammert, was Stadtstrukturen für die Gesellschaft zu leisten haben. Das Thema Demographie und öffentlicher Raum ist bisher noch kaum in das öffentliche Bewusstsein gerückt.

Wenn öffentlicher Raum im Fokus vielfachen Interesses steht, sich wandelt, unter Druck steht - welche Qualität kann öffentlicher Raum in Zukunft entfalten und wie entstehen die Kriterien für Qualität, wie finden Bewertungen, Umdeutungen und Neuformulierungen statt?

2.1 Auswirkungen und Herausforderungen

2.1.1 Schrumpfung

„Schrumpfende Stadt" ist ein terminus technicus, mit denen man Städte bezeichnet, deren Einwohnerschaft und wirtschaftliche Aktivität in drastischen Ausmaßen und dauerhaft zurückgeht. Als Auslöser für Stadtschrumpfung gelten drei Faktoren: Suburbanisierung, Wanderungsbewegungen aus ökonomisch schwachen in starke Regionen und Geburtenrückgang.

Wachstum der einen Region wird gespeist aus der Schrumpfung der anderen. Gegenläufige Entwicklungen finden gleichzeitig statt. So entstehen Gewinner und Verlierer. Es zeigen sich Polarisierungsprozesse zwischen wachsenden westdeutschen und schrumpfenden ostdeutschen Großstädten, zwischen schrumpfenden Industriestädten im Ruhrgebiet oder im Saarland und dynamischen Dienstleistungsmetropolen wie Hamburg, München, Frankfurt, Köln. Entsprechend polarisierte Entwicklungsmuster gibt es nach wie vor zwischen Kernstädten und Umlandgemeinden oder zwischen schrumpfenden Kleinstädten in peripheren Regionen und expandierenden Kleinstädten in den großen Verdichtungsräumen.

Das traditionelle Bild öffentlicher Räume hat sich dabei grundlegend verändert. Es ist geprägt von Leerstand, Abriss, Brachflächen, fehlendem Nutzungszusammenhang. Die überall sichtbare schwierige kommunale Haushaltslage führt im Umgang mit öffentlichen Räumen, schrumpfenden Städte und Kommunen zu Prioritätensetzungen und Vernachlässigungen.

Die Abstimmung mit den Füßen deutet darauf hin, dass Schrumpfen als Gefahr angesehen wird und für die Mehrheit der Bevölkerung negativ besetzt ist. Schrumpfung als Chance zu bezeichnen ist daher bisweilen zynisch. Dennoch – dahinter verbirgt sich meist die Vorstellung einer Schrumpfung auf den Kern, auf die kompakte Stadt als Ideal europäischer Stadtkultur. Als Gegenmodell fungiert das Leitbild der „perforierten" Stadt. In ihr gilt es schon heute, die massenhaft entstehenden Brachflächen im Innern der perforierten Stadt sowohl als zumutbare als auch als finanzierbare öffentliche Räume zu definieren. Die emotionalen Besetzungen der Bezeichnung „schrumpfende Stadt" oder „perforierte Stadt" sind von Bedeutung für die Bewältigung des schmerzhaften Prozesses des Geringer-Werdens.

Schrumpft Stadt eigentlich tatsächlich? Was bedeutet „schrumpfen" wirklich? Die Internet-Enzyklopädie Wikipedia verzeichnet darunter: „Das Schrumpfen bezeichnet eine beabsichtigte oder unbeabsichtigte Dimensionsänderung von Stoffen oder Textilien bei Wasser- und/oder Wärmeeinfluss". Dimension wiederum ist ebenda definiert als „räumliche Ausdehnung" bzw. „räumlich-zeitliche Ausdehnung". Schrumpft ein Baum, wenn er im Herbst seine Blätter verliert, ein Becher, wenn er ausgetrunken wird, ein Elternhaus, wenn die Kinder ausziehen? Wird im letzteren Fall das Haus nicht „größer"? Werden ganze Städte nicht eigentlich größer bei Bevölkerungsverlusten? Im subjektivern Raumempfinden, ja. Bedeutet Schrumpfen wirklich Verlust oder beinhaltet es so gesehen nicht eher die Möglichkeit des Zueinanderrückens? Könnte dies nicht eine Qualitätssteigerung in den sozialen Beziehungen beinhalten? Was aus der Nutzung fällt, bleibt doch erfahrbarer Raum, Teil unserer Lebens- und Wahrnehmungswelt. - Stadt schrumpft nicht wirklich:„Sie sortiert und strukturiert sich um, sie interpretiert Orte um, sie entdifferenziert, entsublimiert und entzivilisiert sich. Schrumpfen der Urbanität ist Ergebnis einer kulturellen Haltung, Ergebnis der Lustlosigkeit vieler Bürger bzw. der kommunalen und wirtschaftlichen Handlungsverantwortlichen auf Urbanität. Das Schrumpfen ist kein quantitativer, sondern vielmehr ein qualitativer Vorgang, in dem eine urbane Lebenswelt ... zu einer desurbanen Agglomeration von Häusern umgebaut wird." (Führ 2004, S. 129)

Von diesem „Weniger-Werden“ könnte der Berufsstand der Landschaftsarchitekten profitieren: der Zuwachs an „Freiräumen“ ist gewaltig, die es zu planen und gestalten gilt. Allzuoft werden jedoch die abgeräumten Flächen einer ungeplanten selbstständigen Sukzession überlassen – ohne freiraumplanerische Begleitung. Dabei sollte es sich doch spätestens seit er IBA Emscher Park mit ihren Experimenten in Sachen Industrieverwaldung, Haldenbekunstung und schlichter Renaturierung herumgesprochen haben, dass ein Abschied von bislang aufwändig verteidigten Kulturstandards –also von Stadtpark, Bürgergarten, Liegewiese, Spielanlage, ja selbst vom hausmeisterlich betreuten Abstandsgrün – nicht ohne Begleitung zu haben sein wird (Kil o.A.). Schrumpfungsprozesse brauchen ebenso wie Wachstumsprozesse qualifizierte Planung, damit der erforderliche Rückzug auch praktisch ein geordneter Rückzug wird.

In den Entwurfsplänen der Stadtumbaukonzepte dominieren noch immer häufig die Stereotype des so genannten städtischen Grüns: der immer wiederkehrende und vielfach variierte Mix aus Schmuckwiesen, Spielplätzen und zunehmend auch Mietergärten. Da öffentliche Grünflächen von den meisten Kommunen bereits heute nur noch unter allergrößten Mühen unterhalten werden können, sind deren weiterer Ausdehnung engste Grenzen gesetzt. Die Frage nach Finanzierung, Pflege und Unterhalt dieser neuen Freiräume muss angesichts der finanziellen Situation der Städte gestellt werden. Mietergärten wiederum sind an den Verbleib genügend zahlreicher wie hinreichend motivierter Bewohner gebunden, was in perforierten Innenstadtlagen vielleicht gegeben sein kann, für Regionen flächenhaften Rückzugs und an Stadträndern jedoch kaum zu erwarten ist.

In der Praxis stellt es sich nicht so einfach dar, für das entstehende Überangebot an aufgelassenen Flächen einen halbwegs ausreichenden Bedarf an Nach- oder wenigstens Zwischennutzungen zu finden. Letztendlich werden die Flächen sich selbst und der Rückeroberung durch die Natur überlassen werden (müssen).

Der von dem Berliner Planungsbüro bgmr (Becker Giseke Mohren Richard) erfundene Begriff der „Geduldsfelder“ für den Leipziger Osten, der den Diskurs über innerstädtische waldähnliche Sukzessionsflächen angeregt hat, stellen einen möglichen Ansatz dar. Die Wahrnehmung der Landschaft, auch der brachfallenden innerstädtischen, braucht Geduld, daher kann planerische Zurückhaltung richtig sein. Unsere Gesellschaft allerdings weiß mit Geduld nicht viel anzufangen. Doch wer nicht abwarten kann, wer immer alles und alles sofort haben will, wer keine Neugier für allmähliche Entwicklungen aufbringt und sich vor Endresultaten ohne Vorausgarantie fürchtet, der wird dem „Abenteuer Sukzession“ nicht gewachsen sein – jenem Abenteuer, welches einer wachsenden Zahl unserer Städte mit an Sicherheit grenzender Wahrscheinlichkeit vorherzusagen ist (Kil o.A.).

Die Ästhetik verwildernder Flächen ist noch ungewohnt, an ihrer Entdeckung und Anerkennung noch zu arbeiten. Dafür, dass von verwildernden innerstädtischen Flächen - verlassenen Gewerbehöfen, brachfallenden Industriearealen oder begrünten Abrissgrundstücken - positive Assoziationen ausgehen können, sind entsprechende Erfahrungswerte zu schaffen und ist die Stadtbevölkerung erst noch zu sensibilisieren. In Leipzig beispielsweise können diese in Führungen mit Spaziergangsforschern wie Bertram Weißhaaar durch „unordentliche" Stadtteile erworben werden.

Der Umgang mit sich so verlandschaftlichenden öffentlichen Stadträumen, die Möglichkeiten der Um- bzw. Zwischennutzung von Flächen, die keine in absehbarer Zeit wertschöpfende Zukunft haben und die Suche nach einem neuen Verhältnis von Urbanität und Natur werden die Debatte über die Zukunft der öffentlichen Räume weiterhin bestimmen. Der Wandel der Ideale urbaner Schönheit muss aktiv angegangen werden.

Prozesse der Umverteilung, der Verdünnung und der Dezentralisierung bedeuten Verlust von Urbanität. Und das ist auch das eigentlich Schrumpfende in den Städten. Nicht die gebaute physische Realität, sondern der Verlust von Dichte, von Urbanität.

Aufgabe für die Zukunft unserer Städte wird also sein, ein neues Verständnis zuzulassen für die Veränderung wesentlicher städtischer Eigenschaften und hierfür neue Strategien zu entwickeln, mit denen wir den transformatorischen Prozess steuern können.

2.1.2 Alterung und Geburtenrückgang

Alterung und Rückgang der Bevölkerung stellen ein Strukturproblem dar, das weder eingreifender Politik unmittelbar zugänglich ist noch eine zyklische Eigendynamik aufweist. Anpassungsstrategien sind gefragt. - Anpassung an die Bedürfnisse älterer und alter, in wachsendem Maße hochbetagter Menschen.

Einerseits wird es dabei um konkrete bauliche Gestaltung gehen: die physische Gestalt öffentlicher Räume muss den sinnlichen und körperlichen Möglichkeiten der alternden Gesellschaft angepasst werden. Andererseits wird es auch um die Stärkung lokaler sozialer Netze gehen, damit das gegenwärtig bereits ächzende System solidargemeinschaftlich finanzierter sozialer Dienstleistungen und der strukturell überforderte Sozialstaat nicht kollabieren.

Wie sieht die altersgerechte Stadt aus und was ist der Beitrag der Älteren dazu?

Das Bedürfnis von älteren Menschen, möglichst bis ans Lebensende die eigenen Lebensumstände selbst gestalten und steuern zu können, hat im Wertekanon Älterer überragende Bedeutung. Im Mittelpunkt altersgerechter Planung von Stadt und ihrer öffentlicher Räume sollten daher Erhalt und Schaffung einer Infrastruktur stehen, die älteren Menschen hilft, ihr Leben möglichst lange selbst zu bestimmen und zu gestalten. Zentrale Wohn- und Lebensbedürfnisse für das Alter sind heute: Erhaltung von Selbstbestimmung und Individualität, Möglichkeiten zur Wahrnehmung von Kontakten, Geselligkeit, Kommunikation und Freizeitgestaltung sowie Teilhabe an Gemeinschaft, Nachbarschaft und sozialen Bindungen. Hinzu kommt ein besonderes Sicherheitsbedürfnis im Alltag, zu deren räumlichen Kriterien Orientierung, Transparenz, Übersichtlichkeit, Durchlässigkeit, klare Gliederung, Begünstigung informeller sozialer Kontrolle, Erzeugung von Randnutzungen durch Nutzungsmischung, Sicht- und Rufnähe zu Gebäuden / Verkehrsachsen, nächtliche Beleuchtung zählen und die es in konkreten Planungsmaßnahmen zu berücksichtigen gilt.

Ältere Menschen büßen allmählich einen Teil der Kompetenzen ein, die sie zur Bewältigung des Alltags benötigen. Mit zunehmendem Alter kommt es vor allem zu Geh- und Sehbehinderungen und damit zu einer Einschränkung der Mobilität. Auch die geistigen Fähigkeiten lassen nach, insbesondere die Reaktionsschnelligkeit und die Informationsverarbeitungsgeschwindigkeit. Dieser Prozess vollzieht sich individuell unterschiedlich, aber von der Tendenz her betrifft er alle – früher oder später.

Es ist ein humanitärer Anspruch in Würde zu altern. Dieser schließt psychisches wie physisches Wohlbefinden ein. Um den Verlust an Kompetenzen auszugleichen, bedarf es einer sorgfältigen Gestaltung der Umwelt. Wesentliche wohnungs- und städtebauliche Erfordernisse sind die Erreichbarkeit von Infrastruktureinrichtungen wie Einkaufsmöglichkeiten oder die Versorgung mit Ärzten, soziale Integration und die altersgerechte Gestaltung des unmittelbaren Wohnumfeldes.

Ältere Menschen legen etwa die Hälfte ihrer Wege als Fußgänger zurück. Hier gibt es in Städten und Gemeinden konkret baulichen und erheblichen Anpassungsbedarf: im unmittelbaren Wohnumfeld, bei der Gestaltung von Fußwegen und Plätzen, Hauseingängen, Straßenüberquerungen, Oberflächenbeschaffenheiten, Breiten von Fußwegen. Gegebenenfalls. werden mehr Zebrastreifen gebraucht und längere Ampelphasen, bessere Beleuchtung, präzisere Farbgestaltung öffentlicher Räume zur Verbesserung der Orientierung und Erkennbarkeit, mehr Sitzgelegenheiten in kürzeren Abständen, mehr öffentliche Toiletten, Besucherparkplätze vor sozialen Einrichtungen, Behörden und Arztpraxen u.a.m. Die Grundlagen des so genannten barrierefreien Bauens sind im Planungsalltag dabei unverzichtbar und durchgängig anzuwenden.

Alte Menschen müssen und wollen heute viel mehr selber beitragen zum Verständnis ihrer Lebensphase, statt sich vorwiegend von außen definieren zu lassen. Aufsuchende Beteiligungsstrategien werden gefragt sein. Hoyerswerda, laut der Studie „Wegweiser Demographischer Wandel“ der Bertelsmann-Stiftung eine der „schrumpfenden Städte im postindustriellen Wandel“, gehört zusammen mit Städten wie Magdeburg, Halle und Chemnitz zu den "schrumpfenden und alternden Gemeinden mit hoher Abwanderung" die immerhin 70% aller ostdeutschen Städte mit weniger als 100.000 Einwohnern ausmachen. Von den insgesamt 352 Gemeinden dieses Typs liegen lediglich 20 in Westdeutschland.

Hoyerswerda ist eine der Städte, die von der demographischen Entwicklung besonders betroffen sind. Eine zukunftsorientierte Seniorenpolitik ist für die Stadt überlebenswichtig und so hat sie sich im Vorfeld von Planungen öffentlicher Räume direkt an die Senioren gewandt: Aus verschiedenen Vereinen und Interessenvertretungen trafen sie sich und erkundeten zu Fuß und mit dem Bus die Stadt "mit den Augen älterer Mitbewohner". Ergebnisse dieser Stadterkundung - wie der Wunsch nach generationsübergreifenden "Kommunikationsinseln", mehr Bänken zum Ausruhen, insbesondere an den wichtigen Wegebeziehungen in der Stadt, Zentralisierung von Einrichtungen und Behörden rund um den Marktplatz, barrierefreie Gehweggestaltung, Schaffung von mehr altersgerechten Angeboten im Freiraumbereich auf den durch Rückbau entstehenden Brachen – sollen nun beim anstehenden Umbau der Stadt berücksichtigt werden. Damit sie die Ergebnisse ihrer Beteiligung auch noch erleben, bestand ein weiterer Wunsch in der Beschleunigung von Umsetzungsprozessen: Zwischen Planung und Realisierung von Projekten soll nicht so viel Zeit verstreichen.

An dem Beispiel ist u.a. abzulesen, dass sich der Fokus auf der kommunalen Ebene zunehmend auf den Ort des Wohnens verschiebt. In den kommenden Jahrzehnten werden viel mehr Menschen, die jetzt noch einen Großteil ihrer Zeit in ihren Arbeitsstätten verbringen, zuhause sein. Den öffentlichen und privaten Räumen des Wohnumfeldes kommt für die Weiterentwicklung urbaner Wohn- und Lebensformen künftig besondere Aufmerksamkeit zu. Dabei sind die Potenziale für Eigeninitiative, Eigenverantwortung und gegenseitige Hilfe zu stärken und zwar vor allem dort, wo Alt und Jung zusammenleben, nämlich in ebendiesen „normalen“ Wohnquartieren. In städtischen Zentren wird die kommunale Daseinsvorsorge sich wandeln, doch auch weiterhin Bestand haben. In den peripheren ländlich strukturierten Räumen wird es eher zu eigenverantwortlich organisierter Daseinsvorsorge kommen.

Wohnsituation, räumliches wie soziales Wohnumfeld, gebauter physischer öffentlicher Raum für ältere Menschen stellen entscheidende Faktoren für die Gestaltung des demographischen Wandels dar.

2.1.3 Migration und Segregation

Die komplexen Entwicklungsprozesse und einander bedingenden Dynamiken, die mit den schillernden Begriffen Migration und Segregation einhergehen, können hier nur angerissen und grob aufgezeigt werden, sollen aber vor dem Hintergrund stadträumlicher Auswirkungen demographischer Wandlungsprozesse und einer Veränderung von Öffentlichkeiten und öffentlichen Räumen auch nicht ausgeblendet werden.

Angesichts der wachsenden Anzahl und wachsenden Bedeutung ethnischer Minderheiten sind Zukunftskonzepte mit dem Ziel der „Integration" gefragt. Dieser komplexe Begriff beinhaltet zweierlei: er bezeichnet einerseits eine Stadt sozialer Gerechtigkeit und Gleichheit - ist also an sozialstaatlichen Prinzipien von Verteilungsgerechtigkeit orientiert, andererseits beschreibt er die Zugehörigkeit eines Stadtbürgers zum Gemeinwesen sowie zu Netzwerken im Quartier – bezieht sich damit auf eine soziale und politische Teilnahme oder Partizipation. Für beide Aspekte erwarten wir allerdings Entwicklungen – und sie sind auch jetzt schon spürbar –, die aus gegenwärtiger Sicht als problematisch gelten müssen.

Die Einschränkungen des Sozialstaates, die im Zuge des ökonomischen und demographischen Wandels als unausweichlich angesehen werden, müssen zu wachsender Ungleichheit in den deutschen Städten führen, die sich zu einer Kluft zwischen Arm und Reich und zu sozialräumlicher Segregation in bisher unbekanntem Ausmaß entwickeln wird. Der Einfluss der Politik auf die Stadtentwicklung nimmt jetzt schon ab und wird weiter abnehmen; wie die Wohnungsversorgung wird auch das Angebot an öffentlichen Räumen immer stärker dem Markt überlassen. In den Malls und in den schönen neuen All-Inklusive-Anlagen, teilweise entstanden durch derzeit - nicht zuletzt aufgrund leerer kommunaler Kassen - stark propagierten ÖPP-Projekte (Öffentlich-Private-Partnerschaften) kommt Raum öffentlich daher, gehorcht aber real den Reglements seiner privaten Eigentümer. Beides zusammen hat unweigerlich eine stärkere Segregation zur Folge. Der Funktionsverlust der verbleibenden und tatsächlichen öffentlichen Räume wird durch die Standards dieser geschützten privaten Öffentlichkeit neuen Typs verstärkt, der damit nicht konkurrieren kann: Das Interesse, sich in ihm aufzuhalten sinkt, als Kommunikationsraum verliert er an Bedeutung, wird schleichend unattraktiver und verkommt zum Rückzugsort für ausgeschlossene Bevölkerungsgruppen.

Damit wächst die Gefahr einer Fragmentierung der Stadtgesellschaft. Ungleichheit und Individualisierung, Segregation, Heterogenität und eine Ausdifferenzierung der Lebensstile werden sie künftig kennzeichnen. Dies stellt die Vorstellung einer integrierten Stadt(-gesellschaft) in Frage. Soziale Integration ist als die zentrale, zurzeit aber auch am meisten gefährdete Leistung der Kommunen anzusehen.

Der persönliche Bezug zu Städten und Kommunen ist auch unter Bewohnern mit Migrationshintergrund nach wie vor stark, und es ist anzunehmen, dass er auch in Zukunft dauerhaft und stabil sein wird. Hier gibt es Anknüpfungspunkte.

Die multiplen Identitäten der Bürger, deren Verbreitung und Umfang zunehmen wird, werden durch eine Sehnsucht nach Verwurzelung komplementiert, die sich auch durch temporäre Identifikation mit einem Ort erreichen lässt.

Die Offenheit in der Interaktion zwischen Kulturen (und Generationen) ist eine der wesentlichen Voraussetzungen einer produktiven Verarbeitung kultureller Komplexität in den Städten und Kommunen. Werden keine geeigneten Angebote in und durch öffentliche Räume gemacht, die Abschottungen vermeiden helfen, verstärkt sich die Gefahr der Entwicklung von Parallelgesellschaften, die nur in einem minimalen Austausch miteinander stehen. In diesem Fall ist die Migration im besten Fall unproduktiv, im schlimmsten Fall kann es zu sozialen Konflikten und Desintegration kommen.

Die räumliche Konzentration einzelner Kulturen findet in »Orten der Kulturen« ihren Ausdruck. In bestimmten Straßen, Plätzen oder Kiezen findet man Dienstleistungen und Läden, Vereine und religiöse Gebäude, Restaurants und Märkte, die für eine Kultur typisch sind. Diese Vielzahl von kulturellen Orten, Einrichtungen und Ereignissen sind stadtprägend, aber damit hat sich noch keine Integration vollzogen, auch wenn viele Migranten Städte oder Stadtteile hier als ihre Heimat bezeichnen.

Gerade angesichts wachsender allgemeiner und sozialer Verunsicherung im Zuge der rasch fortschreitenden Internationalisierung und Globalisierung und der zunehmenden gesellschaftlichen Verteilungskonflikte wird die direkte Wohnumgebung, der Stadtteil zum Rückzugsraum, der in seinen öffentlichen Räumen entsprechend aufgewertet werden muss.

Vor dem Hintergrund wachsender Städtekonkurrenz wird die Attraktivität einer Stadt oder Stadtregion für die Zuwanderung von Menschen und die Stärke ihrer Anziehungskraft für privates Kapital und öffentliche Investitionen davon abhängen, ob und wie die Stadtpolitik und -planung mit kultureller Komplexität umgeht. Für den öffentlichen Raum lässt sich daraus ableiten: Interkulturelle Kommunikation wird erleichtert, wenn sich die Mitglieder der einzelnen kulturellen Gruppen auf etwas Gemeinsames beziehen können. Dieses Gemeinsame kann sich auf geteilte Regeln des Zusammenlebens wie etwa Toleranz, auf Überzeugungen, Werte und ihre Symbole beziehen (z. B. demokratische Freiheiten), aber auch auf gemeinsam genutzte öffentliche Orte, die von allen als bedeutsam wahrgenommen werden.

Belebte öffentliche Räume und Nutzungen, die dazu führen, dass Teilnahme am Stadtteilleben auch über das Wohnen hinaus ermöglicht wird, sind notwendig, damit die für die Integration unabdingbare – und in Zukunft noch wichtiger werdende – Kommunikation stattfinden kann. Eine Stadtentwicklung, die der Erosion der Infrastruktur der Städte Vorschub leistet, ist nicht zukunftsfähig und nicht sozial.

Die Relevanz des öffentlichen Stadtraumes für die Bewältigung kultureller und sozialer Komplexität wird also stärker. Räumliche Bedingungen haben neben den gesamtstaatlichen Regelungen zur Steuerung demographischer Prozesse wie Migration, Alterung, Schrumpfung einen entscheidenden Einfluss auf die Effizienz der Verarbeitung kultureller und sozialer Komplexität. Zentrale Herausforderung ist die Gestaltung der Faktoren, die diese positive Verarbeitung kultureller und sozialer Komplexität beeinflussen: die räumlichen Bedingungen, die Formen von Planung, die Praxis lokaler Politik.

3. Faktoren städtischer Zukunftsfähigkeit

Länder und Kommunen haben keine Instrumente, um die unerwünschten komplexen Folgeprozesse demographischen Wandels zu stoppen. Ihnen fehlt auch das Geld für umfangreiche Interventionen. Außerdem wäre zweifelhaft, ob derart intensive staatliche Eingriffe, die zudem die Umverteilung knapper Finanzen erfordern würden, noch gesellschaftliche Mehrheiten fänden und damit politisch zu legitimieren wären.

Der Ausgangspunkt lautet also: Was kann man tun, wenn der Bevölkerungsverlust/demographische Wandlungsprozess irreversibel eingetreten ist?

Eine Antwort wird im "Wertewandel" liegen: Die Folgelandschaft nach der Stadt wird nicht als Verlust, sondern als positives Erlebnis angeboten. Die Kraft zu diesem Schritt über den bisherigen Wertehorizont hinaus wird aus der – zugegebenermaßen abstrakt daher kommenden - Einsicht erhofft, dass Stadt niemals ein Gebilde von konstantem Bestand ist, sondern stetigem Wachsen und Schrumpfen ausgesetzt ist, weshalb die derzeitigen Phänomene keine Einmaligkeit darstellen.

Erste Politiken zeichnen sich ab, die die Schaffung und Tolerierung (zeitweilig) ungleicher Lebenslagen in den Städten als Instrument der Stadtentwicklung nutzen. Das ist etwa der Fall, wenn die Stadt Leipzig „Gebiete ohne Entwicklungspriorität“ ausweist, in die keine öffentlichen Gelder mehr fließen sollen. Damit ist das Leitbild der „gesunden sozialen Mischung“ und der „gleichwertigen Lebensverhältnisse“ in den Städten nicht mehr problemadäquat. Die gesellschaftliche Realität ist darüber hinweggegangen, und es ist keine Richtschnur mehr für städtisches Handeln. Realistischer scheint es, die soziale Stabilität von Quartieren in den Vordergrund von Strategien zu stellen, das heißt weniger die Bekämpfung von Schrumpfung und Segregation als vielmehr die Vermeidung und Auflösung negativer Schrumpfungs- und Segregationsfolgen.

Zur Bewältigung der komplexen Anforderungen kommt es allerdings nicht nur auf eine plausible Erschließung der wahrscheinlichen Zukunft durch Prognosen und Trendermittlung an. Viel entscheidender ist die Frage, ob das Finden möglicher und das Entwerfen wünschbarer Zukunftsvorstellungen durch Leitbilder und Szenarien zu verändertem Handeln in den Städten führen.

Die Rolle des Staates hat sich dabei in den letzten Jahren stark gewandelt - „from provider to enabler“: Dies erfordert nicht einen Rückzug von staatlichen Aufgaben, sondern Dialog, Verantwortungsteilung und problemlösungsorientierte Formen der Kooperation mit gesellschaftlichen Akteuren. Kommunen kommt heute und künftig eine Schlüsselrolle als Stimulator, Ermöglicher und Vermittler zu. Dabei geht es nicht primär um „Endprodukte“, sondern darum, Prozesse mit einem offenen Ende zu initiieren. Verstärkte Mobilisierung zivilgesellschaftlicher Ressourcen sind zentraler Bestandteil eines Zukunftskonzeptes der modernen Bürgergesellschaft, in der Leistungen, die vom Sozialstaat nicht mehr zu erwarten sind, aus einem „Sozialkapital“ der Bevölkerung selbst erbracht werden. Immer wieder wird bereits heute betont, dass Partizipation, Kooperation und Kommunikation und damit neue dialogorientierte Beteiligungsformen im Bereich der lokalen Politik wenn nicht Voraussetzungen, so doch wichtige Ressourcen sind für die Zukunft einer Stadtgesellschaft, die durch Individualisierung und Heterogenisierung geprägt ist und den Anspruch hat, neue Formen von Öffentlichkeit, Gemeinschaftlichkeit und Solidarität auszubilden.

Angesichts der aufgezeigten Verteilungskonflikte ist z. B. eine offene Diskussion über die Mindeststandards, die künftig in den benachteiligten Räumen durchgesetzt werden sollen, dringlich.

Diese Planungs- und Partizipationsprozesse müssen auch von Planern in Zukunft stärker mitgestaltet werden und zwar in dem Sinne, dass Managementprozesse als aktiver Bestandteil der Planung begriffen werden. Dafür sind von Bedeutung: die Fähigkeit zu Kommunikation und Dialog, und dies wiederum ist eine Herausforderung an Aus- und Weiterbildung der planenden Disziplinen.

Innerhalb dieses Rahmens wird es auch darauf ankommen, Strategien einer Vermittlung von Lang- und Kurzfristigkeit zu finden, die nur in der Praxis, im politischen Umfeld einer Stadt entwickelt werden können und für die der Umgang mit dem öffentlichen Raum ein geeignetes Aktionsfeld zur Herbeiführung mindestens mittelfristig sichtbarer Ergebnisse sein könnte.

Die Art und Weise, wie Kommunen den demographischen Wandel gestalten, wird über Zukunftsfähigkeit und die Lebensqualität ihrer Bürger entscheiden.

4. Ausblick

Die absehbaren demographischen Entwicklungen deuten darauf hin, dass weiterer Brachfall in vielen unserer Städte nicht aufzuhalten sein wird. Das dominante Leitbild der „Europäischen Stadt" wird nicht mehr nur von außen (in Form grenzenloser Zersiedelung), sondern nun auch von innen (im Sinne der perforierten Stadt) infrage gestellt (Kil 2004). Es müssen also positive Leitbilder und Methoden des Umgangs für diese neuen öffentlichen Räume gefunden werden.

Natürlich verlieren bei derartig gewaltigen Veränderung alle etwas, sogar die Gewinner: selbst jene, die sich von den neuen Möglichkeiten, die sie bietet, beflügelt fühlen. Veränderung ist dennoch niemals völlig negativ, sie ist immer auch eine riesige Möglichkeit. Aber selbst in dieser Gelegenheit steckt ein wenig Verlust. Es kann der Verlust der Vergangenheit sein, der Verlust von Routine und Annehmlichkeit, von Traditionen, die wichtig waren, vielleicht auch der Verlust von Beziehungen, die mit der Zeit sehr eng waren. Die Dinge werden nicht mehr dieselben sein wie vorher.

Es kann erforderlich werden, Chancen einzuräumen, um die Vergangenheit hinter sich zu lassen, sie zu betrauern. Verabschiedungsrituale können helfen, auf Wiedersehen zu Orten zu sagen, mit denen eine enge Verbindung bestand, anstatt sie einfach aus der Nutzung, der Gestaltung, der Aufmerksamkeit fallen und so entgleiten zu lassen. - Widerstand gegen Veränderung ist nicht irrational, denn er entstammt guten und nachvollziehbaren Bedenken.

Entscheidend ist der Standpunkt des Menschen, der Bewohner, der Nutzer von Räumen. - Sie müssen von der Betroffenen- auf die Beteiligten-Seite bewegt werden, von der Ursachen- auf die Wirkungsseite. Es muss ihnen Gelegenheit gegeben werden, Zukunft aktiv beeinflussen zu können und nicht nur sich von der Zukunft beeinflussen zu lassen. Die Wahl des Standpunktes entscheidet über den Umgang mit Veränderungen.

Experimente einer Extensivierung öffentlichen Raumes gibt es bereits, an der Einübung neuerer Bewertungsmuster wird gearbeitet. Neben „Konsum", „Event" und „Attraktion" treten in die Debatten um die Zukunft des öffentlichen Raums auch Ansätze, die „Geduld" und „Prozess" stärker zu verankern versuchen.

Fachplaner wie Landschaftsarchitekten können durchaus ganz planungspraktisch gefordert sein, sich vor diesem Hintergrund stärker als bisher mit natürlichen Vegetationsformen, Tierwelt und Pflanzenfolge auseinander zu setzen. Damit die öffentlichen Räume der Städte angesichts sinkender Einwohnerzahlen und leerer öffentlicher Kassen nicht gänzlich verwildern, müssen Erfahrungsräume für Neubewertungen zur Verfügung gestellt werden, so dass Bewohner sich mit neuen Formen von Stadtnatur arrangieren können, die sich weitgehend selber stabilisieren oder die sich andererseits für intensive öffentliche Nutzung anbieten, damit soziale Kontrolle – wenngleich auf geringerem Level - gewährleistet bleiben kann. Landschaftsarchitekten werden verstärkt gefordert sein, wenn neue Formen einer Freiflächenkultur entstehen müssen, welche die Nutzungsintensität der gewohnten städtischen Freiräume überwinden, die aber dennoch stadträumlich wirksam sind. Freiraumplanung könnte so zum Steuerungselement von Öffentlichkeit avancieren, das in seiner vernetzten Struktur zu einem erweiterbaren und veränderbaren, teilräumlich wirksamen, determinierenden Ordnungssystem wird.

Zusammenfassend wird unter den Bedingungen des demographischen Wandels – Alterung, Schrumpfung, Migration /Segregation – für die Zukunft der Städte und Kommunen und für die Zukunft ihrer öffentlichen Räume u.a. die Beantwortung folgender Fragen ausschlaggebend sein:

Wird es gelingen, kulturelle Komplexität als Ressource von Innovation, wirtschaftlicher Entwicklung und Lebensqualität zu begreifen? Wird Stadtpolitik und -planung sich als eine Stärkung von Quartieren und (öffentlichen) Orten verstehen, die alle Generationen und ethnischen Kulturen Raum bietet? Werden ausreichend große Anstrengungen unternommen für die Verbesserung der Aufenthaltsqualität und der Gebrauchsfähigkeit der allgemein zugänglichen Freiräume (Straßen, kleine und große Plätze, Grünflächen unterschiedlicher Prägung) in kompakten wie perforierten Stadtgebieten? Wird es eine stadtkulturelle Planung geben, die neben der Integration die Stärkung der Kommunikation zwischen Kulturen und Generationen fördert und für die auch ausreichend qualifizierter öffentlicher Raum bereitgestellt wird? Wird es in den Städten Projekte geben, die die Stadt als Ganzes betreffen und symbolisch zu kommunizieren in der Lage sind? Und wird ein Kommunikationsstil in Stadtpolitik und -planung verfolgt, der dialogorientiert und kooperativ ist und entscheidungsrelevante Mitgestaltung ermöglicht?

Einschränkend muss angemerkt werden, dass sich auf eine stabile Zivilgesellschaft dabei nicht ohne Weiteres hoffen lässt. Das Umschalten von öffentlicher Zuständigkeit auf private, nachbarschaftliche, ehrenamtliche Initiativen hat auch seine Grenzen. Bürgerschaftliches Engagement muss man sich leisten können, insbesondere der Einzelne. Und das ist eine Frage der Lebenssituation. Wer materiell nur mit Mühe über die Runden kommt, wird gar nicht so viel freie mentale Kapazitäten haben oder bereitstellen wollen, wie eine aktive Anteil nehmende Nachbarschaft und Bürgerschaft es erfordert. In erodierenden Stadtvierteln lassen sich bei der so genannten Restbevölkerung heute bereits gravierende Demotivierungserscheinungen beobachten. Die abnehmende Fähigkeit einer schrumpfenden und alternden Bevölkerung zur Partizipation könnte in vielen Regionen auch zum Problem künftiger Entwicklung werden, denn gerade in schrumpfenden Kommunen und Regionen ist die Perspektiv- und Hoffnungslosigkeit am größten - der Problemdruck aber auch.

Neu an all den Herausforderungen ist, dass diese nicht (mehr) allein durch staatliche Intervention bewältigt werden können, sondern ein partnerschaftliches Engagement aller lokal betroffener Interessengruppen erfordern, ja darauf angewiesen sind. - Jeder muss ein Stück auf den anderen zugehen, muss lernen und kooperativ etwas Eigenes einbringen, ohne dabei seine Eigenheit aufzugeben. Eine der entscheidenden Fragen ist ergänzend zu den bereits genannten darin zu sehen, ob es gelingt, sich auf lokale bzw. regionale Werte und Standards, quantitativ und qualitativ, zu verständigen. Das traditionelle europäische Stadtbild muss dabei nicht aufgegeben werden, es verändert sich vielmehr und wird um eine Facette erweitert.

Auch wenn Stadt immer mehr als ein ständig transformatorischer Prozess begriffen wird, bedeutet dies nicht das Ende von Planung, sondern es verändert sich lediglich die Art der Planung, und zwar im gleichen Maße wie soziale Bedürfnisse und Verhaltensweisen. Und darin ist zugleich auch eine Chance für die Zukunft des öffentlichen Raums und die Bedeutung von Öffentlichkeit begründet.

Trotz aller Bestürzung, aller Herausforderungen und positiver Umdeutungsversuche: Wichtig ist, das Leben im Gemeinwesen lebenswert zu gestalten – einerlei wie viele Bürger letztendlich bleiben.

Literatur

Ahrendt, Hanna, Vita activa oder Vom tätigen Leben, München 1967.

Führ, Eduard, Wir bauen wieder – „Rückbau" der Städte oder Umbau der Disziplinen, in: Nagler, H./ Rambow, R./ Sturm, Ulrike (Hrsg.), Der öffentliche Raum in Zeiten der Schrumpfung, Berlin 2004.

Giseke, Undine / Becker, Carlo W. (2004), Wildnis als Baustein künftiger Stadtentwicklung?, in: Garten + Landschaft, 2/2004, München.

Habermas, Jürgen (1962), Strukturwandel und Öffentlichkeit. Untersuchungen zu einer Kategorie der bürgerlichen Gesellschaft, Neuwied 1962.

Häußermann, Hartmut / Siebel, Walter (1987), Neue Urbanität, Frankfurt/Main 1987.

Kaschuba, Wolfgang. (2004), Repräsentation im öffentlichen Raum, in: Nagler, H. / Rambow, R./ Sturm, Ulrike (Hrsg.), Der öffentliche Raum in Zeiten der Schrumpfung, Berlin, 2004.

Kil, Wolfgang, Neuland denken, in: Shrinking Cities. Reinventing Urbanism. archplus 38. Jg., Nr. 173, 5/2005.

Kil, Wolfgang (o.A.), Spielt auch mal mit den Schmuddelkindern. Festrede zur Verleihung des Peter-Joseph-Lenne-Preises 2005 am 14. Oktober 2005, in: Broschüre Peter-Joseph-Lenne-Preis 2006, Heft 19 der Neuen Reihe. Berlin o.A.

Kluge, Alexander / Negt, Oscar (1972), Öffentlichkeit und Erfahrung. Zur Organisationsanalyse von bürgerlicher und proletarischer Öffentlichkeit, Frankfurt/Main 1972.

Kuklinski, Olive, Der öffentliche Raum im Fokus des Wandels – Aushängeschild und „Spardose der Kommunen", in: Nagler, H. / Rambow, R. / Sturm, Ulrike (Hrsg.), Der öffentliche Raum in Zeiten der Schrumpfung, Berlin, 2004.

Simmel, Georg, Die Großstadt und das Geistesleben, in: Landmann, M.: Georg Simmel, Brücke und Tür. Essays des Philosophen zur Geschichte, Religion, Kunst und Gesellschaft, Stuttgart 1957 (Orig. 1903).

5. Was der demographische Wandel für die Bildungspolitik bedeutet, zeigt mit aller notwendigen Deutlichkeit der Beitrag von Dieter Dohmen. Seine zentrale These lautet: Wird die derzeit verfolgte Bildungspolitik nicht deutlich verändert, dann wird Deutschlands Wirtschaft mit erheblichen Problemen konfrontiert werden und in seiner Innovationsfähigkeit deutliche Einbußen erleiden.
Zur Zeit profitiert die Wirtschaft noch von dem vergleichsweise hohen Bildungsniveau der älteren Erwerbsbevölkerung. In den neuen Ländern wird freilich bereits ab dem Jahr 2010, im Bundesgebiet insgesamt etwa ab dem Jahr 2020 der Ersatzbedarf an Akademikern und Personen mit einer Berufsausbildung nicht mehr gedeckt werden können. Die positive Schlussfolgerung, die Dohmen in diesem Zusammenhang zieht, dass jeder junge Mensch mit einer abgeschlossenen Schulausbildung praktisch eine Arbeitsplatzgarantie haben wird, setzt voraus, dass heute die Bildungspolitik die Grundlagen für die Höherqualifizierung der nachwachsenden Generationen schafft: vor allem in den frühen Bildungsbereichen von Kindertagesstätten und Schulen.

Der Autor verschweigt nicht die Schwierigkeiten, die sich hier insbesondere für die Kommunen stellen; er zeigt aber auch die Chancen auf, die von den Kommunen wahrgenommen und genutzt werden sollten.

V Familien- und Bildungspolitik als kommunaler Standortfaktor im demographischen Wandel

Dieter Dohmen

1. Einleitung

Deutschland als Ganzes, aber auch seine Regionen und Kommunen stehen in den kommenden Jahren vor tiefgreifenden Veränderungen. Dies hat nicht nur mit den wirtschaftlichen und sozialen Rahmenbedingungen zu tun, sondern auch und vielleicht sogar insbesondere mit dem demographischen Wandel.

Der demographische Wandel beeinflusst nicht nur die Finanzierung der sozialen Sicherungssysteme oder den Altersaufbau der Gesellschaft, sondern auch die Bedeutung der einzelnen Politikfelder zueinander. Waren Familien- und Bildungspolitik bisher eher Bestandteil der Sozialpolitik, so werden sie in Zukunft ein wesentlicher Faktor kommunaler und regionaler Wirtschaftspolitik werden. Am prägnantesten hat dies vielleicht der Bericht „Deutschland 2020. Die demographische Zukunft der Nation“ formuliert. „Kinder ziehen Wirtschaft an“, heißt es dort.

Der demographische Wandel führt dazu, dass in rund 20 Jahren die aus dem Arbeitsmarkt ausscheidenden Altersgruppen fast doppelt so groß sein werden wie die in den Arbeitsmarkt eintretenden. Sollen die älteren Arbeitskräfte durch junge ersetzt werden, dann kommt auf jeden jungen Menschen ein Arbeitsplatz zu, wenn von den Älteren nur die Hälfte (noch) erwerbstätig ist. Die Folge ist auch, dass die nachwachsenden Generationen deutlich höher qualifiziert werden müssen. Liegt beispielsweise der Akademikeranteil der jetzt 40- bis 45-Jährigen – das sind diejenigen, die um 2025 aus dem Arbeitsmarkt ausscheiden (!) – bei 15 %, dann muss die Akademikerquote bei den dann 20- bis 25-jährigen – d.h. den heute 0- bis 5-Jährigen – bei mindestens 30 % liegen, um nur den Ersatzbedarf zu befriedigen. Die zudem weiter wachsenden Qualifikationsanforderungen der Wirtschaft sind dabei noch nicht mitgerechnet. Zur Erinnerung: Aktuell liegt der Akademikeranteil eines Altersjahrgangs bei 20 %, auch wenn die Studienanfängerquoten bei rund 35 % liegen. Es ist also noch ein weiter Weg zurückzulegen, bis diese Quote erreicht ist. Dies gilt umso mehr, als die Akademikerquoten in den letzten 10 oder 15 Jahren nur leicht gestiegen sind.

Wenn aber die Qualifikation nachwachsender Generationen erhöht werden soll, so ist vor allem das Bildungssystem von der Kindertageseinrichtung (Kita) bis zur Hochschule und zur Weiterbildung gefordert. Insbesondere Kitas und Horte, aber auch Schulen stehen vor der Aufgabe, Eltern und insbesondere Müttern den Rücken für eine Berufstätigkeit freizuhalten. Eine zunehmende Erwerbstätigkeit von Frauen ist nicht nur ein wichtiger Eckpfeiler, um die Lücke zwischen Angebot und Nachfrage nach (hoch-)qualifizierten Arbeitskräften zu verringern, sondern entspricht auch dem Wunsch der meisten Frauen und Mütter – und ist in fast allen anderen Industriestaaten eine Selbstverständlichkeit.

Eine zunehmende Erwerbstätigkeit beider Elternteile sowie von Alleinerziehenden ist jedoch ohne ein flexibles und zuverlässiges Bildungs- und Betreuungssystem nicht möglich. Da das Qualifikations- und Leistungsniveau von Frauen mittlerweile teilweise deutlich über dem der Männer liegt, werden Kommunen, die den Anforderungen hochqualifizierter Frauen und Männer besser gerecht werden, in Zukunft erhebliche Vorteile auch im Wettbewerb um Unternehmen haben. Unternehmen werden sich dort ansiedeln, wo hochqualifizierte Arbeitskräfte sind. Hochqualifizierte Arbeitskräfte werden sich – wenn sie Kinder haben oder haben wollen – dort niederlassen, wo sie ein attraktives Bildungs- und Betreuungssystem für ihre Kinder vorfinden: ein Bildungs- und Betreuungssystem, das qualitativ hochwertig ist und auch den ganzen Tag über, und ggf. in so genannten Randzeiten, flexibel verfügbar ist. Folglich werden sich auch Unternehmen dort ansiedeln bzw. dort expandieren, wo Kinder und Eltern entsprechende Bildungs- und Betreuungsangebote vorfinden. Familien- und Bildungspolitik werden demnach zentrale Eckpfeiler kommunaler Politik- und Strategieentwicklung. Dies ist – zugegebenermaßen – leichter gesagt als getan, wie die folgenden Ausführungen zeigen werden.

Im Folgenden werden zunächst einige zentrale Aspekte der Familien- und Bildungspolitik in Deutschland betrachtet, wobei die Entwicklungen in den alten und neuen Ländern und den einzelnen Kommunen sehr unterschiedlich sind. Sie bilden den Ausgangspunkt für die anschließenden Überlegungen. Dabei wird aber auch kritisch zu diskutieren sein, ob in Bildung und Betreuung investiertes Geld aus kommunaler Perspektive gut investiert ist, was keine „triviale" Betrachtung sein wird. Wer früh vorsorgt, wird hinterher nicht reparieren und nachqualifizieren müssen, sondern seine sozialen Ausgaben reduzieren können – dies erfordert aber einen langen und die föderalen Strukturen übergreifenden Horizont.

2. Bildungs- und familienpolitische Rahmenbedingungen

In den nachfolgenden Abschnitten werden zentrale Rahmenbedingungen der Familien- und Bildungspolitik anhand einiger Indikatoren dargestellt.

2.1 Demographische Entwicklung und Arbeitsmarkt

Die in Deutschland lebende Bevölkerung wird sich in den nächsten knapp 50 Jahren erheblich verändern. Sie wird älter, sie wird internationaler, die Städte werden teilweise leerer, die erwerbstätige Bevölkerung wird sich im Durchschnitt höher qualifizieren müssen etc. Frauen wollen zurecht einen höheren Anteil an der Erwerbstätigkeit und an leitenden Positionen. Deutschland wird es sich nicht länger leisten können, in dem bisherigen Umfang auf die Leistung und den Einsatz hochqualifizierter Frauen zu verzichten. Wir werden zunehmend auch auf die Zuwanderung Hochqualifizierter aus anderen Ländern angewiesen sein – trotz u.U. nicht unerheblicher Arbeitslosigkeit unter der deutschen Bevölkerung, insbesondere unter denjenigen mit geringer Bildung, woraus ein schwieriger Vermittlungsprozess resultiert.

Betrachtet man die unterschiedliche Entwicklung in den alten und neuen Ländern, dann könnte man das Gefühl haben, zwei verschiedene Länder vor sich zu haben. Während der demographische Wandel in den westlichen Ländern nach und nach erst einsetzt und das Bildungssystem tangiert, hat er in den neuen Ländern – aufgrund des beträchtlichen Einbruchs bei den Geburtenzahlen nach der Vereinigung 1990 – das Bildungssystem bereits bis zum Ende der mittleren Reife durchlaufen und wird jetzt zunächst die weiterführenden Schulen und das Berufsausbildungssystem sowie ab 2011 ebenso die Hochschulen erreichen.

Solche Unterschiede gibt es nicht nur zwischen Ost und West, sondern auch zwischen den einzelnen Kommunen. Großstädte werden davon tendenziell etwas schwächer betroffen sein als ausgeprägt ländliche Regionen, aber auch unter diesen gibt es beträchtliche Unterschiede.

Die nachfolgenden beiden Übersichten stellen die Entwicklung für das Bundesgebiet insgesamt sowie für die neuen Länder getrennt und bezogen auf den Arbeitsmarkt – differenziert nach Berufsabschlüssen – dar, da sich daraus die wesentlichen Anforderungen für das Bildungssystem ableiten lassen.

Für das Bundesgebiet zeigt Abb. 1, dass etwa ab dem Jahr 2020 der Ersatzbedarf der Unternehmen nicht mehr gedeckt werden kann. Bei den Höchstqualifizierten mit Masterabschluss ist dies etwas früher der Fall. Gleichzeitig wird es zwischen Bachelorabsolventen und Personen mit einer Berufsausbildung zu einem Verdrängungswettbewerb kommen, der möglicherweise noch dadurch verstärkt wird, dass die Unternehmen sich in Teilen aus der beruflichen Bildung zurückziehen, da Bachelorabsolventen in dieses Marktsegment drängen könnten.

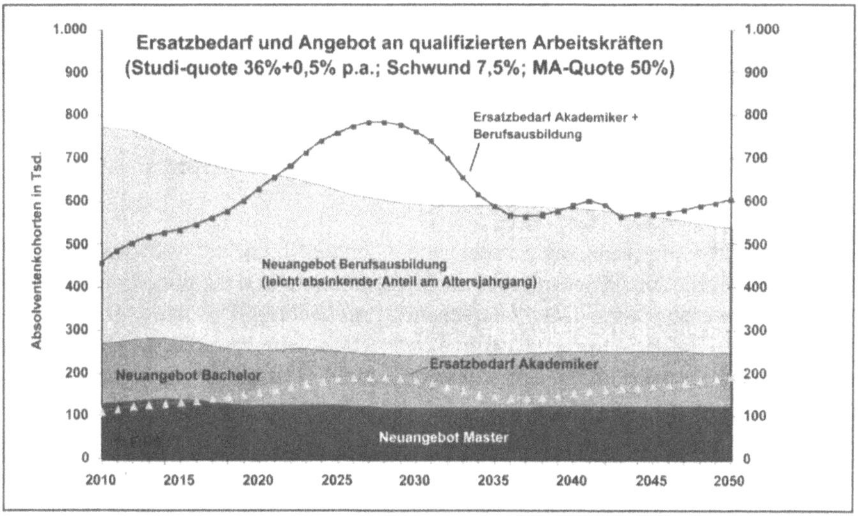

Abb. 1: Ersatzbedarf und Neuangebot an qualifizierten Personen in Deutschland

Abb. 2 zeigt, dass es in den neuen Ländern bereits in den kommenden Jahren zu einer beträchtlichen Unterdeckung kommen wird. Für den Ersatzbedarf am Arbeitsmarkt insgesamt wird die Kohortenstärke der nachwachsenden Generationen bereits ab Beginn des nächsten Jahrzehnts nicht mehr ausreichen, um die Nachfrage der Unternehmen auch nur näherungsweise zu befriedigen. Bezogen auf die Hochschulabsolventen wird ab etwa 2015 deren Anzahl nicht mehr ausreichen, den Bedarf der Unternehmen zu befriedigen und zwar bezogen auf alle hochschulischen Qualifikationsniveaus.

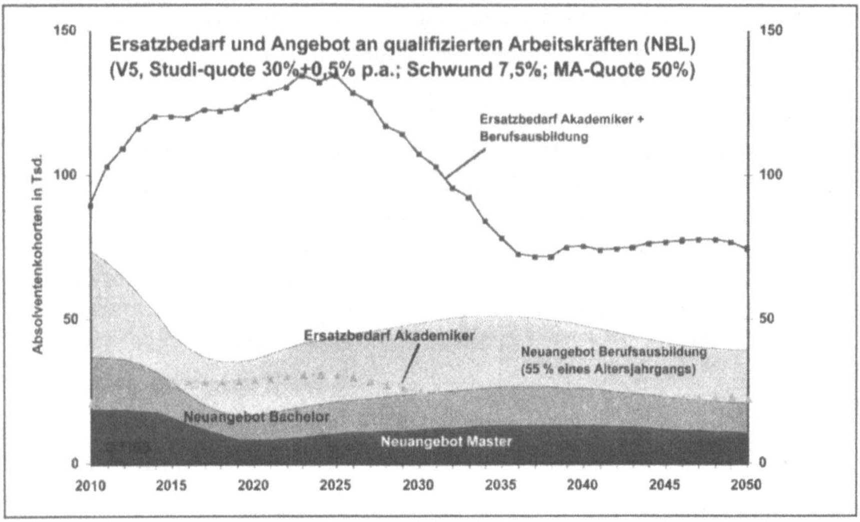

Abb. 2: Ersatzbedarf und Neuangebot an qualifizierten Personen in den neuen Ländern

Dies bedeutet aber, dass die Suche nach hochqualifizierten Arbeitskräften zu einem beträchtlichen Problem für die Unternehmen und damit die jeweiligen Standorte werden wird. Der Wettbewerb um hochqualifizierte Arbeitskräfte wird gerade für die kleineren und mittleren Unternehmen sehr schwierig werden; dies gilt umso mehr, je ländlicher und „unbekannter" oder gar unattraktiver der jeweilige Standort ist.

Umgekehrt folgt aus den vorstehenden Ausführungen zum demographischen Wandel aber auch, dass jeder junge Mensch, der – egal, ob mit oder ohne Migrationshintergrund – über eine gute Basisausbildung, d.h. einen Schulabschluss verfügt, eine Arbeitsplatzgarantie hat – auch wenn dies heute angesichts der aktuellen Arbeitsmarktlage u.U. noch schwer vorstellbar ist. Die Zahlen sind jedoch mehr als eindeutig.

Dem Bildungssystem kommt in diesem Kontext eine mehrfache Bedeutung zu: Einerseits besteht seine Aufgabe darin, die nachwachsenden Generationen zu einem möglichst hohen Abschluss zu führen und die Schüler mit Migrationshintergrund zu integrieren; dass dies möglich ist, zeigt ein Land wie Kanada, das trotz hoher Zuwanderung bei den PISA-Studien deutlich besser abgeschnitten hat. Andererseits ist ein hochwertiges Bildungs- und Betreuungssystem eine wichtige Voraussetzung für den Verbleib bzw. insbesondere Zuzug hochqualifizierter Arbeitskräfte – egal, ob aus dem In- oder Ausland. In anderen Ländern gibt es einen beträchtlichen Wettbewerb zwischen Kommunen, bei dem auch aktiv mit der Qualität der Schulen bzw. der Bildungseinrichtungen geworben wird.

2.2 Entwicklung der Alterskohorten im Bildungssystem

Die beiden folgenden Abbildungen zeigen die Entwicklung der durchschnittlichen Altersgruppen in den einzelnen Bildungsbereichen, je einmal für die neuen und alten Länder, und geben damit einen guten Überblick über die jeweils anstehenden Herausforderungen.

Abb. 3 zeigt anhand der unterschiedlichen Wellen, wie sich Altergruppen durch das Bildungssystem der neuen Länder bewegen. Hierbei zeigen sich zugleich gegenläufige Tendenzen: Während der demographische Wandel derzeit die weiterführenden Schulen und das Berufsbildungssystem und nach 2010 die Hochschulen mit deutlich abnehmenden Alterskohorten erreichen wird, steigen die relevanten Altersjahrgänge in den anderen Bildungsbereichen bereits wieder an. Was Anfang dieses Jahrzehnts im Kita- und Grundschulbereich begann, setzt sich ab 2010 in der Sekundarstufe I fort und wird anschließend auch die weiterführenden Schulen sowie die Berufsbildung erreichen; Mitte des übernächsten Jahrzehnts sind wieder die Hochschulen betroffen. D.h. in den neuen Ländern tangiert der demographische Wandel die Kommunen vor allem in den weiterführenden Bildungsbereichen und im Arbeitsmarkt; die früheren Bildungsbereiche werden ggf. wieder ausgebaut werden müssen.

In den alten Ländern spielt sich der demographische Wandel im Bildungssystem ganz anders und auch mit einer weitaus geringeren Dramatik ab als in den neuen Ländern in den vergangenen Jahren; hier steht in einigen Bereichen zunächst ein Ausbau von Bildungseinrichtungen bzw. eine Erhöhung der Aufnahmekapazitäten an. So zeigt die obere Linie in Abb. 4, dass die weiterführenden Schulen und das Berufsbildungssystem in den alten Ländern derzeit ihren Höhepunkt erfahren, während dies für die westdeutschen Hochschulen erst ab Anfang des kommenden Jahrzehnts gilt. Für die vorgelagerten Bildungsbereiche ist hingegen von sinkenden Alterskohorten auszugehen.

Anders als in den neuen Ländern ist dieser Rückgang aber nicht nur vorübergehend und wellenartig, sondern nachhaltig und mehr oder weniger stetig. Mitte des Jahrhunderts werden die westdeutschen Bildungssysteme deutlich kleiner sein als heute. Für die Hochschulen gilt dies allerdings voraussichtlich nicht in dem hier aufgezeigten Umfang, der von einer Nachfrage auf dem heutigen Niveau ausgeht, das schon jetzt deutlich unter den Studienquoten anderer Industrieländer liegt.

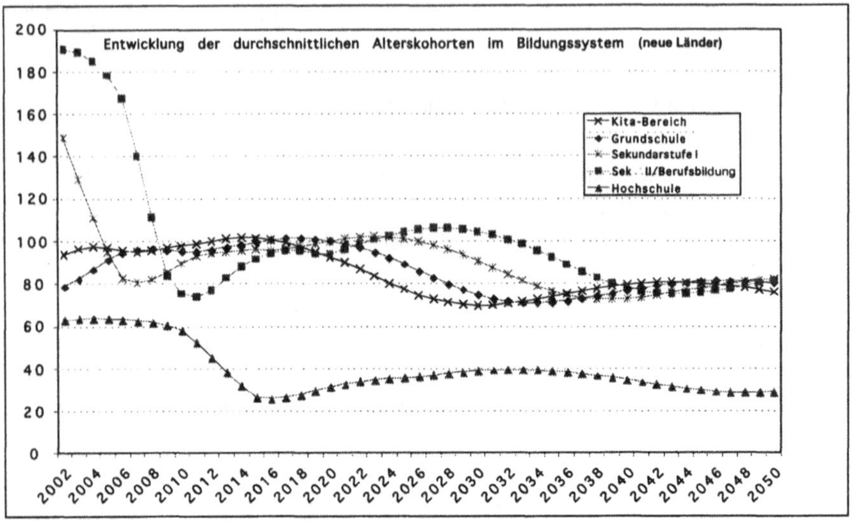

Abb. 3: Entwicklung der durchschnittlichen Kohortenstärken nach Bildungsbereichen in den neuen Ländern

Unter Berücksichtigung zu erwartender Veränderungen beim Ausbildungsverhalten von Unternehmen und des insgesamt steigenden Akademikerbedarfs, erscheint es realistisch anzunehmen, dass dort der Rückgang nicht so stark ausfallen wird wie dies die beiden Abbildungen erscheinen lassen. Es ist allerdings darauf hinzuweisen, dass dies auch beträchtliche politische Veränderungen und Anstrengungen erfordert. Die sich derzeit abzeichnenden Entwicklungen mit Studienplatzreduktionen und zunehmenden Numerus-Clausus-Anforderungen sind vor diesem Hintergrund kontraproduktiv. Man muss es mit aller Deutlichkeit sagen: wird die derzeit verfolgte Bildungspolitik nicht deutlich verändert, dann wird Deutschlands Wirtschaft und sein Innovationssystem mit zunehmenden Problemen konfrontiert sein, da es derzeit noch in erheblichem Maße vom vergleichsweise hohen Bildungsniveau der älteren Erwerbsbevölkerung lebt (Voßkamp/Nehlsen/Dohmen 2007). Ein zentrales Problem hierbei ist die Zersplitterung der Kompetenzen zwischen den föderalen Ebenen (siehe Kapitel 3).

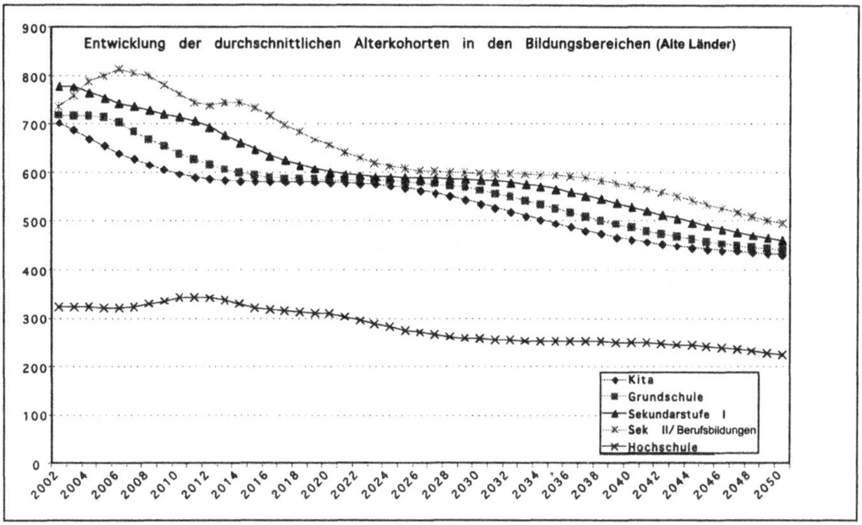

Abb. 4: Entwicklung der Kohortenstärken nach Bildungsbereichen (Zuwanderung 200.000)

Will man eine gute Grundlage für die Höherqualifizierung nachwachsender Generationen legen, dann sind die frühen Bildungsbereiche – Kita und Schule – gefordert (Dohmen 2005, 2006). Dies sind auch die beiden wesentlichen Bildungsbereiche, die durch die Kommunen beeinflusst bzw. gesteuert werden können – im Kita-Bereich allerdings deutlich stärker als im Schulbereich. Hierbei kommt es jedoch zu einem bedeutenden Widerspruch, wie die folgenden Ausführungen zeigen.

3. Kommunale Bildungsplanung im Lichte von Kosten und Erträgen

Bei politischen Entscheidungen sind immer mehrere Ebenen zu berücksichtigen. So sind grundsätzlich, und dies gilt auch bei bildungspolitischen Entscheidungen, die formellen Zuständigkeiten zu beachten. Kommunen haben diese Verantwortung vor allem im Kita-Bereich, und mit Einschränkungen im Schulbereich – bei den anderen Bereichen ist der kommunale Einfluss allenfalls marginal. Nachdem man die formellen Zuständigkeiten geklärt hat, stellt sich die Frage, welche Aspekte beeinflussen die Entscheidungen. Im politischen Kontext zählen natürlich immer die Reaktion der Wählerschaft und die erhoffte Wiederwahl, darüber hinaus gibt es aber immer auch eine ökonomische Dimension. Schließlich müssen die Folgen für den Kommunalhaushalt berücksichtigt werden. Nachdem sich viele Kommunen aus unterschiedlichen Gründen erheblich übernommen und Schulden aufgebaut haben, wird diese Dimension immer wichtiger und verhindert (vordergründig) mitunter ausgesprochen sinnvolle Vorhaben. Dies gilt bedauerlicherweise immer wieder auch und gerade für den Bildungsbereich, dessen positive oder negative Folgewirkungen sich erst vergleichsweise spät zeigen – wenn die jetzt Verantwortlichen oft schon lange nicht mehr in Amt und Würden sind. Sie werden dann natürlich nicht mehr für die Fehler der Vergangenheit zur Verantwortung gezogen.

Mit Blick auf die kommunale Bildungsplanung kommt ein – zugegebenermaßen – beträchtliches Problem hinzu; nämlich dass die Kommune bisweilen vor allem die Kosten zu tragen hat, insbesondere im Kita-Bereich, und an den Erträgen nur begrenzt profitiert. Die nachfolgenden Betrachtungen gehen diesem Phänomen etwas detaillierter am Beispiel der Kindertagesbetreuung nach, da hier die Kommunen eine ganz entscheidende Rolle haben. Der Kita-Bereich mit seinen Aufgaben der Bildung, Betreuung und Erziehung, einschließlich der frühen, bedarfsorientierten Förderung von Kindern ist auch deshalb so wichtig, weil hier zentrale Grundlagen für die individuelle Entwicklung von Kindern gelegt werden, die sie prägen und anschließend das ganze Leben hindurch begleiten. Die positiven Folgen guter frühkindlicher Angebote und konkreter Maßnahmen lassen sich wie folgt zusammenfasssen:

- unmittelbarer Partizipationsnutzen der Kinder (höhere Zufriedenheit, besseres Sozialverhalten, höheres Selbstwertgefühl etc.)
- höhere IQ-Werte
- evtl. frühere Einschulung
- weniger Klassenwiederholungen
- geringerer Verweis auf Förderschulen
- geringere Abbruchraten bzw. höhere Absolventenquoten
- früherer Bildungsabschluss
- höhere Übergangsquoten auf weiterführende Bildungseinrichtungen (Optionsertrag)
- besseres soziales Verhalten
- bessere Gesundheit und Ernährung
- geringere Kriminalitätsraten
- höheres Erwerbseinkommen und höhere Steuer- und Sozialversicherungsein nahmen
- geringere Arbeitslosigkeit

– geringere Inanspruchnahme von Sozialleistungen.[1]

Wichtig erscheint auch der Hinweis, dass diese Effekte prinzipiell umso größer sind, je besser die strukturelle und pädagogische Qualität der entsprechenden Einrichtung ist. Dies verweist aus mehreren Gründen auf einen notwendigen quantitativen und qualitativen Ausbau des frühkindlichen Bildungsbereichs.

Betrachtet man dann aber die Personengruppen und föderalen Ebenen, auf denen diese Erträge anfallen in einer systematischen Kosten- und Nutzen-Betrachtung (siehe Abb. 5) dann bleiben die Erträge zwar bestehen, verteilen sich aber sehr unterschiedlich; dies gilt umso mehr, wenn man zusätzlich zwischen den föderalen Ebenen differenziert (siehe Abb. 6).

So wirken qualitativ hochwertige Kitas über eine bessere persönliche Entwicklung des Kindes auf das Schulsystem. Einerseits können Kinder u.U. früher eingeschult werden oder haben bessere Voraussetzungen für die Schule. Dies heißt, dass sie größere Lernfortschritte erzielen bzw. die Lehrerinnen und Lehrer weniger stark kompensatorisch gefordert sind. In der Folge heißt dies, dass die Kinder weniger sitzenbleiben und/oder mit besseren Leistungen das Schulsystem (früher) verlassen.

Die kürzere Verweildauer bedeutet geringere Kosten für das Schulsystem, wovon vor allem die Bundesländer profitieren, die den größten Ausgabenanteil finanzieren. Verbunden ist damit auch eine geringere Quote von Jugendlichen, die in Förderschulen verwiesen werden müssen, die deutlich teurer sind als andere Schulen. Bessere schulische Leistungen helfen zudem dabei, dass Jugendliche früher in eine Berufsausbildung eintreten und die häufig monierten Leistungsdefizite weitestgehend eliminiert werden könnten. Dies hat einerseits positive Effekte für die öffentlichen Haushalte, da sie dann früher Steuer- und Sozialversicherungszahlungen erhalten und früher nur noch die geringeren Kosten für die Berufsschulen finanzieren müssen. Andererseits dürften die Anteile der Jugendlichen, die eine Schule ohne Abschluss abbrechen, deutlich geringer werden etc. D.h. vor allem die Länder dürften über geringere Kosten im Schulsystem von besseren Kita profitieren. Vorteile haben aber natürlich auch die Unternehmen und die Gesellschaft.

Ferner dürften mehr Jugendliche in die allgemein bildende Sekundarstufe II eintreten, die Hochschulreife erwerben und anschließend studieren. Dies wäre zwar vorübergehend mit höheren öffentlichen und privaten Ausgaben verbunden, würde sich aber ebenfalls mittelfristig rentieren – und zwar für die öffentlichen

---

[1] Darüber lassen sich auch unmittelbar positive Effekte auf die Eltern bzw. insbesondere die Mutter identifizieren, auf die hier allerdings nicht eingegangen werden soll (siehe hierzu Dohmen 2005).

und privaten Haushalte, also konkret für Individuen, Unternehmen, Staat und Gesellschaft.

Ein grundlegendes Problem, insbesondere aus kommunaler Sicht, ist aber, dass die Kosten ganz überwiegend bei der Kommune anfallen, die Erträge aber nur sehr begrenzt dort ankommen. Ökonomisch spricht man dann davon, dass Kosten und Erträge bei der öffentlichen Hand auseinander fallen, wie die nachfolgende Abbildung 6 verdeutlicht. Nach der derzeitigen Lastverteilung wären also die Kommunen diejenigen, die den quantitativen und qualitativen Ausbau ganz überwiegend finanzieren müssten, wovon aber vor allen Dingen Bund und Länder kurz-, mittel- und langfristig profitieren würden. Dies bedeutet, dass die ungünstigen Anreizstrukturen dem notwendigen und individuell wie wirtschaftlich notwendigen Ausbau entgegenstehen.

So richtig die Forderung nach einem qualitativen und quantitativen Ausbau des frühkindlichen Bereichs aus gesamtgesellschaftlicher Sicht ist, so schwierig gestaltet sich die Umsetzung auf kommunaler Ebene – muss doch die Kommune die meisten Kosten dafür tragen, ohne gleichzeitig auch die meisten fiskalischen Erträge „einfahren" zu können. Aus diesem Grund ist es durchaus nachvollziehbar, wenn sich die allermeisten Kommunen zurück halten, wenn es um den Kita-Ausbau geht.

Ein Ausbau ist erst dann zu erwarten, wenn weitere Politikbereiche davon abhängen, wie dies in Zukunft im Zuge des demographischen Wandels sein wird, wenn hochqualifizierte Arbeitskräfte sich die Arbeitsplätze aussuchen können und – wesentlich stärker als dies bisher der Fall ist – zwischen verschiedenen Arbeitgebern und Standorten wählen können. D.h. der demographische Wandel wird viele Kommunen zum qualitativen und quantitativen Ausbau des Bildungs- und Betreuungsbereichs zwingen. Die Frage ist „nur", woher sie das Geld dafür nehmen sollen. Es ist insofern eine Zweiteilung zwischen wohlhabenden und weniger wohlhabenden Kommunen zu erwarten.

Ähnlich verhält es sich bei der Schulpolitik, bei der allerdings das Land die meisten Kosten trägt und die wesentliche Entscheidungsbefugnis hat, während die Kommune z.B. für Gebäudeunterhaltung oder das Gehalt der Sekretärin zuständig ist. Aber auch hier gibt es eine weitergehende kommunale Schnittstelle zum

„Betreuungssystem", wenn es um Horte oder Ganztagsschulen geht, wo die Kommunen dann wieder einen größeren Entscheidungsspielraum und Einfluss haben. Auf den Schulbereich wird im nächsten Abschnitt verstärkt eingegangen, der den Rahmen noch einmal etwas größer auffächert.

	Kommune	**Land**	**Bund**
Kosten	Kosten des Aufbaus (überwiegend)	Höhere Schulausgaben bei mehr Übergängen in weiterführende allgemeinbildende Schulen und Hochschulen Kosten für die Qualifizierung zusätzlicher ErzieherInnen	
Monetäre Nutzen/ Kostenreduktionen	Geringere Sozialhilfeausgaben Höhere Einkommensteuereinnahmen (15%), ggf. auch früher Höhere Gewerbesteuereinnahmen Niedrigere Ausgaben bei anderen Jugendhilfeausgaben etc.	Geringere „Reparatur"-kosten (z.B. Sonder-/Förderschulen Höhere Einkommensteuereinnahmen (42,5%), (ggf. auch frühere) Niedrigere Sozialausgaben Geringere Kriminalitätskosten (Strafverfolgung, Strafvollzug)	geringere Bildungs- u. Reparaturkosten (z.B. berufsvorbereitende Maßnahmen) höhere Einkommensteuereinnahmen (42,5%), (ggf. auch frühere) frühere u. höhere Sozialversicherungs-einnahmen (100 %) Bessere Wettbewerbsfähigkeit Höheres Wirtschaftswachstum Bessere Gesundheit
Nicht-monetäre Nutzen/externe Effekte	Standortfaktor Qualifikation, Familie, Bildung Sonstige externe Effekte (Demokratie, soziales Kapital)	Standortfaktor Qualifikation, Familie, Bildung Sonstige externe Effekte (Demokratie, soziales Kapital)	Standortfaktor Qualifikation, Familie, Bildung Sonstige externe Effekte (Demokratie, soziales Kapital)

Abb. 1: Exemplarische Übersicht über die öffentlichen Kostenträger und Nutzenempfänger

	Kind	Eltern	Unternehmen	Staat	Gesellschaft
Kosten		Höhere Steuerzahlung (marginal c.p.)	Höhere Steuerzahlung (marginal c.p.) Ausbaukosten in Betriebskindergärten	Politische Transaktions-/Umsetzungskosten (B/L) Ausbaukosten (K)	Summe privater Kosten
Monetäre Nutzen	Bessere Bildung/Erziehung Bessere Bildungsleistungen Kürzere Bildungszeiten Höhere Einkommen Geringere Arbeitslosigkeit	Geringere Such- und Informationskosten Geringere „Reparatur"-kosten Geringere Lebenshalt. (kürz. Bildungsdauer) Höheres eigenes Einkommen (Produktivität, Arbeitszeit)	Produktivere u. weniger Teilzeit arbeitende Eltern Bessere Wettbewerbsfähigkeit Höhere Gewinne Geringere Steuerzahlung Geringere Lohnnebenkosten Geringere Qualifizierungskosten	Niedrigere Sozialausgaben (kurz-/langfristig) Höhere Steuer-und SV-Einnahmen (kurzfr.) Geringere Bildungs- und Reparaturkosten Höhere Steuer-und SV-Einnahmen (langfr.) Standortfaktor Qualifikation, Familie, Bildung	Summe privater Erträge Höheres Wirtschafts-wachstum Bessere Wettbewerbs-fähigkeit Standortfaktor Qualifikation, Familie, Bildung
Nicht monetäre Nutzen / externe Effekte	Bessere Gesundheit Konsumverhalten Geringere Kriminalitätswahrscheinlichkeit		Bessere Wettbewerbsfähigkeit Standortfaktor Qualifikation, Familie, Bildung	Geringere Kriminalitätswahrscheinlichkeit Höhere Wettbewerbsfähigkeit	Geringere Kriminalität Bessere Gesundheit Sonstige externe Effekte (Demokratie, soziales Kapital)

Abb. 2: Exemplarische Übersicht über die privaten und öffentlichen Kostenträger und Nutzenempfänger

4. Folgen für die kommunale Bildungspolitik im demographischen Wandel

Bei den folgenden Überlegungen ist zu berücksichtigen, dass die vorstehend beschriebene demographische Entwicklung in den einzelnen Kommunen sehr unterschiedlich abläuft und von den verschiedensten Faktoren abhängen wird. Hierbei ist weiterhin zu berücksichtigen, dass der kommunale Entscheidungsspielraum bezogen auf bildungspolitische Fragestellungen – und hierin beziehe ich die Kindertagesbetreuung ausdrücklich mit ein – eher begrenzt ist und sich vor allem auf Letztere bezieht.

Die zentrale kommunale Frage – jenseits der Erfüllung des Rechtsanspruchs auf einen Kita-Platz – lautet: Welchen Vorteil haben wir von einem gut ausgebauten und qualitativ ausgebauten Bildungs- und Betreuungssystem? Die vorstehende Darstellung der Kosten und fiskalischen Erträge legt im Rahmen einer „engen" Betrachtung den Vorschlag nahe, dem Bildungs- und Betreuungssystem eher begrenzte Aufmerksamkeit zukommen zu lassen.

Gleichwohl ist dies aber nur die halbe Wahrheit. Wenn sich hochqualifizierte Eltern nämlich auch von der Qualität des Bildungs- und Betreuungssystems leiten lassen, dann ergeben sich u.U. beträchtliche Folgewirkungen eines unbedachten Rückbaus. Müssen die Kinder nämlich weite Wege zur Schule oder zur Kita zurücklegen, dann wird hierdurch die Erwerbstätigkeit der Eltern beeinflusst und im ungünstigsten Fall eingeschränkt, da sich die Fahrtzeiten beträchtlich erhöhen usw. Darüber hinaus steigt der Aufwand für die Eltern, damit die Kinder Freunde in entfernteren Orten besuchen können. Um nicht missverstanden zu werden: Viele Eltern sind sehr wohl bereit, die Kinder durch die Gegend zu kutschieren und sorgen sich um deren Wohl. Dennoch sind die Wechselwirkungen zu beachten. Wenn im ungünstigsten Fall die Kita fünf Stunden geöffnet ist, der Weg zwischen Arbeitsplatz und Kita aber jeweils eine halbe Stunde oder gar länger dauert, dann reduziert dies die Möglichkeit zur Erwerbstätigkeit und begünstigt die Einverdiener-Ehe. Hier besteht möglicherweise eine gewisse negative Wechselwirkung zwischen ländlicher Region und Attraktivität, die ggf. noch verstärkt wird, wenn auch die wirtschaftliche Lage schwierig ist.

Wer also als Kommune wirtschaftlich erfolgreich sein will, wodurch ja auch die Gewerbesteuereinnahmen beeinflusst werden, braucht demnach ein gutes Bildungs- und Betreuungssystem. Hier stehen aber u.U. wiederum Interessen im Widerstreit.

Wenn also beispielsweise aus demographischen Gründen beträchtliche „Einschnitte" im Kita- oder Schulsystem vorgenommen werden, dann mag dies aus einer rein bildungspolitischen Betrachtung nachvollziehbar sein. Wenn es weniger schulpflichtige Kinder gibt, dann braucht man auch weniger Schulen, weniger Lehrkräfte etc. Aus Sicht der Kostenträger – hier des Landes – besteht insoweit ein erhebliches Interesse an Kostenreduktion, woraus ein unmittelbarer Anreiz zur Veränderung der Schulstruktur resultiert. Auch ist es aus Landessicht vergleichsweise unbedeutend, ob die Einkommensteuer aus der Kommune A oder B kommt – an der Gewerbesteuer partizipiert das Land nicht.

Wenn also die Kinderzahlen sinken, dann werden vielfach Schulen geschlossen und mit anderen zusammengelegt; neue Schulstrukturen entstehen und das mehrgliedrige Schulsystem wird teilweise abgeschafft und in ein zweigliedriges überführt. Dies hat vielfach dazu geführt, dass sich das Angebot an Bildungseinrichtungen beträchtlich verringert hat und die Schulwege für Eltern und Kinder länger wurden. Die entsprechenden Veränderungen werden gerne mit steigenden Skalenerträgen begründet, was übersetzt soviel heißt wie: größere Einrichtungen sind kostengünstiger als kleine. Auch wenn dies „betriebswirtschaftlich" durchaus zutreffend ist, stellt sich die Frage, was daraus für die Wettbewerbsfähigkeit und Attraktivität der jeweiligen Standorte folgt. Viele und insbesondere verantwortungsbewusste Eltern – und dies sind tatsächlich viele Eltern, trotz bisweilen festzustellender Schwachstellen – werden sich nur ungern in Orten ohne Schulen oder Kindertageseinrichtungen niederlassen bzw. sich vielleicht aufgrund fehlender Bildungsinfrastruktur entscheiden wegzuziehen. Dies gilt umso mehr, je schwieriger die wirtschaftliche Situation ist. An diversen Standorten dürfte die Folge eine Abwärtsspirale sein.

Auch wenn die meisten neuen Länder die Zahl der Schularten bereits reduziert haben, stellt sich die Frage, ob eine vollständige Abschaffung des mehrgliedrigen Schulsystems die Schulwege nicht hätte verkürzen können. Mir ist bei diesen Ausführungen durchaus bewusst, dass die Abschaffung des gegliederten Schulsystems „eine heiße Kartoffel" und politisch höchst umstritten ist Allerdings zeigen die Erfahrungen in anderen Ländern, dass daraus mitnichten ein schlechteres Schulsystem resultieren muss. Fast alle Länder, die bei den PISA-Studien gut abgeschnitten haben, haben ein Schulsystem, das – wenn überhaupt – erst zu einem deutlich späteren Zeitpunkt differenziert.[2] Unter kommunalpolitischen Überlegungen ist dabei aber vor allem zu berücksichtigen, dass solchen Reformen eine ausgesprochen starke Allianz von Gymnasialeltern und -lehrern im Verein mit den politischen Entscheidungsträgern vor Ort gegenübersteht, die den politischen Druck gegen die Einführung einer längeren gemeinsamen Schulzeit entfalten.

Dass eine Veränderung der Schulstrukturen trotz vieler Widerstände möglich ist, zeigt die Entwicklung in Schleswig-Holstein, wo sich die große Koalition darauf verständigt hat. Auch in anderen westdeutschen Flächenländern ist in den zukünftigen Jahren von erheblich veränderten Schulstrukturen und Rahmenbedin-

---

[2] Mir ist dabei durchaus bewusst, dass dieser Zusammenhang in Deutschland so nur bedingt festzustellen ist, allerdings haben sich die Leistungen der ostdeutschen Schüler in der PISA-Studie 2003 gegenüber der PISA-Studie 2000 deutlich verbessert (OECD 2001, 2004).

gungen auszugehen, da sich insbesondere in den ländlichen Regionen ein drei- oder gar viergliedriges Schulsystem aus fiskalischen Gründen nicht mehr halten lassen wird. Es ist daher davon auszugehen, dass sich auch in den westdeutschen Flächenländern das gegliederte Schulsystem auf Dauer nicht halten können wird. Dies setzt allerdings auch eine informierte und sachliche Debatte über die Vor- und Nachteile gemeinsamer und gegliederter Schulsysteme und starke politische Entscheidungsträger voraus. Dabei soll nicht übersehen werden, dass jedwede Veränderung durch moderne Aus- und Fortbildungssysteme für Lehrkräfte begleitet werden muss. Die bestehenden Strukturen sind antiquiert und nicht mehr zukunftsfähig. Dies muss insofern entsprechend durch verbesserte Fortbildungsbudgets unterstützt werden.

Da die neuen Länder bereits wesentlich länger mit dem demographischen Wandel konfrontiert sind, sollten die alten Länder deren Erfahrungen nutzen und ggf. nicht die gleichen Fehler wiederholen. Auch wenn man in vielen Fällen nicht umhinkommen wird, die Bildungsinfrastruktur zu reduzieren, so sollte darauf geachtet werden, dass die Schulwege in erträglichem Umfang gehalten werden. Dies gilt umso mehr, je kleiner die Kinder sind. Es ist m.E. einfacher und vertretbarer, Mobilität von den Lehrkräften zu verlangen als von den Kindern – selbst wenn dies ggf. einen höheren Koordinations- und Verwaltungsaufwand für Schulleitungen und Schulverwaltung bedeutet. Dies soll kurz an einem Beispiel verdeutlicht werden.

In sehr ländlichen Regionen mit geringen Schülerzahlen bestehen faktisch zwei Alternativen: Einmal könnten die verschiedenen Schulen an einem zentraleren Ort zusammengelegt werden. Hierfür würden die Kostenvorteile größerer Einheiten, eine Schulleitung, ein Lehrkörper etc. sprechen; dagegen stehen längere Fahrtwege für die Kinder und auch das Problem, wie Freundschaften von Kindern außerhalb der Schulzeit gepflegt werden können.

Alternativ könnte man auch darüber nachdenken, mehrere kleinere Schulen mit einem gemeinsamen Lehrkörper oder aber breiter ausgebildeten bzw. einsetzbaren Lehrkräften auszustatten, wobei letzteres sicherlich nur eine auf die Grundschulen begrenzte Alternative sein dürfte. Ob man dies dann Zwergschule nennt oder nicht, kann dahingestellt bleiben.

Geht man von kleineren dezentralen Einheiten aus, dann folgt hieraus, dass die Lehrkräfte gegebenenfalls an mehreren Schulen zum Einsatz kommen und insofern zwischen diesen mobil sein müssen, ohne dass dies zwangsläufig bedeutet, dass sie jeden Tag an mehreren Schulen verbringen und somit im Laufe eines Schultags hin und herfahren müssen. Diese Mobilitätskosten sind dann mit den Mobilitätskosten der Schüler zu vergleichen, wobei letztere häufig ohnehin bereits auf die Eltern abgewälzt werden.

Ich würde mich nicht wundern, wenn jetzt wieder der Einwand käme, „das geht nicht“. Hierzu kann ich nur sagen, „geht nicht, gibt's nicht“, wie die aktuellen Diskussionen z.B. hinsichtlich einer verstärkten Beteiligung des Bundes an der Kita-Finanzierung zeigen, die das FiBS als eine der ersten Institutionen gefordert hat – auch damals hieß es zunächst „geht nicht“.

Literatur

Dohmen, Dieter, Zum volkswirtschaftlichen Schaden der aktuellen vorschulischen Förderung in Deutschland oder warum die Frühförderung im demographischen Wandel an Bedeutung gewinnt, in: Christof Prechtl, Daniel Dettling (Hrsg.), Für eine neue Bildungsfinanzierung. Perspektiven für Vorsschule, Schule und Hochschule, Wiesbaden 2005.

Dohmen, Dieter, Warum die frühkindliche Förderung immer wichtiger wird, in: FrauenRat NRW (Hrsg.), Zwischen Pisa und Elite. Bildungssystem im Umbruch, Leverkusen 2006.

Dohmen, Dieter, Birgitt A. Cleuvers (Hrsg.), Nachfrageorientierte Bildungsfinanzierung. Neue Trends für Kindertageseinrichtung, Schule und Hochschule, Schriften zur Bildungs- und Sozialökonomie, Band 1, Bielefeld 2002.

Voßkamp, Rainer, Heiko Nehlsen, Dieter Dohmen, Bildungs- und Höherqualifizierungsstrategien anderer Länder, Studien zum Deutschen Innovationssystem 5-2006, Berlin 2007, (www.technologische-leistungsfaehigkeit.de). (zugleich FiBS-Forum; www.fibs.eu) (i.E.).

6. Welche Folgen der demographische Wandel für das Gesundheitssystem haben wird, zeigt Ulf Fink in seinem Beitrag auf. Darin wird deutlich, dass die anstehenden demographischen Veränderungen das auch heute schon finanziell hoch belastete Gesundheitssystem sehr bald an die Grenzen seiner Leistungsfähigkeit führen werden. Ob es möglich sein wird, wie hier vorgeschlagen, von den Rentnern zu verlangen, einen großen Teil der Finanzierungslasten, die jetzt von den Beschäftigten getragen werden, zu übernehmen, erscheint durchaus fraglich.

Angesichts der zunehmenden politischen Bedeutung der alten Menschen (vgl. dazu den Beitrag von Zilleßen), wird dieser Weg politisch kaum möglich sein.

Auch der andere von Fink vorgeschlagene und einleuchtend begründete Weg der Prävention und der Gesundheitsförderung wird nicht leicht zu beschreiten sein. Veränderungen von Verhaltens- und Lebensweisen z.B. zur Minderung von Gesundheitsrisiken wie Rauchen, Übergewicht und Bewegungsmangel sind nicht allein über Appelle und Informationen zu erreichen. Hierzu bedarf es politischer Maßnahmen ebenso wie finanzieller Investitionen und nicht zuletzt eines gesellschaftlichen Konsenses über das, was in dieser Hinsicht als notwendig und sinnvoll anzusehen ist.

Was die Diskussion über die Reform des Gesundheitswesens im Jahr 2006 an politischer und gesellschaftlicher Dissonanz gezeigt hat, erscheint angesichts dessen, was Ulf Fink hier aufgezeigt, nur als ein kleines Vorspiel der Konflikte, die noch vor uns liegen.

VI Folgen des demographischen Wandels für das deutsche Gesundheitssystem

Ulf Fink

1. Das System der gesetzlichen Krankenversicherung

Was den langfristigen Trend angeht, sind sich die Experten weitgehend einig: Demographischer Wandel bedeutet, dass immer mehr Menschen immer älter werden; gleichzeitig werden immer weniger Kinder geboren.
Nach Angaben des Statistischen Bundesamtes in Wiesbaden ist die Geburtenziffer 2005 auf ein Rekordtief gefallen. Erstmals seit dem Zweiten Weltkrieg hat sie die Marke von 700.000 unterschritten. Gleichzeitig leben die Menschen immer länger, so dass sich der Anteil der Älteren gegenüber den Jüngeren vergrößert. Noch kommen auf einen über 65-jährigen Rentner rund vier Erwerbsfähige zwischen 20 und 65. In 40 Jahren werden es voraussichtlich nur noch zwei sein. Die Zahl der unter 20-Jährigen wird von derzeit knapp 17 Millionen auf 12 Millionen sinken, die Altersgruppe der mindestens 60-Jährigen wird in 40 Jahren mit 28 Millionen dagegen mehr als doppelt so hoch sein wie heute. Deutschland

sieht alt aus, in mancherlei Hinsicht: Ein Beschäftigter muss bei anhaltend niedriger Geburtenrate dann 77 Prozent mehr Ältere versorgen.
Was kann eine verantwortliche Politik hier tun? Gewiss ist der Trend des Geburtenrückgangs, der sich schon mehrere Jahrzehnte lang hinzieht, nicht innerhalb kürzester Zeit umzukehren. Gefordert werden diesbezüglich eine verbesserte Vereinbarkeit von Beruf und Familie, mehr Betreuungsangebote für Kinder sowie höhere Finanzhilfen für Familien. All diese Instrumente sind zwar richtig, doch werden sie – wenn überhaupt - erst auf lange Sicht Erfolge erzielen können. Erforderlich sind jedoch Reformen, die möglichst bald Erfolg versprechen, vor allem für den Bereich der Sozialen Sicherungssysteme. Die von der großen Koalition beschlossene Erhöhung des Renteneintrittsalters von 65 auf bald 67 Jahre ist ein solcher Schritt.
Was aber ist im Bereich des Gesundheitswesens, vor allem in der Gesetzlichen Krankenversicherung (GKV), wo sich der demographische Wandel ganz besonders auswirkt, zu erwarten? Die GKV finanziert in erster Linie Sachleistungen, also medizinische und pflegerische Dienste und Güter. Diese müssen „ausreichend, zweckmäßig und wirtschaftlich sein" und „dürfen das Maß des Notwendigen nicht überschreiten (§ 12 Abs. 1 SGB V). Sie sollen „dem allgemein anerkannten Stand der medizinischen Erkenntnisse" entsprechen „und den medizinischen Fortschritt berücksichtigen (§ 2 Abs. 1 SGB V). Der künftige medizinische Bedarf spielt also die entscheidende Rolle. Es ist nicht nur davon auszugehen, dass eine älter werdende Gesellschaft einen weitaus höheren Bedarf an medizinischen Leistungen hat, sondern dass dies in Kombination mit dem (kostenintensiven) medizinisch-technischen Fortschritt kausal sein wird für progressiv wachsende Gesundheitsausgaben.
Experten rechnen bis 2040 und 2050, sofern nichts Entscheidendes geschieht, mit Beitragssätzen in der GKV zwischen 20, 25 und mehr als 30 Prozent – ein Schreckensszenario für Politik und Gesundheitsökonomie, vor allem im Hinblick auf die Lohnnebenkosten und den Arbeitsmarkt.
Lassen sich diese eher düsteren Prognosen für unser Gesundheitssystem anhand der aktuellen Datenlage nachvollziehen und, wenn ja, wie könnten Lösungsansätze aussehen, die in der Lage sind, diese Entwicklung zu verhindern?

1.1 Allgemeiner Überblick

Das über 100 jährige Krankenversicherungssystem in Deutschland wird geprägt durch das Nebeneeinander von gesetzlicher Krankenversicherung (GKV) mit über 70 Mio. Versicherten und privater Krankenversicherung (PKV) mit über 8 Mio. versicherten. Im Fokus der vorliegenden Betrachtung steht das System der GKV. Dem gegleiderten System der GKV gehören etwas über 250 einzelen Krankenkassen an, und zwar die allgemeinen Ortskrankenkassen, die Betriebskrankekassen, die Innungskranken-kassen, die Angestellten- und

Ersatzkassen, die Bundesknapsschaft sowie die Seekrankenkasse. Das Gesamtsystem der GKV lässt sich – unabhängig von der „Kassenart“ – noch einmal in die Zweige „Allgemeine Krankenversicherung (AKV)“ und „Krankenversicherung der Rentner (KVdR)“ unterteilen, um auf diese Weise unterschiedliche Entwicklungen differenziert darstellen zu können.
Der Verfasser hat hierzu mit dem ehemaligen Chefökonom im Bundesarbeitsministerium, Herrn Dr. Hermann Berié, eine Studie erarbeitet, deren wichtigste Ergebnisse hier wiedergegeben werden.
Die Leistungsausgaben für Rentner sind in der Vergangenheit erheblich stärker gestiegen als in der GKV insgesamt und besonders in der Allgemeinen Krankenversicherung (AKV): Von 1950 bis 1980 übertrafen die Zuwachsraten in der KVdR diejenigen in der AKV um nahezu das Vierfache. Auch in den darauf folgenden 20 Jahren stiegen die Leistungsausgaben für Rentner immerhin noch fast doppelt so stark wie die Ausgaben der AKV. Wohl in keinem Bereich des gesamten Sozialbudgets dürfte es einen Leistungsbereich geben, der eine explosivere Leistungssteigerung in den letzten 50 Jahren aufzuweisen hat als die KVdR.
In Anbetracht der erheblich stärkeren Zunahme der Mitgliederzahlen in der KVdR gegenüber der AKV relativiert sich zwar der Leistungsanstieg je Rentner. Die Leistungszunahme je KVdR-Mitglied übertraf aber immer noch in den Jahren 1950 bis 1980 diejenige in der AKV um nahezu das Dreifache und in den letzten 20 Jahren um gut das Doppelte. Diese Entwicklung führte dazu, dass im Jahr 2000 die Leistungen je Rentner in Deutschland mit 7.200 DM fast doppelt so hoch waren wie diejenigen je AKV-Mitglied mit 3.800 DM[1].
Schließlich zeigt sich die extreme Entwicklung auf dem Rentnersektor auch bei Betrachtung der Quoten der Leistungsausgaben am Bruttoinlandprodukt (BIP). Während sich die Quote in der AKV von 1950 bis 1980 gerade verdoppelt hat (von 1,89 auf 3,84 %), stieg sie in der KVdR im gleichen Zeitraum fast viermal so stark (von 0,27 % auf 2,0 %) (wieso viermal? 7,4 mal!). Auch nach 1980 ist, im Gegensatz zur Entwicklung der Leistungen in der AKV, die vor allem im Westen eine fallende Tendenz zeigen, der Anteil der Leistungen für Rentner am BIP weiter gestiegen (im Westen auf rd. 2,5 %, in Deutschland insgesamt auf fast 2,8 %).
In der AOK stellt sich die Situation der Rentnerkasse noch zugespitzter dar als in der GKV. In Deutschland insgesamt erreichen ihre Leistungsausgaben bereits gut 80 % derjenigen in der AKV und in den neuen Ländern übersteigen sie sie heute bereits deutlich.

[1] Bei diesen Berechnungen sind die mitversicherten Familienangehörigen nicht berücksichtigt. Angesichts der Tatsache, dass dieser Personenkreis überwiegend (z. Zt. zu 93 %) der AKV zuzurechnen ist, würden sich bei voller Einbeziehung dieses Personenkreises in die Pro-Kopf-Berechung der Abstand zwischen Rentnern und AKV-Versicherten noch merklich, und zwar auf rund das 2,7fache erhöhen (6.650 zu 2.500 DM).

1.2 Quoten

Das Ausmaß der Schieflage der Finanzentwicklung der KVdR im Vergleich mit der AKV wird anhand einiger Relationen besonders deutlich. Die wichtigste dürfte die Deckungsquote sein, nämlich das Verhältnis der Beitragseinnahmen zu den Leistungsausgaben. Sie zeigt auf, in welchem Maße die Leistungen in den beiden Zweigen (welche Zweige? Ohne Erläuterung des Gesamtsystems nicht verständlich) durch entsprechende Beiträge finanziert sind. Daneben vermitteln auch der Anteil der Leistungsausgaben der KVdR an den gesamten Leistungsausgaben der GKV (Ausgabenquote) und der Anteil der Beitragseinnahmen der KVdR an den gesamten Beitragseinnahmen (Einnahmenquote) aufschlussreiche Erkenntnisse über die besondere Situation der KVdR.

1.2.1 Deckungsquote

Betrachtet man das Verhältnis der Beitragseinnahmen zu den Leistungsausgaben (Deckungsquote) in den beiden Zweigen, zeigt sich – vor allem bei dem über fünf Jahrzehnte möglichen Entwicklungsvergleich im Gebiet der GKV-West – ein diametral entgegengesetztes Bild. Deckten noch in den 50er Jahren in beiden Zweigen die Einnahmen die Ausgaben, übertrafen die Einnahmen in der AKV in der Folgezeit in immer stärkerem Umfang die Ausgaben. Sie liegen inzwischen um gut die Hälfte darüber.

Das umgekehrte Bild zeichnet sich bei der KVdR ab. Hier sind die Einnahmen im Zeitverlauf immer weiter hinter den Ausgaben zurückgeblieben. Sie decken heute nur noch zu gut 40 % die Ausgaben. In absoluten Zahlen ausgedrückt: Die KVdR benötigte zum Ausgleich ihrer Ausgaben in Jahr 2000 einen „Zuschuss“ von gut 62 Mrd. DM. Gegenüber 1980 hat sich dieser Betrag mehr als vervierfacht. Dabei ist heute die Situation in der AKV in den Alten wie in den Neuen Ländern die gleiche, während sie in der KVdR im Osten etwas günstiger ist als im Westen.

In der AOK fällt dagegen die Überdeckung der Ausgaben in der AKV nicht so stark ins Gewicht. Dagegen hat sich die Unterdeckung in der KVdR – zumindest im Westen – derjenigen in der GKV genähert, ja inzwischen sie sogar unterschritten.

1.2.2 Ausgabenquote

Der Anteil der Leistungsausgaben der KVdR an den gesamten Leistungsausgaben der GKV (1. Spalte der nachstehenden Übersicht), die Ausgabenquote, ist seit Beginn der 60er Jahre ständig gestiegen. Sie hat inzwischen in einzelnen Bereichen die 50%-Grenze bereits überschritten.

Eine ähnliche Entwicklung zeigt sich, wenn man den Anteil der Leistungsausgaben je Mitglied in der KVdR mit dem in der AKV vergleicht (2. Spalte). Während hier Anfang der 50er Jahre die Rentner nur halb (12,3 zu 47 = fast viermal so teuer?) so „teuer" waren wie die Beschäftigten, ist heute das Verhältnis nahezu umgekehrt.

Übersicht 1

Deckungsquote

Kasse	**Gebiet**	**Jahr**	**Beitragseinnahmen in % der Leistungsausgaben**	
			AKV	**KVdR**
GKV				
	West			
		1950	114,8	112,7
		1960	104,1	92,5
		1970	115,5	76,4
		1980	122,4	48,8
		1991	137,5	41,0
		2000	151,7	41,7
	Ost			
		1991	164,5	44,2
		2000	151,7	51,5
Deutschland				
		1991	141,0	41,4
		2000	151,7	43,6
AOK				
	West			
		1980	123,9	61,0
		1991	133,9	47,9
		2000	134,7	38,6
	Ost			
		1991	161,7	64,7
		2000	133,7	49,4
Deutschland				
		1991	138,3	56,6
		2000	134,6	41,4

Übersicht 2

Ausgabenquote

Kasse	Gebiet	Jahr	Leistungsausgaben der KVdR in % der Leistungsausgaben insgesamt	Leistungsausgaben je Mitglied der KVdR in % der Leistungsausgaben je Mitglied AKV
GKV				
	West			
		1950	12,3	47,0
		1960	14,8	68,1
		1970	27,6	107,6
		1980	34,3	126,6
		1991	41,6	176,4
		2000	43,3	189,1
	Ost			
		1991	40,3	189,1
		2000	52,6	205,1
Deutschland				
		1991	41,4	180,1
		2000	44,8	189,7
AOK				
	West			
		1980	39,9	125,0
		1991	45,3	170,8
		2000	50,3	180,4
	Ost			
		1991	51,6	194,1
		2000	68,8	204,4
Deutschland				
		1991	46,4	172,0
		2000	54,1	180,6

1.2.3 Einnahmenquote

Keine eindeutige Entwicklung zeigt sich dagegen bei Betrachtung des Anteils der Beitragseinnahmen der KVdR an den Beitragseinnahmen insgesamt (1. Spalte der nachstehenden Übersicht). Er ist – zumindest im Westen – in den

letzten 30 Jahren nahezu unverändert geblieben, wobei das Niveau in der AOK aufgrund entsprechender Ausgleichsmaßnahmen deutlich höher liegt.
Relativ stabil – zumindest in den letzten 20 Jahren – ist auch das Verhältnis der Beitragseinnahmen je Mitglied der KVdR an den Beitragseinnahmen je Mitglied der AKV (2. Spalte), wobei auch hier infolge entsprechender Ausgleichsmaßnahmen der Anteil im Osten, und wiederum besonders deutlich in der AOK, denjenigen im Westen beträchtlich übersteigt.

2. Vorausberechnung

Im Folgenden wird versucht, die Entwicklung in der GKV in den nächsten zwanzig Jahren zu prognostizieren. Dabei werden sowohl hinsichtlich der demographischen Entwicklung wie auch bezüglich der gesetzlichen und tatsächlichen Gegebenheiten der GKV und KVdR relativ vorsichtige Annahmen zugrunde gelegt. Aber auch danach ist mit einer weiteren Verschlechterung der Lage in der KVdR zu rechnen:

2.1 Gesetzliche Krankenversicherung

Die aufgezeigte Entwicklung in der KVdR wird sich auch künftig fortsetzen. Sie wird sich sogar durch die demographische Entwicklung noch weiter zuspitzen. Dies gilt vor allem für die Zeit nach 2020, die allerdings hier nicht näher untersucht wird[2].
Im Gegensatz zur Rentenversicherung wirken sich in der Krankenversicherung neben den demographischen Veränderungen (Mengenkomponente) die mit zunehmendem Alter wachsende Morbidität und die durch den medizinisch-technischen Fortschritt bedingten kostspieligeren Behandlungen (Preiskomponente) aus.

---

[2] Vgl. hierzu Bernd Hof, Auswirkungen und Konsequenzen der demographischen Entwicklung für die gesetzliche Kranken- und Pflegeversicherung, in: Verband der privaten Krankenversicherung e. V., PKV-Dokumentation 24, Köln 2001, zitiert nach Informationsdienst des Instituts der deutschen Wirtschaft (iwd), Nr. 10/2001, S. 4.
Im Gegensatz zu der dortigen Prognose, die für 2020 Beitragssätze von 16 bis 17 % und für 2050 solche von 21 bis 26 % errechnet hat, sind bei den obigen Berechnungen deutlich vorsichtigere Ansätze verwandt worden. Sie erfordern bis 2020 – zumindest im Westen – keine stärker ins Gewicht fallenden Beitragssatzerhöhungen. Auch nach der Untersuchung von Busch, Pfaff und Rindsfüßer (Die Finazierung der gesetzlichen Krankenversicherung, Hans-Böckler-Stiftung 1996), die auf den Werten des Jahres 1994 aufbaut und in ihrer Schätzung für 2000 keine nennenswerten Abweichungen von der tatsächlichen Entwicklung ausweist, werden für 2010 Beitragssatzsteigerungen um 0,3 und für 2020 um 0,9 Prozentpunkte als erforderlich prognostiziert.

Übersicht 3

Einnahmenquote

Kasse	Gebiet	Jahr	Beitragseinnahmen KVdR in % der Beitragseinnahmen insgesamt	Beitragseinnahmen je Mitglied der KVdR in % der Beitragseinnahmen je Mitglied AKV
GKV	West			
		1950	14,1 *)	46,4 *)
		1960	13,4	60,4
		1970	20,1	71,2
		1980	17,2	50,5
		1991	17,5	52,6
		2000	17,3	52,0
	Ost			
		1991	15,4	49,2
		2000	27,3	69,6
Deutschland				
		1991	17,2	52,9
		2000	18,9	54,6
AOK	West			
		1980	24,6	61,6
		1991	25,3	69,7
		2000	22,5	51,7
	Ost			
		1991	29,9	77,7
		2000	44,8	75,5
Deutschland				
		1991	26,2	70,4
		2000	26,6	55,6

*) 1953

2.1.1 Deckungsquote

So ist – vorsichtig prognostiziert – damit zu rechnen, dass die Deckungsquote, d. h. der Anteil der Beitragseinnahmen der KVdR an den Leistungsausgaben in Deutschland insgesamt, noch weiter sinken und bis zum Jahr 2020 bei nur noch 36 % liegen wird. Dies ergibt sich vor allem durch die in diesem Zusammenhang besonders prekäre Lage in den Neuen Bundesländern. Dagegen dürfte sich

die Relation im Westen nur noch abgeschwächt verschlechtern und die 40 %-Marke auch 2020 kaum unterschreiten.
Andererseits wird die Überdeckung in der AKV vorübergehend noch weiter steigen, sich jedoch bis 2020 im Westen bei 150 % einpendeln. Spiegelbildlich zu der ungünstigeren Entwicklung bei den Rentnern wird dagegen die Überdeckung im Osten stärker abgebaut werden, so dass sie in Deutschland insgesamt bis zum Jahr 2020 auf wenig über 140 % zurückgehen wird.

Übersicht 4

Deckungsquote GKV

Gebiet	**Jahr**	**Beitragseinnahmen in % der Leistungsausgaben AKV**	**KVdR**
West			
	2000	151,7	41,7
	2010	160	41
	2020	150	40
Deutschland			
	2000	151,7	43,6
	2010	155	39
	2020	142	36

2.1.2 Ausgabenquote

Weiter ist damit zu rechnen, dass der Anteil der Leistungsausgaben in der KVdR an den gesamten Leistungsausgaben (Ausgabenquote) sich immer schneller der 50%-Marke nähert. In Deutschland dürfte er sie nach 2010 bereits überschritten haben. Desgleichen werden die Leistungen je Rentner, die heute fast das Doppelte der entsprechenden Leistungen in der AKV ausmachen, noch im laufenden Jahrzehnt die 200 %-Grenze überschreiten.

2.1.3 Einnahmenquote

Demgegenüber wird der Anteil der Beitragszahlungen der Rentner an den Beitragseinnahmen insgesamt, der heute bei rund 17 % (West) bzw. 19 % (Deutschland) liegt, angesichts der Mitgliederverschiebung zulasten der AKV nicht mehr weiter zurückgehen, sondern leicht steigen. Entsprechendes gilt auch für den prozentualen Anteil der Beiträge der Rentner an denen der AKV-Mitglieder.

Übersicht 5

Ausgabenquote GKV

Gebiet	Jahr	Leistungsausgaben KVdR in % der Leistungsausaben insgesamt	Leistungsausgaben je Mitglied der KVdR in % der Leistungsausgaben je Mitglied AKV
West			
	2000	43,3	189,1
	2010	45	200
	2020	47	215
Deutschland			
	2000	44,8	189,7
	2010	50	205
	2020	56	220

Übersicht 6

Einnahmenquote GKV

Gebiet	Jahr	Beitragseinnahmen KVdR in % der Beitragseinnahmen insgesamt	Beitragseinnahmen je Mitglied der KVdR in % der Beitragseinnahmen je Mitglied AKV
West			
	2000	17,3	52,0
	2010	18	52
	2020	19	52
Deutschland			
	2000	18,9	54,6
	2010	20	56
	2020	21	56

3. Zwischenfazit

Die bereits herrschende kritische finanzielle Lage in der KVdR, die sich voraussichtlich noch weiter verschlechtern wird, erfordert dringend einschneidende Reformen.

Es sollen an dieser Stelle keine detaillierten Gesundheitsreformvorschläge diskutiert werden. Deshalb werden nur einige grundsätzliche Bemerkungen zur Reform der KVdR, insbesondere auch hinsichtlich ihrer Finanzierung, gemacht.
Oberster Gesichtspunkt sollte es auf jeden Fall sein, dass es zur Lösung der kritischen finanziellen Lage der KVdR keinerlei Altersdiskriminierung geben darf. Ausländische Beispiele, nach denen von bestimmten Altersgruppen an ärztliche Eingriffe nicht oder nur in eingeschränktem Umfang vorgenommen werden, sind für Deutschland eindeutig abzulehnen. Dies gilt noch mehr hinsichtlich gewisser Bestrebungen im Wege der aktiven Sterbehilfe, kostspielige Behandlungen abzubrechen oder zu vermeiden. Es ist jedoch nichts dagegen einzuwenden, wenn aus Gründen der Kosteneinsparung gewisse medizinische und andere Maßnahmen generell eingeschränkt bzw. der Eigenvorsorge der Patienten anheimgestellt werden oder eine mehr oder weniger große Selbstbeteiligung gefordert wird, solange dies unter Wahrung des Solidarprinzips gleichermaßen für alle Versicherten gilt.
Wie die Vergangenheit gezeigt hat, haben es jedoch alle bisherigen Reform- und Kostendämpfungsmaßnahmen, trotz ihrer mehr oder weniger lange andauernden positiven Wirkungen, nicht erreicht, die oben aufgezeigte wachsende Belastung der aktiv Versicherten zugunsten der Rentner zu ändern[3]. Im Gegenteil, das Ausmaß der finanziellen Subvention der KVdR ist laufend gestiegen und wird nach unseren vorsichtigen Prognosen auch weiterhin steigen, möglicherweise noch in zunehmendem Maße.
Neben den allgemeinen gesundheitspolitischen Reformmaßnahmen muss daher auch eine Änderung der Finanzierung der KVdR erfolgen. Während die Gesetzliche Rentenversicherung (GRV) von Anfang an auf dem Generationenvertrag als konstituierende Finanzierungsgrundlage aufgebaut ist, gilt für die GKV dieses Prinzip nicht explizit. Sie stellt primär auf die Umverteilung zwischen Gesunden und Kranken sowie zwischen wirtschaftlich Leistungsfähigen und Nicht-Leistungsfähigen ab. Wie jedoch oben nachgewiesen wurde, hat sich im Laufe der Jahrzehnte eine Art Generationenvertrag herauskristallisiert, da der überwiegende Teil der Leistungen für Rentner von den Beschäftigten getragen wird.
Mit den Reformen der GRV wird versucht, die auf dem Generationenvertrag begründete Solidarität der Beschäftigten mit den Rentnern nicht mehr weiter durch die schon heute spürbaren und sich künftig noch verschärfenden demographischen Verschiebungen zu strapazieren. Ebenso wird man auch in der GKV verfahren und von den Rentnern verlangen können, zumindest einen Teil der bislang in zunehmendem Maße von den Beschäftigten getragenen Finanzierungslasten selbst zu schultern.

---

[3] Auch die seit Einführung des KVdR-Ausgleichs ergriffenen Maßnahmen haben lediglich bewirkt, dass strukturell stärker belastete Kassen zu Lasten ande
rer finanzielle Erleichterungen erfuhren. Letztlich bedeutete dies jedoch nichts anderes als ein Kurieren an Symptomen

Wenn es auch nicht schlagartig oder zumindest auf absehbare Zeit möglich ist, die Tatsache aus der Welt zu schaffen, dass die Leistungsausgaben für Rentner im Durchschnitt in Deutschland nur zu gut 40 % durch eigene Beiträge gedeckt sind, während die Beschäftigten für ihre durchschnittlichen Leistungen über das Eineinhalbfache an Beiträgen aufzubringen haben, müsste zumindest einem weiteren Ansteigen dieser Diskrepanz zu Lasten der Beschäftigten Einhalt geboten und eine behutsame Umkehr in die Wege zu leiten versucht werden[4].

4. Parallel dazu: Prävention und Gesundheitsförderung stärken

Seit Jahrzehnten liegt der Fokus der Prävention und Gesundheitsförderung vorwiegend auf der Gruppe der Kinder und Jugendlichen, der Schwangeren und der mittleren Altersgruppen. Über 60-jährige und ältere, insbesondere die so genannten alten Alten, waren nur selten eine wirkliche Zielgruppe der Prävention; Präventionsmaßnahmen für Hochbetagte gab es bislang nicht. Die weitgehende Beschränkung präventiver Maßnahmen auf das jüngere Alter wurde vor allem von dem Dogma der morphologischen und physiologischen Unveränderlichkeit von Einbußen im Alter geleitet. Das vorherrschende defizitorientierte Modell unterstellte dabei fehlende Entwicklungs- und Veränderungsmöglichkeiten. Neuere Erkenntnisse der Medizin, der Sportwissenschaft, der Neuropsychologie und weiterer Disziplinen weisen jedoch auf beachtliche Präventions- und Rehabilitationspotenziale im höheren Alter hin. Gerade die Prävention weit verbreiteter chronischer Beeinträchtigungen im Alter wird als der zentrale Ansatzpunkt für die zukünftige Gesundheit, Unabhängigkeit und Mobilität angesehen *(Fries 1997)*.

Ziel der Prävention ist auf Bevölkerungsebene die Verringerung der vermeidbaren Krankheitslast, Behinderungen und Pflegebedürftigkeit, d.h. die Reduktion der Inzidenz, der Dauer und Schwere von Krankheitsereignissen sowie die Erhöhung der Lebenserwartung mit krankheits- und behinderungsfreien Lebensjahren. Dies schließt einen möglichst langen Erhalt der Selbständigkeit im Alter ein. Festzustellen ist jedoch, dass der Prävention in der Gesundheitsversorgung nur eine marginale Stellung zukommt. Auch für Deutschland, wo die Investitionen für den gesamten Gesundheitsschutz und die Prävention lediglich 4,5 Prozent der Gesundheitsausgaben betragen *(Statistisches Bundesamt 1998)*, gilt dieser Befund. Der Sachverständigenrat für die Konzertierte Aktion im Gesundheitswesen mahnte deshalb in seinen Gutachten (u.a. 1985, 1996, 2001) eine stärkere Ausrichtung auf Prävention an, wobei vor allem der Prävention in der zweiten Lebenshälfte eine wichtige Rolle zugeschrieben wird.

---

[4] Zur inhaltlichen Vertiefung wird auf die Studie des WISO-Instituts für Wirtschaft und Soziales (Berlin) „Grundlohnentwicklung und Ausgaben der GKV - Gutachten im Auftrag des AOK-Bundesverbandes“ von Dr. Hermann Berié und Ulf Fink, 2003 verwiesen. Abrufbar unter: www.wiso-gruppe.de/projekte_downloads.html

4.1 Kompression der Morbidität

Anfang der 80er Jahre war das theoretisch propagierte Modell der „Kompression der Morbidität" (compression of morbidity) bei steigender Lebenserwartung noch heftig umstritten *(Fries 1983)*. Die Möglichkeiten, medizinisch nicht heilbare chronische Beeinträchtigungen sowie physiologische Alterungsprozesse mit hoher Plastizität durch Prävention zeitlich hinauszuschieben und auf wenige Jahre vor dem Tod zu komprimieren, wurden nur von wenigen verstanden und akzeptiert. Verbreitet war die Vorstellung, dass mit zunehmender Langlebigkeit mit einer insgesamt schlechteren Gesundheit und Gebrechlichkeit in der älteren Bevölkerung gerechnet werden muss. Langzeitbeobachtungen zeigen, dass diese Annahme nicht stimmt. Die Ergebnisse dieser Studien sprechen vielmehr für eine Komprimierung der Krankheits- und Behinderungslast. Nach Daten des National Long-Term Care Survey *(Manton, Stallard, Corder 1998 und 1997)* ist der tatsächliche Verlauf chronischer Behinderungen bei über 64-jährigen Amerikanern um 15 Prozent niedriger, als es der für 1982-1994 vorausberechnete tatsächliche Verlauf erwarten ließ. Auch die weit verbreiteten Krankheiten wie kardiovaskuläre Erkrankungen und Demenz sind in diesem Zeitraum zurückgegangen. Dieser Rückgang chronischer Beeinträchtigungen zeigt sich in allen Altersgruppen, vor allem bei den Hochbetagten. Er war begleitet von einer Reduktion wichtiger Risikofaktoren wie Rauchen und erhöhtem Blutdruck[5]. Auch die älteren Betroffenen selbst bewerten ihre Gesundheit heute besser als in den 70er Jahren. Für Deutschland liegen vergleichbare Daten nicht vor.

4.2 Präventive Potenziale

Prinzipiell besteht auch bei den über 60-Jährigen eine Vielzahl von Ansätzen und Handlungsfeldern, die sowohl einer primären, sekundären sowie tertiären Prävention und Gesundheitsförderung zugänglich sind. Diese hohen Potenziale werden traditionell in der Öffentlichkeit, in den ärztlichen und pflegerischen Berufen und in der Politik erheblich unterschätzt. Sie beziehen sich vor allem auf Herz-Kreislauf-Erkrankungen, bestimmte Krebserkrankungen, Diabetes mellitus Typ II, Osteoporose, Atemwegserkrankungen, Inkontinenz und wichtige psychische Erkrankungen (Depression, bestimmte Demenzformen), aber auch auf Unfallverhütung, Vermeidung von Infektionskrankheiten und Pflegefehlern. Im

[5] Einen Rückgang chronischer Krankheiten und eine Verbesserung der Gesundheit bei 55- bis 70-jährigen (weißen) Amerikanern zeigt auch der Vergleich zweier Kohorten der Framingham Heart Study *(Median der Geburtsjahre: 1914 und 1931; Allaire et al. 1999)*. So weist die zweite Generation deutlich weniger chronische Krankheiten und einen geringeren Schweregrad in der Krankheitslast auf als die erste Kohorte. Dies geht einher mit einem verbesserten Gesundheitsverhalten, d.h. vermehrter körperlicher Aktivität sowie einem verminderten Rauch- und Alkoholkonsum.

Alter bedeutend sind das eigene und fremde angemessene Management bei chronischen Krankheiten sowie eine altersangemessene Medikation. Beachtung und Unterstützung erfordern sowohl der Übergang von der Arbeitswelt in den Ruhestand als auch die Kompetenzentwicklung zur Bewältigung schwerwiegender verlustgeprägter Lebensereignisse. Hierzu zählen soziale Krisen sowie sensorische Einbußen im höheren Alter.

Für viele physiologische Alterungsprozesse, die eine hohe so genannte Plastizität (Trainierbarkeit, Beeinflussbarkeit) aufweisen, besteht die Möglichkeit, den Alterungsprozess durch entsprechende Verhaltens-, Lebensweisen und Übungsprogramme hinauszuschieben. So können selbst im höheren Alter kognitive Leistungen durch Übung, Ausdifferenzierung bestehender und dem Erwerb neuer Strategien verbessert werden *(Baltes 1996)*. Prävention für Ältere sollte sich daher im Sinne der Gesundheitsförderung nicht allein auf die Verhütung von Krankheiten beziehen, sondern vielmehr den gesamten Alternsprozess berücksichtigen. Sollen sich Strategien für ein gesundes Altern auswirken, müssen diese an weit verbreiteten (und einer Prävention zugänglichen) Krankheiten und Gesundheitsstörungen ansetzen. Dabei gilt es, nicht nur die Risiken und Belastungen zu senken, sondern zugleich die positiven individuellen und die gesellschaftlichen Ressourcen zu steigern. Ferner sind eine genaue Definition und Identifikation der Zielgruppe sowie eine adäquate Wahl der Zugangswege erforderlich, um Personen mit einem hohen Gesundheitsrisiko gezielt zu erreichen. Eine Langzeitstudie zu den Gesundheitsrisiken Rauchen, Übergewicht und Bewegungsmangel sowie kumulativen Beeinträchtigungen *(Vita et al. 1998)* zeigt, dass Personen mit einem hohen Gesundheitsrisiko zweimal so viele gesundheitliche Folgebeeinträchtigungen wie Personen mit einem geringeren Risiko haben. *Schwartz et al. (1999)* zeigen auf Basis gruppen- oder bevölkerungsbezogener Kohorten- und Fall-Kontrollstudien Reduktionspotenziale durch eine verhaltensbezogene Risikomodifikation auf. Nach ihren Berechnungen ließen sich theoretisch insgesamt – bei nicht saldierter und diskontierter Betrachtung – rund 25 - 30 Prozent der heutigen Gesundheitsausgaben durch langfristige Prävention vermeiden. Beachtliche Präventionspotenziale bestehen vor allem bei den Herz-Kreislauf-Erkrankungen. Durch verschiedene verhaltensmedizinische Maßnahmen kann ein erhöhter Blutdruck – einer der führenden Risikofaktoren – auch ohne medikamentöse Behandlung effektiv gesenkt werden[6].

---

[6] Als wirksam hat sich insbesondere eine Ernährungsweise mit reichlichem Verzehr von Obst, Gemüse und fettarmen Milchprodukten sowie eine eingeschränkte Aufnahme von gesättigten (tierischen) Fetten und Gesamtfett sowie Cholesterin erwiesen. Mit solch einer Ernährung, reich an Ballaststoffen, Kalium, Calcium und Magnesium, aber nur einem mäßig hohen Proteinanteil, konnte bei Hypertonikern mit einem Blutdruck von < 160 / 80 - 95 mmHg eine ausgeprägte Blutdrucksenkung erzielt werden (systolisch 11,4 / diastolisch 5,5 mmHg). Selbst bei Personen mit normalem Blutdruck wurde eine Reduktion erreicht (systolisch 3,5 /diastolisch 2,1 mmHg) *(Schmidt 1998)*. Nach *Appel et al. (1997)* könnte durch eine derartige Intervention zur Blutdruckreduktion bevölkerungsweit die Inzidenz bei koronaren

Stürze sind Hauptursachen für Verletzungen und nicht krankheitsbezogenen Tod im Alter. 80 Prozent der Stürze ereignen sich während der Hauptaktivitätszeiten am Tag, wobei die meisten Älteren im eigenen Wohnraum und Garten stürzen. Motorische Koordinationsschwierigkeiten, gestörte Sinnesfunktionen, eingeschränkte Reaktions-fähigkeit z.B. infolge von Medikamenten und Herz-Kreislauf-Störungen stellen wesentliche Risikofaktoren dar. Zu einer Sturzprophylaxe im Alter können sowohl eine Unterstützung endogener Faktoren (zum Beispiel Bewegung, Aufdecken von Einschränkungen der Sinnesorgane und ihre Kompensation) als auch die Verminderung exogener Einflüsse (zum Beispiel Überprüfung der Medikamente, Beseitigung von Stolperfallen) beitragen. Ein Training zur Verbesserung der Koordination und Bewegungssicherheit kann das Sturzrisiko um 10 Prozent verringern.
Diese Beispiele, die sich noch weiter ausführen ließen, zeigen, wie groß die präventiv beeinflussbare Plastizität der Krankheitslast im Alter ist[7].

5. Ergebnis

Die demographische Entwicklung, der medizinisch-technische Fortschritt und die damit einhergehende Bedrohung unserer sozialen Sicherungssysteme erfordern neben einer gerechten Lastenverteilung bei der Finanzierungsfrage zugleich auch nachhaltige präventive Investitionen für die Zielgruppe der Älteren.

Ergänzende Literaturhinweise

Baltes, PB (). Über die Zukunft des Alterns: Hoffnung mit Trauerflor, in: Baltes M/Montada, L. (Hrsg.), Produktives Leben im Alter, Frankfurt/Main 1996, S. 29-68

Fries_JF, Editorial: Can Preventive Gerontology Be on the Way? Am J Public Health 87 (10), 1997, S. 1592-1593.

Herzerkrankungen um 15 Prozent und bei Schlaganfällen um 27 Prozent reduziert werden. Eine weitere Möglichkeit, den Blutdruck zu senken, liegt in einer Steigerung der körperlichen Aktivität. So kann ein moderat-intensives, tägliches ca. 30-45-minütiges Walking (forciertes Gehen) helfen, den diastolischen und systolischen Blutdruck zu reduzieren *(Hakim et al. 1998, U.S. Department of Health and Human Services 1996)*. Ein bewegungsorientierter Lebensstil kann die kardiovaskuläre Mortalität um bis zur Hälfte verringern *(Schwartz et al. 1999)*. Für Versicherte mit hochnormalem und leicht erhöhtem (Stadium I) Blutdruck, die in Deutschland an einem multimodalen Herz- Kreislauf-Präventionsprogramm der AOK Niedersachsen mit Modifikation des Ernährungs- und des Bewegungsverhaltens sowie Entspannungsübungen (Yoga) teilnahmen, konnte eine Reduktion des Herz-Kreislauf-Mortalitätsrisikos um 15-25 Prozent erreicht werden (Walter et al. 2001).

[7] Zur weiteren Vertiefung wird auf den detaillierten und umfassenden Beitrag von Prof. Dr. Ulla Walter „Präventionspotentiale für ein gesundes Altern“, in: GGW 1/2001, 1. Jg., verwiesen.

Manton, K.G/Stallard, E.,/Corder, L.S., The dynamics of dimensions of age-related disability 1982 to 1994 in the U.S. elderly population, in: J Gerontol A Biol Sci Med Sci 53 (1): 1998, B 59-70.

Schwartz, F.W,/Bitzer, E.M./Dörning, H,/Grobe, T.G./Krauth, C./Schlaud, M./Schmidt, T./Zielke, M., Gutachten. Gesundheitsausgaben für chronische Krankheiten in Deutschland – Krankheitskostenlast und Reproduktionspotentiale durch verhaltensbezogene Risikomodifikation, Lengerich 1999

Vita, A.J./ Terry, R.B./Hubert, H./ Fries, J.F., Aging, health risks, and cumulative disability. N Engl J Med 338, 1998, S. 1035-1041.

D Ansätze zum Umgang mit Veränderungen

Nach der Situationsbeschreibung, dem Blick auf zu erwartende Entwicklungen, insbesondere auf mögliche Folgen für die soziale Sicherung sowie auf Herausforderungen für eine kooperative Konfliktregelung und der Darstellung der Auswirkungen und Herausforderungen durch den demographischen Wandel werden im Folgenden einige Wege vorgestellt, wie mit den zu erwartenden Veränderungen im kommunalen Bereich umgegangen werden kann. Die Beiträge umfassen allgemeine Strategie- und Handlungskonzepte sowie konkrete Beispiele dafür, wie Landkreise und Kommunen die sehr unterschiedlichen Herausforderungen angenommen und bewältigt haben.

1. Die Darlegungen von Große Starmann und Schmidt werten die Ergebnisse aus, die im Rahmen der von der Bertelsmann-Stiftung durchgeführten Studie „Wegweiser Demographischer Wandel" erarbeitet worden sind. Diese Ergebnisse zeigen ein Maß an Komplexität, das jeden Landkreis und jede Kommune dazu zwingt, ihre eigene Handlungsstrategie, orientiert an den jeweiligen Stärken und Schwächen, zu entwickeln und in ein langfristiges Gesamtkonzept einzubinden. Der Beitrag erläutert sehr detailliert, was bei der Entwicklung einer Handlungsstrategie zu bedenken ist, wie der Entwicklungsprozess ablaufen sollte, wer dabei zu beteiligen ist und wie die Ergebnisse erfolgreich umgesetzt werden können. Wichtig für die kommunale Praxis ist der Hinweis auf eine Internetseite, in der gute Beispiele solcher Strategieprozesse enthalten sind und die auf andere Kommunen übertragen werden können.

I Demographische Entwicklungen kommunal gestalten Erfolgsfaktor: Prozessgestaltung

Carsten Große Starmann/Kerstin Schmidt

1. Demographie – das zentrale Zukunftsthema in den Kommunen

Die Gestaltung der Folgen des demographischen Wandels ist für die Städte, Gemeinden und Kreise in der Bundesrepublik ein zentrales Zukunftsthema, das jede Kommune in ihrer Gesamtheit fordert. Die Demographen können sicher prognostizieren, dass nahezu alle Kommunen in der Bundesrepublik in den kommenden Jahren und Jahrzehnten von den Auswirkungen demographischer Veränderungen betroffen sein werden – positiv wie negativ, in der Folge aber immer mit der Notwendigkeit zum Handeln.

Die sich zeigende Bandbreite der demographischen Entwicklungen in den Kommunen ist dabei bekanntermaßen ausgesprochen groß. Rein demographisch betrachtet reicht sie von längerfristigem Bevölkerungswachstum bis hin zu drastischer Schrumpfung, die den Fortbestand der Kommune in Frage stellt. Aber es tun sich sehr viel mehr Facetten auf, als Wachstum oder Schrumpfung. So werden mit dem „Wegweiser Demographischer Wandel“ der Bertelsmann Stiftung in einer Gesamtschau der Ergebnisse die sich stark verändernden Altersstrukturen in den bundesdeutschen Kommunen transparent. Es konnte beispielsweise gezeigt werden, dass alle Kommunen der Bundesrepublik mit mehr als 5.000 Einwohnern bis zum Jahr 2020 und darüber hinaus altern werden – eine sich klar abzeichnende Entwicklung, auf die bislang nur die wenigsten Kommunen eingestellt sind.

1.1 Komplexe Dynamik vor Ort

Insgesamt lässt sich feststellen, dass die verschiedenen auf kommunaler Ebene absehbaren Trends (problematische wirtschaftlichen Entwicklungen, defizitäre Entwicklung der kommunalen Haushalte, neue Anforderungen für soziale und technische Infrastruktureinrichtungen etc.) durch die demographischen Entwicklungen regelmäßig verstärkt werden. Die unterschiedlichen Effekte des demographischen Wandels – von der Entwicklung der Bevölkerungszahlen über die Veränderung der Altersstruktur bis hin zu ausgeprägten Wanderungsbewegungen – überlagern sich und bedingen so vor Ort eine ausgesprochen komplexe Dynamik.

Das führt in der Konsequenz in den Städten und Gemeinden der Bundesrepublik zu sehr unterschiedlichen Ausgangslagen und in jeder Kommune zu einem sehr heterogenen Portfolio an Herausforderungen. Gerade diese Komplexität fordert jede Kommune, eigene differenzierte Handlungsstrategien zu entwickeln, die sich an den spezifischen regionalen Gegebenheiten und Besonderheiten, an Stärken wie an Schwächen orientieren. In einem bewussten und professionellen Umgang mit dieser Komplexität und den spezifischen Herausforderungen vor Ort liegt dabei ein zentraler und wichtiger Erfolgsfaktor für die Gestaltung der demographischen Veränderungen vor Ort.

1.2 Prozessorientierung – eine Basis für Veränderung vor Ort

Die Städte und Gemeinden stehen damit vor der Aufgabe, vor Ort ein kommunales Gesamtkonzept zur Gestaltung des demographischen Wandels zu erarbeiten. Da der demographische Wandel nahezu alle Bereiche der kommunalen Entwicklung betrifft, kommen bei diesen Überlegungen in vielen Kommunen ähnliche Fragen dazu auf, wie ein solcher Prozess erfolgreich ablaufen und gestaltet werden kann, z.B.:

- Welche lokalen Akteure sind einzubinden?
- Wie kann der Prozess strukturiert und gestartet werden?
- Wie wird die Öffentlichkeit informiert?
- Welche Rolle spielt in dem Gesamtprozess die Kommunalpolitik?
- Wie kann der Spannungsbogen im Prozess mit Blick auf die einzubindenden Akteure über längere Zeit gehalten werden?

Weil nahezu alle kommunalen Handlungsfelder von den Auswirkungen des demographischen Wandels betroffen sind, erfordert die Gestaltung der Folgen ein strategisches und langfristig orientiertes Gesamtkonzept. Neben einer inhaltlich orientierten Arbeit ist dabei eine klare Fokussierung auf die kommunalen Prozesse notwendige Grundlage für die Erarbeitung eines solchen Konzepts. Gefragt sind dabei regionale Lösungen, die den spezifischen Gegebenheiten vor Ort Rechnung tragen und flexible Lösungen, an deren Entwicklung und Umsetzung neben den Verwaltungen auch die Bürger, Unternehmen, Vereine und Verbände – kurz die gesamte lokale Gemeinschaft mitwirkt.

1.3 Ressortübergreifend denken und handeln

Aufgrund der Betroffenheit nahezu aller Handlungsfelder, aber auch mit Blick auf die inneren Zusammenhänge und Beziehungen zwischen den Handlungsfeldern (z.B. kommunale Familienpolitik und kommunale Bildungspolitik) kommt es darauf an, die anstehenden Veränderungsprozesse **ressortübergreifend** zu gestalten. Das ressortübergreifende Vorgehen betrifft sowohl die Arbeit innerhalb der Verwaltung als auch in den politischen Gremien und erfordert hier aufgrund einer anderen langjährig gewachsenen Kultur vielfach ein radikales Umdenken. Es empfiehlt sich daher, ganz bewusst einen Akzent mit Blick auf die Verwaltungsorganisationseinheiten und die politischen Gremien zu setzen, um so

- für die Notwendigkeit der ressortübergreifenden Vorgehensweise zu sensibilisieren,
- gemeinsam konkrete Überlegungen zur praktischen Umsetzung eines ressortübergreifenden Handelns anzustellen und
- eine dazu passende konkrete Vorgehensweise zu vereinbaren.

Hier können die Städte und Gemeinden auch bereits auf Erfahrungen anderer Kommunen in diesem Kontext zurückgreifen. So finden sich in einer Good-Practice-Datenbank der Bertelsmann Stiftung unter www.demographiekonkret.de gute Beispiele zur Ausgestaltung ressortübergreifender Strategieprozesse, die auch auf andere Kommunen übertragbar sind.

Komplexität und das daraus abgeleitete Erfordernis ressortübergreifender Arbeit sind natürlich auch in Relation zur Größe der Städte und Gemeinden zu sehen. So liegt in den kleineren Kommunen der Schwerpunkt vor allem darauf, gezielt Lösungen in einzelnen Politikfeldern (Steuerung der Siedlungsflächenentwicklung, Kinder- und Familienfreundlichkeit, kommunale Seniorenpolitik usw.) zu entwickeln und umzusetzen, dabei aber die Entwicklungen in anderen Politikfeldern nicht außer Acht zu lassen und gegebenenfalls im Sinne gesamtstrategischer Überlegungen integriert vorzugehen.

In den Großstädten und Kreisen steht darüber hinaus vor allem die Umsetzung des ressortübergreifenden strategischen Gesamtkonzeptes und somit die prozessuale Entwicklung und Anwendung von integrierten Strategien auf der Agenda. Denn für größere Städte und Kreise ist es für Erfolg und Nachhaltigkeit der Arbeit ganz entscheidend, die Fachressorts der Kommunen mit ihren – auch externen – Akteuren einzubinden, das vorhandene Know-how zu bündeln und dies in eine gemeinsame, zukunftsweisende und demographierobuste Stadt- bzw. Kreispolitik einfließen zu lassen, die einen klaren Orientierungsrahmen für die weitere (Umsetzungs-)Arbeit bietet.

1.4 Umsetzungsorientierung frühzeitig mitdenken

Professionell gestaltete Prozesse haben aber nur dann wirklich eine Berechtigung, wenn sie nicht um ihrer selbst willen durchgeführt, sondern immer bereits frühzeitig auf eine Umsetzung in ganz konkrete Maßnahmen und Projekte fokussiert werden – im Sinne der Akteure, die ihre Energie in die Arbeit einbringen, aber vor allem auch im Sinne und zum Nutzen der Bürgerinnen und Bürger der Kommunen. Nur mit einer erkennbaren Umsetzungsorientierung lässt sich auch der bei den o.g. Fragestellungen bereits angesprochene Spannungsbogen halten, der für die Arbeit vor Ort so ausgesprochen wichtig ist.

Der demographische Wandel stellt somit ganz erhebliche Anforderungen an die Gestaltungsfähigkeit der Kommunen vor Ort und hat dabei neben einer stark inhaltlichen Ausrichtung eine ebenso wichtige prozessuale Perspektive.

Nachfolgend soll für die Wichtigkeit der aufgezeigten Fragestellungen sensibilisiert werden. Die Verfasser möchten mögliche Vorgehensweisen aufzeigen und haben dazu einen Strategiezyklus beschrieben, der von der Bertelsmann Stiftung gemeinsam mit kommunalen Praktikern für die Städte und Gemeinden im demographischen Wandel entwickelt wurde. Viele praktische Erfahrungen, die die Bertelsmann Stiftung in der umfangreichen Prozessbegleitung von Kommunen gesammelt hat, fließen hier ein.

2. Demographie strategisch gedacht – 5 Schritte auf dem Weg zum Erfolg

Der nachfolgend dargestellt Strategiezyklus* unterscheidet für die Gestaltung der Folgen des demographischen Wandels vor Ort fünf Phasen.

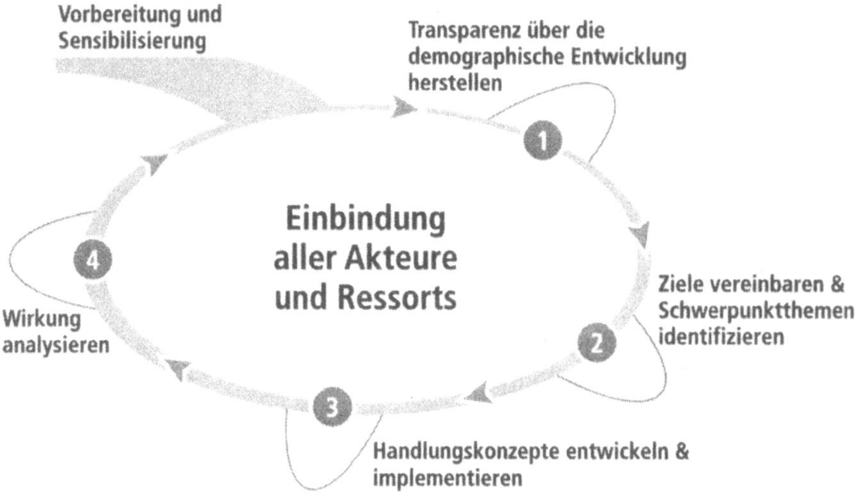

Nach dem (einmaligen) Einstieg mit der Vorbereitungs- und Sensibilisierungsphase sollte sich die jeweilige Länge des Strategiezyklus (Phasen 1 bis 4) an der Dynamik des – wirtschaftlichen, sozialen und demographischen – Wandels in der Kommune orientieren. Das heißt konkret: Je dynamischer der Wandel in der Kommune ist und je häufiger die vergangenen, aktuellen und zukünftig erwarteten Strukturbrüche sind, desto kürzer sollten die Zyklen verlaufen und desto erfahrungsbasierter sollte der Zukunftsdialog organisiert werden. Je schwächer und konstanter der Wandel, desto intensiver können die Analyse, die Reflexion und Optimierung der Maßnahmen und die Erfolgskontrolle erfolgen.

Aus der praktischen Erfahrung heraus und mit Blick auf die Umsetzungsorientierung ist es wichtig, dass sich der Strategiezyklus in der Regel und aus ganz pragmatischen Erwägungen am Haushaltsjahr orientiert. Das heißt konkret: Die Phase der Strategieplanung und der anschließenden Umsetzungsplanung in Projekten und Maßnahmen sollte vor Beginn des Haushaltsaufstellungsverfahrens für das kommende Haushaltsjahr abgeschlossen sein, um anschließend in den zuständigen Gremien – auch inhaltlich – beraten zu können, welche der Maß-

* Er wurde abgeleitet aus dem Modell „Kompass“ der Bertelsmann Stiftung, einem kommunalen Projekt zum Aufbau einer strategischen Steuerung.

nahmen und Projekte umgesetzt und mit welchen finanziellen und personellen Ressourcen ausgestattet werden sollen.

Nachfolgend werden die einzelnen Schritte des Strategiezyklus genauer erläutert.

2.1 Einstieg in den Strategiezyklus

2.1.1 Vorbereitung und Sensibilisierung

Ein so wichtiges, aber auch komplexes Thema wie der demographische Wandel können die Kommunalverwaltungen nicht alleine bewältigen. Hier braucht es breit angelegte Netzwerke und stabile Partnerschaften in der Kommune, um im Sinne der Zukunftsgestaltung zu guten und tragfähigen Veränderungen zu kommen. Denn entscheidend ist das Handeln und das Zusammenspiel der gesellschaftlichen Kräfte vor Ort: der Familien, der Unternehmer, der Vereine und Verbände, der Kirchen, der sozialen Träger usw. Diese wichtigen Verbündeten der Kommunen gilt es zu mobilisieren und in die Arbeit einzubinden, um die Auswirkungen des demographischen Wandels in seinen vielfältigen Handlungsfeldern konstruktiv und handlungsorientiert zu gestalten.

Auch bei wichtigen gesellschaftlichen Themen ist nur selten in breiten Teilen der Bürgerschaft eine „euphorische Grundhaltung“ vorhanden, die nur darauf wartet, aktiviert und abgerufen zu werden – es sei denn, das Thema ist auf der kommunalen Ebene bereits stark emotional besetzt. Vor Beginn der Entwicklung übergreifender Strategien und Handlungskonzepte, wie sie der demographische Wandel erfordert, ist es deshalb so überaus wichtig, die lokale Öffentlichkeit mit ihren vielen verschiedenen und wichtigen Zielgruppen zu sensibilisieren. So gilt es, den „Boden zu bereiten“ für eine inhaltlich ausgerichtete, aber auch handlungs- und umsetzungsorientierte Arbeit und das Thema „Folgen des demographischen Wandels in unserer Kommune“ in den Köpfen der verschiedenen Akteure zu platzieren. Für alle Projekte auf der kommunalen Ebene gilt vor diesem Hintergrund: erfolgreiche und nachhaltige Gestaltungs- und Veränderungsprozesse ohne Verbündete gibt es nicht.

Verbündete und Multiplikatoren braucht es jedoch nicht nur in der kommunalen Öffentlichkeit. Auch in der Kommunalverwaltung mit ihren verschiedenen Akteuren und Handlungsebenen ist es wichtig, die Bedeutung des demographischen Wandels deutlich zu machen und die handelnden Akteure gedanklich mitzunehmen.

Der erste Schritt zu einer themenbezogenen Einbindung der verschiedenen Akteursgruppen ist eine grundlegende Sensibilisierung für die Thematik. Es ist wichtig, den demographischen Wandel mit seinen Auswirkungen für die Kommune offensiv zu thematisieren und Betroffenheit zu erzeugen. Die Entscheidungsverantwortlichen (Bürgermeister, Verwaltungsvorstände; Fraktionsvorsitzende) müssen klar signalisieren, dass hier ein langfristiger Akzent in der Ausrichtung des kommunalen Handelns gesetzt werden soll. Die kommunale Gestaltung des demographischen Wandels ist dabei in jedem Fall Chefsache – hier bietet sich eine erste gute Gelegenheit, das auch zu dokumentieren.

Konkret empfehlen die Verfasser den Kommunen für die Sensibilisierung z. B. die Durchführung einer lokalen Auftaktveranstaltung, bei der die wichtigen und thematisch relevanten lokalen Akteure über den demographischen Wandel informiert und für die Auswirkungen und Folgen sensibilisiert werden. Dazu ist es erfahrungsgemäß hilfreich, auch Experten von außen einzubinden und z.B. für Impulsvorträge zu gewinnen.

Zwei Aspekte sind für die Gestaltung des weiteren Prozesses an dieser Stelle von entscheidender Bedeutung:

2.1.2 Akteursportfolio

Prozessorientiertes Arbeiten erfordert gute und belastbare Strukturen. Darüber hinaus ist es aber besonders wichtig, auch die richtigen Akteure der Kommune in diese Strukturen einzubinden, um zu Erfolgen zu kommen. Bereits zu Beginn des Prozesses sollte deshalb ein erstes sog. Akteursportfolio erarbeitet werden, das die Personen umfasst, die bei der Gestaltung des demographischen Wandels in der Kommune wichtig sind – als handelnde Akteure, Entscheidungsträger, Multiplikatoren, Verbündete, aber auch als Skeptiker oder Widerständler. Dieses Portfolio ist ein wichtiger Grundstein für die weitere Arbeit und kann im gesamten Prozess – auch themenbezogen – fortgeschrieben werden. Es ermöglicht zielgruppenspezifisches Arbeiten und macht bestehende oder neu zu gründende Netzwerke deutlich.

2.1.3 Intelligente Kommunikation

Die Kommunikation der Themen spielt gerade auf der kommunalen Ebene eine besondere Rolle. Sie ist während des gesamten Prozesses, vor allem aber in dieser ersten Phase, ein Erfolgsfaktor für das weitere Gelingen. Denn:

Das Thema demographischer Wandel mit seinen vielen Facetten, Entwicklungen und Handlungsbedarfen „verführt“ gerade zu Beginn des Prozesses häufig zu sehr komplexen Darstellungen. Diese haben an der richtigen Stelle – vor allem in der vertiefenden Analyse – natürlich ihre Berechtigung. Doch gerade zu Beginn der Prozesse auf der kommunalen Ebene, wo eine Aufbruchstimmung erzeugt und Verbündete gewonnen werden sollen, sind erste Thesen und knappe

Darstellungen von Sachverhalten ebenso wie flammende Redner sehr viel wichtiger und hilfreicher als die komplexe wissenschaftliche Analyse und Aufbereitung der Thematik.

So muss für jede Phase die richtige Kommunikationsform gefunden werden. Denn nur mit einer adressatenorientierten Information und Kommunikation der Themen und Inhalte können die unterschiedlichen Akteure dauerhaft motiviert und eingebunden werden.

Mit der Vorbereitungs- und Sensibilisierungsphase werden folgende Ziele verfolgt:

- Lokale Akteure sensibilisieren
- Eine positive Aufbruchstimmung erzeugen
- Partner und Verbündete für die Gestaltung der Prozesse gewinnen
- Belastbare Strukturen für die weitere Arbeit schaffen.

2.2 Strategiezyklus Phase 1: Transparenz über die demographische Entwicklung herstellen

Jede Kommune entwickelt sich anders, und für jede Kommune in Deutschland ergeben sich wie gezeigt andere Herausforderungen im Umgang mit dem demographischen Wandel. Um nun die Folgen genau in den Blick nehmen zu können und konkrete Handlungskonzepte zu entwickeln, muss deshalb zunächst die Ausgangslage für alle Beteiligten klar sein.

Auf dem Weg dahin ist es zunächst wichtig, eine gemeinsame Datenbasis für die Kommune festzulegen[34] , die als Basis für die weitere Arbeit dienen kann und im günstigen Fall auch fortgeschrieben und aktualisiert wird.

Um die Folgen der demographischen Entwicklung genau in den Blick nehmen und mit Handlungskonzepten begegnen zu können, ist es erforderlich, dass jede Kommune eine genaue Analyse der demographischen Trends und Entwicklungen vor Ort vornimmt und diese auch im Licht eventueller weiterer struktureller Veränderungen betrachtet (z.B. im Bereich der Wirtschaft, Infrastrukturentwicklung). Sie muss die eigene Situation vor Ort mit all ihren Ursachen und Wirkungsverläufen analysieren und die unterschiedlichen Einflussfaktoren verdeutlichen. Je nach Größe der Kommune sind dabei gesamtstädtische, aber auch

---

[34] Ausgangspunkt der Diskussionen kann z.B. der „Wegweiser Demographischer Wandel" der Bertelsmann Stiftung sein – ein Frühwarnsystem für Kommunen im demographischen Wandel, mit allen Städten und Gemeinden mit mehr als 5.000 Einwohnern kommunenspezifische Bevölkerungsprognosen bis zum Jahr 202 sowie mehr als 50 kommunenspezifische Indikatoren zur Verfügung gestellt werden (www.wegweiserdemographie.de)

quartiers- und stadtteilbezogene Analysen vorzunehmen und miteinander zu verknüpfen. Diese wichtige Arbeit kann z. B. durch eine ressortübergreifende Projektarbeitsgruppe geleistet werden, die auch externe Akteure (z.B. Vertreter der Sozialverbände, Kirchen, Unternehmen etc.) themenfeldbezogen einbinden sollte.

Die Darstellung der Ausgangslage und die Ergebnisse der Analyse können einfließen in einen kommunenspezifischen Demographiebericht, der die gemeinsame Grundlage für weitere Diskussionen darstellt und bei Bedarf fortgeschrieben werden kann. Im Demographiebericht können die Ausgangslage vor Ort mit ihren Ursachen, Trends und Wirkungsverläufen analysiert und erste Einflussmöglichkeiten und Stellschrauben identifiziert werden. Betrachtet werden sollten dabei sowohl die aktuelle Situation wie auch die zukünftige Entwicklung aufgrund vorliegender Trends und Prognosen. In dieser Phase geht es darum, den Dingen gezielt auf den Grund zu gehen, um dann in den folgenden Phasen gemeinsam mit Partnern erste Handlungsansätze auf Basis der beschriebenen Herausforderungen zu identifizieren. So bildet der Demographiebericht, der neben einer Analyse der Ausgangslage auch die wichtigsten Herausforderungen der Kommune beschreiben sollte, nicht nur eine Basis für die weiteren Diskussionen; er hat auch eine wichtige Funktion als Kommunikationsinstrument im Laufe des weiteren Prozesses und kann an die am Prozess beteiligten Akteure weitergegeben werden.

Erst mit Analyse und Transparenz der demographischen Situation ist es möglich, in der nächsten Phase eine kommunenspezifische Strategie zu entwickeln und dann später im Sinne der vereinbarten Ziele auch zu priorisieren und umzusetzen.

Mit der Phase 1 werden folgende Ziele verfolgt:

- Transparenz über die demographische Entwicklung herstellen
- eine gemeinsame Datenbasis für die Kommune festlegen
- das Problembewusstsein schärfen und Auswirkungen an konkreten Beispielen deutlich machen
- Zentrale Herausforderungen formulieren
- Einflussmöglichkeiten herausarbeiten und daraus resultierende Chancen verdeutlichen

2.3 Strategiezyklus Phase 2: Ziele vereinbaren und Schwerpunktthemen identifizieren

Der Schwerpunkt der Phase 2 liegt darin, auf Basis der vorliegenden Daten, Informationen, Trendanalysen und der identifizierten Herausforderungen intensive Interpretationen und eine Betrachtung der kommunalen Zusammenhänge vor Ort vorzunehmen, so dass im Sinne einer kommunalen Gesamtstrategie erste Zielsetzungen festgelegt und in einer anschließenden Gesamtschau auch – mittels politischer Entscheidung - priorisiert werden können. Hier kommt - vor allem in den größeren Städten und in den Kreisen – dem ressortübergreifenden Denken und Handeln eine besondere Bedeutung zu. Es ist wichtig, sich von der rein politikfeldbezogenen Betrachtung, wie sie in der Praxis häufig vorgenommen wird, zu lösen und eine übergreifende Betrachtung vorzunehmen.

Deutlich wird die übergreifende Betrachtungsweise an einem Beispiel der kommunalen Seniorenpolitik. Wenn z.B. die Potenziale einer älter werdenden Gesellschaft aktiviert und bei Bereitschaft der Einzelnen in ehrenamtliches Engagement eingebracht werden sollen, dann bleibt dieses Engagement nicht auf den Bereich der Senioren beschränkt. Vielmehr besteht hier die Möglichkeit, konkrete Zielsetzungen mit Blick auf ein Generationen übergreifendes Miteinander zu formulieren und ehrenamtliches Engagement älterer Menschen ganz konkret im Bereich der Kinder- und Familienfreundlichkeit mitzudenken (getreu dem Grundsatz: „Jung für alt und alt für jung").

Im konkreten Vorgehen sollte die Kommune dazu mit allen relevanten Akteuren (Verwaltungsfachleute, Kommunalpolitik, lokale Akteure etc.) in einen moderierten und geleiteten Zukunftsdialog eintreten. Für diesen Zukunftsdialog ist es wichtig, die vor Ort geeigneten Arbeitsformen und -foren zu entwickeln, um das vorhandene Know How zu bündeln und in die Arbeit einbringen zu können. In dieser Phase ist es deshalb häufig empfehlenswert, auch externes Prozess-Know-How für die methodische Begleitung der zu führenden Diskussionen, aber auch demographische Fachkenntnisse einzubinden und hierfür ggf. finanzielle Ressourcen bereitzustellen.

Im Fokus der Zukunftsdialoge stehen dann die Identifizierung von Schwerpunktthemen, die Entwicklung gemeinsamer und integrativer Zielvorstellungen sowie die Erarbeitung langfristiger, auch thematisch umfassender integrierter Entwicklungskonzepte. Wichtig ist hier vor allem, alternative Vorgehensweisen auf Basis der absehbaren demographischen Veränderungen zu entwickeln. Dazu braucht es einen zukunftsoffenen Umgang mit sog. Umfeldszenarien, in denen Handlungsalternativen benannt und Entwicklungschancen dargestellt werden. Konkret kann zu Beginn des Zukunftsdialoges ein Szenarienworkshop sehr hilfreich sein, um die unterschiedlichen Interpretationen über die Vergangenheit, Gegenwart und Zukunft auszutauschen und zu koordinieren.

Ergänzend sollten im Zukunftsdialog auch die bereits geplanten Vorhaben mit Szenarien reflektiert werden. Sie simulieren in ausgewählten Bereichen mögliche Handlungsoptionen in ihrer Wirkung und tragen so dazu bei, dass Prioritäten besser gesetzt werden können. Hier werden erste Handlungsfelder benannt, mit denen die Gestaltung des demographischen Wandels begonnen wird. Der Einsatz dieser lohnenden, da sehr fundierten Szenariomethode erfordert allerdings in der Regel ebenfalls eine professionelle Begleitung – eine Investition in die Zukunft der Kommune.

Aus dem Dialog können zukunftsrobuste Anpassungs- und Präventionsstrategien (ggf. auch Eventualstrategien) entwickelt sowie gemeinsame Visionen und konkrete Ziele vereinbart werden. Gerade in den größeren Städten kommt es wiederum entscheidend darauf an, die Analysen vor allem auch auf der Stadtteil- bzw. Quartiersebene vorzunehmen und auch konkrete Ziele für die Stadtteilebene zu entwickeln. Für Landkreise ist es eine zentrales Erfordernis, die Entwicklung der kreisangehörigen Gemeinden intensiv zu betrachten und gemeinsam mit ihren Vertretern Schwerpunkte der Entwicklungen zu analysieren. Die kreisangehörigen Gemeinden sind – ebenso wie die Akteure in den Stadtteilen der großen Städte - im Anschluss an die Strategiefindung wichtige Partner in der Umsetzung der Maßnahmen.

Ein solider Abschluss dieser Phase im Sinne gesamtstrategischer Überlegungen bildet die Grundlage für alle folgenden Aktivitäten, mit denen die Strategie durch konkrete Umsetzungsmaßnahmen – oftmals auch über mehrere Jahre – konkretisiert werden muss. Erfahrungsgemäß zentral wichtig ist es, die erarbeitete Strategie für die kommenden Jahre durch politische Willensbildung der kommunalen Gremien zu legitimieren und mit dem politischen Beschluss auch bereits die Umsetzungsverantwortlichen festzulegen.

Eine angesichts der defizitären Haushalte ebenfalls besondere Bedeutung kommt der Priorisierung der Ziele zu. Denn die Kommunen können in der Regel schon aus Ressourcengründen nicht alle aus dem demographischen Wandel resultierenden Aufgaben gleichzeitig angehen. Die erarbeitete Strategie ist hier eine gute Basis, um durch die kommunalpolitischen Gremien eine klare Prioritätensetzung vorzunehmen und auch so die weitere Arbeit zu strukturieren und zu fokussieren.

Mit der Phase 2 werden folgende Ziele verfolgt:

- Ziele und Schwerpunktthemen im Dialog erarbeiten und – auch politisch – vereinbaren
- Prioritäten setzen
- mögliche zukünftige Entwicklungen betrachten
- Gesamtstrategie entwickeln.

2.4 Strategiezyklus Phase 3: Handlungskonzepte entwickeln und implementieren

Auf Basis der strategischen Überlegungen kommt es in dieser Phase – vor allem auch angesichts der Vielfalt der kommunalen Handlungsfelder – darauf an, konkrete Maßnahmen und Projekte zu entwickeln (z. B. der Ausbau des Betreuungsangebots für Kinder unter drei Jahre in enger Kooperation mit der Nachbargemeinde).

Ein wichtiges Element dieser Phase ist das strategische Management des Themas Demographie. Projekte und Maßnahmen werden gemeinsam mit den Umsetzungsverantwortlichen, aber auch wichtigen externen Partnern, konkret formuliert und über die Haushaltsberatungen auch in den Ressourcenplanungen der Kommune abgesichert. Besondere Beachtung sollten hier so genannte Schlüssel- oder Leuchtturmprojekte finden: Sie zeigen anschaulich, wie gemeinsame Zielvorstellungen umgesetzt werden können, geben weiterführende Impulse, erzeugen viel Aufmerksamkeit, können (im Sinne der wichtigen Umsetzungsorientierung) intensiv kommuniziert werden und wirken integrativ.

Faktisch werden Prioritäten auf kommunaler Ebene im Bereich der Projekte und Umsetzungsmaßnahmen über die Haushalts-, Investitions- und Finanzplanung gesetzt. Deshalb muss für die Gestaltung des demographischen Wandels darauf hingewirkt werden, dass Stadtentwicklung und Kommunalfinanzen koordiniert und Investitionsprioritäten im Rahmen der kommunalen Haushaltsplanungen strategisch integriert werden. Das ist zentrale Aufgabe eines strategischen Managements, mit dem Strategien in das Haushaltsaufstellungsverfahren eingebettet werden. Denn nur so kann letztlich eine Umsetzungsorientierung gewährleistet werden.

Deshalb ist an dieser Stelle auch ein intensiver Dialog mit der Politik notwendig, denn die Folgen des demographischen Wandels reichen ebenso wie die anzustellenden strategischen Überlegungen weit über die eher kurzfristigen Wahlperioden hinaus. Das hier zu etablierende neue Steuerungsverständnis in der Politik und der Verwaltung kann dabei erfahrungsgemäß nicht verordnet werden, sondern muss gemeinsam mit den Akteuren aus Politik und Verwaltung entwickelt werden – und braucht erfahrungsgemäß einen „langen Atem“.

Die Gestaltung des demographischen Wandels mit den daraus erwachsenden Herausforderungen ist dabei eine gute Basis, um eine strategischen und zielorientierte Steuerung einzuführen. In vielen Kommunen ist diese Form der zielorientierten Steuerung bereits durch ein sog. strategisches Management etabliert.

Mit Phase 3 werden folgende Ziele verfolgt:

- den Dialog mit den lokalen Akteuren intensiv weiterverfolgen

- konkrete Maßnahmen und Projekte auf Basis der Strategie entwickeln und umsetzen
- Einbettung der Projekt und Maßnahmen in die Haushaltsplanungen der Kommunen
- über den Fortgang der Maßnahmen und Projekte eingehend kommunizieren.

2.5 Strategiezyklus Phase 4: Wirkungen analysieren und bewerten

Abschließend werden die Wirkungen der Projekte und Maßnahmen analysiert. Sinnvoll ist die Entwicklung eines regelmäßigen Demographie-Controllings – entweder als Bestandteil des strategischen Controllings der Kommune oder in Form eines eigenen Berichts.

In dieser Phase werden die gesetzten Ziele (regelmäßig) überprüft und ggf. auch modifiziert, soweit Gegensteuerungsmaßnahmen nicht greifen. Für die gemeinsame Reflexion, aber auch für die strategische Ausrichtung der Kommune sind jährliche Strategieworkshops sinnvoll, an denen der Verwaltungsvorstand, Kommunalpolitiker, Fachleute aus den Ämtern sowie Vertreter von Wirtschaftsverbänden, Kammern und Sozialverbänden ebenso teilnehmen wie Journalisten und Vertretungen von Kindergärten, Schulen und Seniorenheimen.

Um den Erfolg von Einzelmaßnahmen im Zeitverlauf bewerten zu können, sollte ein „Demographie-Bericht" etabliert werden: Dieser wird dann nicht nur einmalig für die Darstellung der Ausgangslage erarbeitet (vgl. Phase 1), sondern dokumentiert durch Aktualisierung und Fortschreibung in regelmäßigen Abständen, etwa halbjährlich, die Ergebnisse des kommunalen Handelns. Er zeigt weitere Handlungsbedarfe auf, verdeutlicht aber auch die Erfolge und ist somit wichtiger Baustein für die Kommunikation der Entwicklungen vor Ort.

Hier findet sich dann auch die Nahtstelle zum Wiedereinstieg in Phase 1 des Strategiezyklus: Die Schaffung von Transparenz über die demographische (und auch sozioökonomische) Entwicklung in der Kommune. Sie wird so regelmäßig reflektiert und ist der jeweils neue Ausgangspunkt des Strategiezyklus.

2.6 Fazit: Ohne Strategie geht es nicht

Ein abschließende Blick in die Praxis zeigt, dass bereits viele Kommunen die Gestaltung des demographischen Wandels aktiv gestalten. In Kommunen wie den Städten Leipzig, Stuttgart und Arnsberg , dem Landkreis Osnabrück oder der Gemeinde Amtzell steht die Gestaltung des demographischen Wandels bereits heute weit oben auf der kommunalen Agenda und hat zu erkennbaren Erfolgen geführt. Bei genauerer Betrachtung dieser Praxisbeispiele sind dabei zwei Erfolgsfaktoren klar zu identifizieren: das langfristig angelegte strategische Vorgehen und die breit angelegte Einbindung der verschiedenen kommunalen Akteure. Ohne Strategie geht es nicht – alle Verantwortlichen in den erfolgreichen Kommunen werden das bestätigen.

2. Das Beispiel des Landkreises Holzminden, das der Landrat Walter Waske vorstellt, zeigt, wie die Ergebnisse der zuvor dargestellten Studie „Wegweiser Demographischer Wandel" in die Praxis eines Landkreises umgesetzt werden können. Waske beschreibt zunächst kurz die demographische Entwicklung seines Kreises, der in den nächsten 15 Jahren voraussichtlich 16 Prozent seiner Bevölkerung verlieren wird. Vor diesem Hintergrund sowie einer darauf bezogenen Analyse von Ursachen und Auswirklungen hat der Landkreis auf ihn zugeschnittene Handlungsstrategien entwickelt, die auf die Stärkung des regionalen Wirtschafts- und Arbeitsstandortes ebenso abzielen wie auf eine intensive Kooperation mit den kreisangehörigen Gemeinden, mit benachbarten Kreisen und dem Land Niedersachsen. Ein Schwerpunkt der hier vorgestellten Strategien liegt in der Abstimmung der Siedlungsentwicklung zwischen den Kooperationspartnern – ein Bereich, der angesichts möglicher Eingriffe in die eigene Planungshoheit als besonders konfliktreich angesehen wird.

II Demographischer Wandel als Chance für den ländlichen Raum – Landkreis Holzminden

Walter Waske

Der demographische Wandel ist für mich die größte kommunale Herausforderung der nächsten Jahre. Deshalb habe ich im Landkreis Holzminden die aktive Gestaltung des Wandels zum Schwerpunktthema des Verwaltungshandelns erklärt. Seit gut einem Jahr befindet sich der Landkreis Holzminden in einem umfassenden Erneuerungsprozess. Erste Erfolge zeichnen sich ab. Zeit also, eine kritische Zwischenbilanz zu ziehen. Dabei lässt sich schnell feststellen: Wir haben schon viel bewegt. Gleichzeitig liegen aber auch noch große Aufgaben vor uns, schließlich befinden wir uns mitten in einem längeren Veränderungs- und Anpassungsprozess.

Es ist nicht leicht, sich einem Thema wie dem demographischen Wandel zu stellen. Zu viele negative Assoziationen wie Geburtendefizit, Überalterung der Bevölkerung, Rentenfalle usw. haften ihm an. Es stimmt, dass der Landkreis Holzminden stetig schrumpft und altert und in dieser Entwicklung anderen Kommunen um etwa 10 bis 15 Jahre voraus ist. Das ist aber noch lange kein Grund, den Kopf in den Sand zu stecken. Dazu ein Beispiel: Sie alle wissen, dass die Niederlande ein Küstenland sind, das schwer mit den Auswirkungen der Naturkräfte von Wind und Wetter zu kämpfen hat. Deshalb besagt ein niederländisches Sprichwort: „Wind kann man nicht aufhalten." Da die Holländer aber ein kreatives und innovatives Volk sind, haben sie aus der Not eine Tugend gemacht und sind heute federführend in der Entwicklung der Windenergie. Das hat mir sehr viel Mut gemacht. Schließlich geht es bei uns um nichts anderes: Wir wollen unsere Kräfte bündeln und die anstehenden Herausforderungen in Stärken wandeln. Am Ende soll ein zukunftsfähiger Landkreis Holzminden stehen, in dem die Menschen Arbeit finden und gern leben. Diese Vision ist wichtig. Wenn wir keine Träume mehr haben, werden wir auch keine Kraft haben, etwas zu bewegen. Ich bin sicher, dass es uns mit vereinten Kräften gelingt, die Vision Wirklichkeit werden zu lassen.

Auf unserem Weg haben wir bereits tatkräftige Unterstützung: Der Landkreis Holzminden ist Modellkommune der Bertelsmann Stiftung zur aktiven Gestaltung des demographischen Wandels und Pilotkommune des Landes Niedersachsen zur Förderung interkommunaler Zusammenarbeit. Darauf sind wir sehr stolz. Landes- und bundesweit schaut man jetzt nach Holzminden. Wir haben uns vorgenommen, beispielgebend für andere Kommunen Lösungsansätze für die anstehenden Herausforderungen aus dem demographischen Wandel und der Finanznot der öffentlichen Hand zu entwickeln. An unseren Ergebnissen wollen wir uns messen lassen.

In diesem Beitrag werde ich im ersten Kapitel den Landkreis Holzminden vorstellen. Im zweiten Kapitel soll die regionale demographische Entwicklung näher betrachtet werden. Der dritte Abschnitt widmet sich den Ursachen der Bevölkerungsveränderung und den Auswirkungen auf kommunales Handeln, der vierte den hiesigen Handlungsansätzen.

1. Der Landkreis Holzminden stellt sich vor

Der Landkreis Holzminden ist seit mehreren Jahrzehnten meine Wahlheimat – und zwar wegen der herzlichen und offenen Menschen und seiner landschaftlich reizvollen Lage im Süden Niedersachsens. Mit einer Fläche von 692 km^2 und ca. 78.000 EinwohnerInnen (2005) gehört er zu den kleineren Kreisen. Auch in Hinblick auf die Bevölkerungsdichte liegt er mit 113 EinwohnerInnen pro km^2 deutlich unter dem Landesdurchschnitt von 168 EinwohnerInnen pro km^2. Sie sehen, im Landkreis Holzminden - zwischen Weser und Solling - ist alles überschaubar. Hier kennt fast jeder jeden. Das macht unsere Heimat so besonders.

Mit seiner naturbelassenen Landschaft, die zur Hälfte aus Waldfläche besteht, den kulturhistorischen Stätten und Baudenkmälern, vor allem der Weserrenaissance, den Märchen und Sagen von Münchhausen bis Aschenputtel, stellt der Landkreis Holzminden die Schatzkammer des Weserberglandes dar. Durch diese Vorzüge hat er sich zu einer beliebten Erholungslandschaft entwickelt. Die landschaftlichen Schönheiten, seine Fachwerkstädte und -dörfer, Schlösser und Burgen sowie das vielseitige Freizeitangebot von Radeln auf dem Weserradweg, Wassersport auf der Weser über Wandern bis hin zu Mountainbiking im Solling machen ihn nicht nur für Besucherinnen und Besucher im Tagespendelbereich attraktiv.

Wirtschaftlich geprägt ist er durch seine Bodenschätze. Das produzierende Gewerbe kann im Landkreis Holzminden aufgrund verschiedener Rohstoffvorkommen (Holz, Glassande, Kalk- und Sandsteine, Gips, Töpfer- und Ziegeltone) auf jahrhundertealte Traditionen zurückblicken. Wichtigste Branchen sind die Riech- und Geschmacksstoffindustrie in Holzminden, Unternehmen der Porzellan- und Glasherstellung, die elektrotechnische Industrie, der Maschinenbau sowie die Gipsindustrie. Unter den Betrieben befindet sich auch eine Reihe von Unternehmen mit internationaler Bedeutung.

Im Gegensatz zum noch entwicklungsfähigen Dienstleistungsbereich hat die Landwirtschaft ständig Arbeitskräfte abgegeben. Hier wirken sich die zum Teil ungünstigen Produktionsbedingungen aus (bergiges Gelände, geringwertige Böden, Kleinbesitz), doch haben sich in den letzten Jahrzehnten durch Flurbereinigungen, Aufstockungen und andere Maßnahmen die Betriebsverhältnisse gebessert, so dass z.B. die Ernteerträge heute niedersächsische Durchschnittswerte erreichen.

Der Anteil der sozialversicherungspflichtig Beschäftigten am Arbeitsort beträgt im Jahr 2005 im Landkreis Holzminden im Bereich Land- und Forstwirtschaft 1,1% (Land Niedersachsen 1,4%), im produzierenden Gewerbe 51% (Land Niedersachsen 33%) und im Dienstleistungsbereich 31% (Land Niedersachsen 41%). Der Landkreis Holzminden gehört damit zu den am stärksten industrialisierten Regionen Niedersachsens, obwohl sich auch hier strukturbedingt rezessive Tendenzen durchsetzen.

Übergeordneter zentraler Ort (Mittelzentrum) ist die Kreisstadt Holzminden mit 20.800 EinwohnerInnen. Sie liegt als Dienstleistungs- und Gewerbezentrum nur acht Kilometer von der westfälischen Kreisstadt Höxter (ca. 34.000 EinwohnrInnen) entfernt.

Aufgrund seiner geographischen Lage am Dreiländereck Hessen-Niedersachsen-Nordrhein-Westfalen pflegt der Landkreis Holzminden eine enge Zusammenarbeit mit seinen Nachbarn. Seit dem Jahr 2000 befindet er sich als Weserbergland-Region in einer regionalen Entwicklungskooperation mit den Landkreisen Hameln-Pyrmont und Schaumburg, der sich im Jahr 2006 auch der Landkreis Nienburg angeschlossen hat. Die positiven Erfahrungen, die wir aus dieser kommunalen Zusammenarbeit gewinnen konnten, haben uns bewogen, auch künftig verstärkt auf interkommunale Kooperationen zu setzen. Dazu werde ich später noch kommen.

2. Die demographische Entwicklung im Landkreis Holzminden

Doch nun ein Blick auf die demographische Entwicklung: Eine rückläufige Bevölkerungsentwicklung ist nichts Neues für uns. Trotz Wanderungsgewinnen nach der Wende Ende der 80er / Anfang der 90er Jahre hat der Landkreis Holzminden von 1968 bis 2004 11,26% seiner Bevölkerung verloren. Das macht über den langen Zeitraum von 36 Jahren rein rechnerisch gesehen einen Bevölkerungsverlust von 0,3% pro Jahr aus. Zu Hochzeiten (1979) lebten bei uns 89.000 Menschen. Heute sind es gerade einmal 78.000. Die jüngste Bevölkerungsprognose des Niedersächsischen Landesamtes für Statistik sagt für die nächsten 15 Jahre einen weiteren Bevölkerungsrückgang um 16%, also gut 1% jährlich, voraus. Wie Sie sehen, schrumpfen wir jetzt schneller. Bis 2021 werden wir demnach noch einmal ca. 12.500 Einwohnende verlieren. Das entspricht einer Gesamtabnahme in der Größe der Samtgemeinde Bodenwerder bzw. einem jährlichen Verlust in der Größenordnung von Gemeinden wie Rühle oder Golmbach.

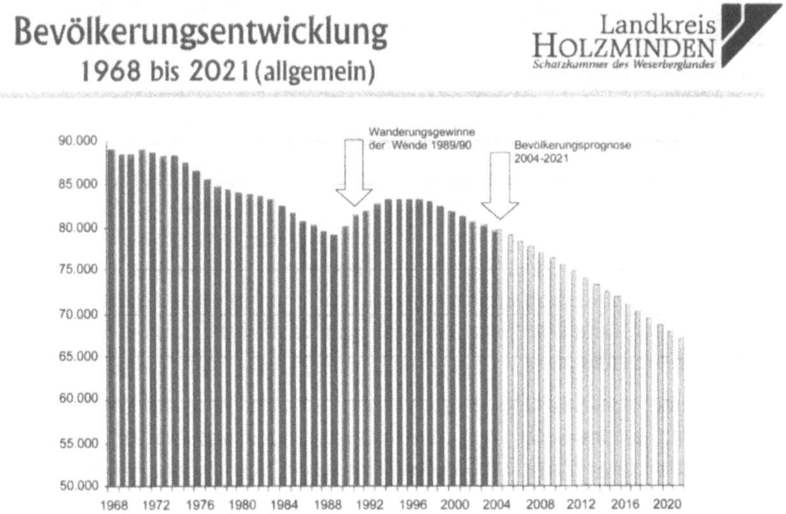

Dabei nahmen und nehmen nicht alle Gemeinden gleichermaßen ab. Am stärksten betroffen ist die Samtgemeinde Eschershausen. Das ist auch der Grund dafür, dass wir mit ihr ein besonderes Projekt in Kooperation mit der Hochschule für angewandte Wissenschaft und Kunst (HAWK) am Standort Holzminden ins Leben gerufen haben, das gezielt die dortigen Herausforderungen bearbeitet. Doch dazu später mehr.

Ein Blick auf die demographische Entwicklung in den unterschiedlichen Altersgruppen zeigt, dass der Landkreis Holzminden bis 2021 vor allem bei den jungen Menschen Verluste zu verzeichnen hat. Die Altersgruppe der Kinder bis fünf Jahre wird um 24% abnehmen, die der 5- bis 15-jährigen sogar um 35%. Die Gruppe der 25- bis 45-Jährigen, also die der Eltern und Häuslebauer von morgen, der künftigen Fachkräfte und Existenzgründer, wird um 30% schrumpfen. Demgegenüber wird 2021 jeder dritte Kreiseinwohner über 60 Jahre sein (heute ist es nur jeder vierte). Die über 80-Jährigen werden um 26% zunehmen.

3. Ursachen und Auswirkungen

Sicher werden Sie sich fragen, wie diese Entwicklung zu Stande kommt. Zu nennen sind vor allem drei Gründe: Erstens bekommen die Menschen zu wenig Kinder. Zweitens wandern viele ab, weil – drittens – Arbeitsplätze verloren gehen. Zur Verdeutlichung: Um den Bestand einer Bevölkerung zu halten, müsste rein statistisch gesehen, jede Frau 2,1 Kinder bekommen. Landesweit werden jedoch nur 1,3 Kinder pro Frau geboren. Im Landkreis Holzminden liegt die Geburtenrate immerhin bei 1,5 Kindern. Doch auch das ist entschieden zu wenig. Demnach werden in jeder Generation ein Viertel weniger Kinder geboren als zuvor (vgl. Schaubild) – und Kinder, die nicht geboren sind, fehlen uns auch künftig als Eltern.

Seit 1997 ist die Wanderungsbilanz des Landkreises – also die Differenz zwischen Zu- und Fortzügen – nach den durch die Wende ausgelösten Zuwanderungsgewinnen wieder negativ. Während von 1999 bis 2003 durchschnittlich 200 bis 250 Menschen mehr den Landkreis verlassen haben als neue hinzugezogen sind, verstärkt sich diese Tendenz in jüngster Zeit deutlich. Bereits 2004 lag das Wanderungssaldo bei minus 641 Personen. Für 2005 wird ein ähnliches Ergebnis erwartet. Die Hintergründe hierfür hat die HAWK im Auftrag der Bertelsmann Stiftung im Rahmen einer Abwanderungsbefragung untersucht. Die Ergebnisse liegen nunmehr vor[1]. Dabei wird deutlich: Der Abbau von rund 2.400 oder 10,6% der Arbeitsplätze in den vergangenen fünf Jahren hat wesentlich zur Abwanderung junger Menschen beigetragen.

Das Besondere ist, dass die Bevölkerungsabnahme im Landkreis Holzminden durch Geburtendefizit **und** Abwanderung begründet ist. Das ist landesweit nur in zwei weiteren Landkreisen so, nämlich in Northeim und Osterode, und in zwei Städten: Salzgitter und Delmenhorst.

Als Fazit lässt sich zusammenfassen: Der demographische Wandel hat Auswirkungen auf alle Bereiche kommunalen Handelns! Pauschal skizziert: Bis 2021 entfällt bei der Kreisverwaltung jede siebte Fallbearbeitung, ob Müllgebührenveranlagung, Kreisvolkshochschulanmeldung oder Bußgeldbescheid. Jeder dritte Kindergarten- oder Schulplatz bleibt unbesetzt, jeder fünfte Führerscheinneuantrag wird nicht gestellt.

---

[1] Ergebnisse der Befragung unter www.landkreis-holzminden.de

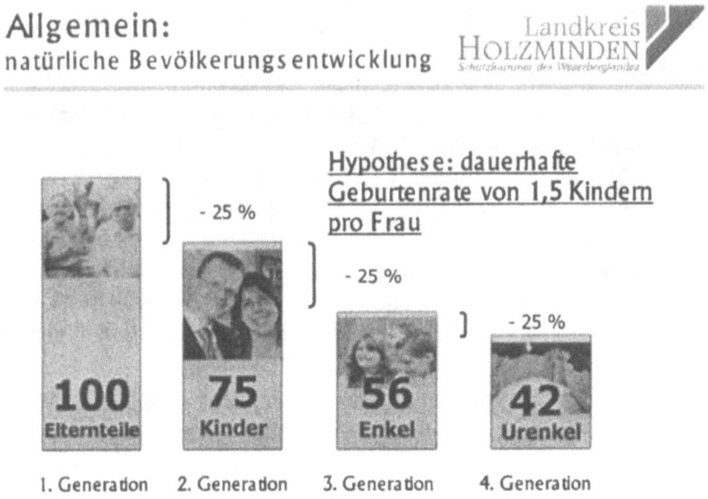

Wir werden ein Viertel weniger Bauanträge, Gewerbeanmeldungen und Existenzgründungsberatungen zu verzeichnen haben. Aufgrund der rückläufigen Bevölkerung fehlen jährlich weitere 5,3 Mio. € Einnahmen aus Steuern, Finanzausgleich und Kreisumlage im Kreishaushalt. Das entspricht einem Sechstel der bisherigen Einnahmen des Kreises. Demgegenüber wird der Bedarf an Pflegeeinrichtungen um rund 17% steigen. Wir müssen dem fortschreitenden Wohnraum- und Gewerbeleerstand in den Gemeinden entgegenwirken, dem steigenden Bedarf älterer und in der Mobilität eingeschränkter Menschen an öffentlichem Personennahverkehr gerecht werden und trotz aller Schwierigkeiten für eine bedarfsgerechte Infrastruktur in der Fläche des Kreises sorgen.

Handlungsnotwendigkeiten bestehen also in allen Bereichen öffentlicher Daseinsvorsorge!

4. Handlungsansätze

Bei meinem Amtsantritt im Juli 2004 habe ich, wie bereits erwähnt, die Gestaltung des demographischen Wandels im Landkreis Holzminden zum Schwerpunktthema des Verwaltungshandels erklärt. Sie ist für mich die Herausforderung der Zukunft. Unser Ziel ist es,

- die anstehenden demographischen Veränderungen in einem partnerschaftlichen Prozess einvernehmlich mit allen Akteuren und aktiv für die Region und ihre Einwohnerinnen und Einwohner zu gestalten,

- die regionale Wirtschaft zu stärken, um die vorhandenen Arbeitsplätze zu erhalten und – soweit möglich – neue zu schaffen,
- die finanzielle Handlungsfähigkeit des Landkreises nachhaltig sicherzustellen und damit auch
- einen Beitrag zur Zukunftsfähigkeit des Landkreises zu leisten.

Dabei begreifen wir die Bevölkerungsveränderung als Chance zur Erneuerung. Hierzu wurde ein umfassender Gestaltungsprozess eingeleitet. Bereits Anfang 2005 haben wir im internen Bereich neue Wege der Zusammenarbeit zwischen Politik und Verwaltung beschritten. In einem umfassenden, beteiligungsorientierten Verfahren wurde ein Strategisches Grundsatzprogramm entwickelt und mit der Politik abgestimmt, das das Verwaltungshandeln auf den demographischen Wandel ausrichtet. Künftig sollen alle anstehenden Entscheidungen an den strategischen Zielen des Landkreises gemessen werden. Die Leitziele des Grundsatzprogramms sind in nachstehender Grafik dargestellt[2].

---

[2] Das ausführliche strategische Grundsatzprogramm unter www.landkreis-holzminden.de

Parallel dazu wurden unterschiedliche Akteure aus Politik, Verwaltung, Wissenschaft und Wirtschaft für die Thematik sensibilisiert. Mit ihrer Unterstützung wird seit Sommer 2005 ein externer Prozess umgesetzt, der den Landkreis Holzminden als Modellregion landes- und bundesweit positioniert. Dabei besteht eine der wesentlichen Aufgaben darin, die regionale Wirtschaft zu stärken, um Arbeitsplätze in der Region zu halten und, soweit möglich, neue zu schaffen. Daneben müssen alle Möglichkeiten genutzt werden, das Potenzial an Synergieeffekten durch Kooperationen sowohl mit den Mitgliedsgemeinden als auch den Nachbarkreisen auszuschöpfen.

Im gemeinsamen Bemühen werden wir den Landkreis für seine Einwohnerinnen und Einwohner sowie für Neubürgerinnen und Neubürger so attraktiv wie möglich aufstellen und ein positives Klima für den Erhalt der mittelständischen Wirtschaft sowie die Erweiterung und Neugründung von Unternehmen schaffen. Unterschiedlichste Handlungsansätze und Projektideen wurden dabei schon in Angriff genommen. Die wichtigsten stelle ich Ihnen hier vor:

4.1 Stärkung des regionalen Wirtschafts- und Arbeitsstandortes

In enger Zusammenarbeit mit der Weserbergland AG und regionalen Unternehmensvertretern werden Ansätze entwickelt, wie sich die Wirtschaft vor Ort an die demographischen Veränderungen anpassen kann. Im Vordergrund der Bemühungen stehen einerseits Anpassungsstrategien, die das Fachwissen in den

Unternehmen halten. Andererseits werden Konzepte verfolgt, die den Wandel als Marktchance begreifen.

Hintergrund für die Anpassungsstrategien ist die Tatsache, dass mehr und mehr junge Menschen den Landkreis verlassen. Nachwuchsfachkräfte rücken nicht mehr im erforderlichen Umfang nach. Parallel dazu steigt die Lebensarbeitszeit, d.h. die Menschen scheiden später aus dem Arbeitsprozess aus. Eine Folge davon ist, dass der Altersdurchschnitt der Belegschaften in den Betrieben kontinuierlich ansteigt. Bereits in weniger als 10 Jahren wird er bei über 50 Jahren liegen. Diese Situation lässt sich nur durch vorausschauende Personalentwicklung auch in den mittleren und kleinen Unternehmen auffangen. Künftig müssen Mitarbeitende lebenslang qualifiziert werden! Gemeinsam mit der Kreisvolkshochschule und der Wirtschaftsakademie Höxter-Holzminden konzipieren wir passgenaue betriebliche Qualifizierungsangebote für die über 50-Jährigen. Gleichzeitig sollen spezielle Projekte den Wissenstransfer zwischen Alt und Jung sowie Jung und Alt fördern. Dabei gibt die ältere Generation ihr Erfahrungswissen, die jüngere ihr IT- und Medien-Know-how weiter.

Ein weiteres Standbein ist die Regelung der Unternehmensnachfolge bei Altersabgang oder Insolvenz, die mit einem gesonderten Projekt bearbeitet wird.

Darüber hinaus versuchen wir, Jungakademikerinnen und -akademiker für eine Tätigkeit im Weserbergland zu gewinnen. Hierzu richtet die Weserbergland AG in Kooperation mit ausgewählten Unternehmen bis Ende 2006 eine Online-Praktikumsbörse für akademische Nachwuchskräfte ein[3]. Die Idee ist, den jungen Menschen die Vorzüge der Region und ihrer Unternehmen in einem Studien begleitenden Praktikum zu vermitteln, um sie so von einer späteren gezielten Bewerbung in der hiesigen Region zu überzeugen.

Ein weiterer Handlungsansatz ist, die sich wandelnde Bevölkerung als Marktchance zu verstehen und neue Dienstleistungen zu entwickeln: Noch nie gab es in der Bundesrepublik Deutschland so viele aktive junge Alte wie heute. Sie gehören zu der finanzkräftigsten Generation älterer Menschen, die wir je hatten. Diese Zielgruppe gilt es, mit passgenauern Dienstleistungen im Bereich Freizeitwirtschaft, Kultur und Tourismus, aber auch mit altengerechten Konsumgütern für die Region zu erschließen. Darüber hinaus kommt angesichts des stetig wachsenden Anteils der über 80-Jährigen der Weiterentwicklung und dem Ausbau von Dienstleistungen im Bereich der Pflege und Betreuung besondere Bedeutung zu.

[3] Siehe www.weserberglandag.de

4.2 Kooperation mit dem Land Niedersachsen

Eines der wichtigsten Ziele des Demographieprozesses ist es, das vorhandene Arbeitsplatzangebot der Region abzusichern. Aus diesem Grund hat sich der Landkreis Holzminden beim Land Niedersachsen als Referenzkommune für die Übernahme der Landesstraßenmeisterei Eschershausen beworben. Der Landkreis betreibt selbst eine Straßenmeisterei in Stadtoldendorf, die gut 200 km Kreisstraßen unterhält. Bereits im Winter 2005/2006 wurde der Winterdienst erstmals gemeinsam mit der Landesstraßenmeisterei durchgeführt. Dabei gab es Absprachen über eine optimierte Aufteilung der Streckenführung von Landes- und Kreisstraßen. Diese Zusammenarbeit hat sich bewährt und auch gleich im ersten Jahr bezahlt gemacht: Auf beiden Seiten konnten Personal und Fahrzeuge effizienter eingesetzt werden; der Winterdienst des Kreises streute nicht nur auf den Kreisstraßen, sondern auch auf dazwischen liegenden Landesstraßen – und umgekehrt. Dadurch konnten Leerfahrten vermieden werden. Insgesamt sparten beide Seiten je ein Einsatzfahrzeug pro Schicht ein. Auch der winterliche Meldedienst wurde gemeinsam wahrgenommen. Das reduzierte nochmals die Personalkosten.

Durch die Zusammenführung beider Straßenmeistereien unter Trägerschaft des Landkreises Holzminden versprechen wir uns Synergieeffekte. Eine größere Betriebseinheit kann schließlich flexibler und damit wirtschaftlicher agieren. Dass damit die Straßenmeistereien im Bestand gesichert und die vorhandenen Arbeitsplätze in der Region gehalten werden, anstatt zu einem externen Dienstleister außerhalb des Landkreises abzuwandern, ist ein durchaus erwünschter Nebeneffekt.

4.3 Kooperation mit dem Nachbarlandkreis

Angesichts der Finanzmisere der öffentlichen Hand und der rückläufigen Bevölkerungsentwicklung müssen wir uns mehr denn je fragen, welche kommunalen Dienstleistungen wir für unsere Bevölkerung noch erbringen können. Um die Qualität der Leistungen zu erhalten und die Aufgabenerledigung so wirtschaftlich wie möglich zu gestalten, sucht der Landkreis Holzminden die Zusammenarbeit sowohl mit den Nachbarkreisen als auch mit den kreisangehörigen Gemeinden.

Bereits seit Anfang 2005 führen wir Kooperationsgespräche mit unserem direkten Nachbarn in nördlicher Richtung, mit dem Landkreis Hameln-Pyrmont. Dabei sollen Aufgaben gleichmäßig auf beide Seiten verteilt werden. Allerdings eignet sich nicht jede Aufgabe für eine Zusammenarbeit. Wir haben uns darauf verständigt, nur in solchen Aufgabenfeldern zu kooperieren, in denen kein direkter Kundenkontakt vor Ort erforderlich ist, um eine wohnortnahe Versorgung mit Dienstleistungen für die Bevölkerung sicherzustellen. Gemeinsam mit meinem Landratskollegen schnüre ich ein Paket kooperationsgeeigneter Aufgaben. Erste Projekte befinden sich bereits in der Umsetzung. Beispielsweise bietet der Landkreis Holzminden für den Landkreis Hameln-Pyrmont eine spezielle Jugendhilfemaßnahme an, die - dort wo es sinnvoll und möglich ist - zur Vermeidung stationärer Jugendhilfe beiträgt. Das senkt Jugendhilfekosten! Beim Landkreis Hameln-Pyrmont werden dafür im Rahmen einer Bürogemeinschaft die Heimaufsicht, die Pflegesatzverhandlungen sowie die Investitionskostenförderung für Heimeinrichtungen wahrgenommen. Dazu ordnet der Landkreis Holzminden Personal nach Hameln ab. In Vorbereitung befinden sich Kooperationen in den Bereichen Katastrophenschutz, Statikprüfung, Rechtsvertretung und Rechnungsprüfung. Die beiden letztgenannten Aufgabenbereiche werden eventuell sogar innerhalb der gesamten Weserbergland Region, also mit den Landkreisen Schaumburg und Nienburg, umgesetzt.

4.4 Kooperation mit den kreisangehörigen Gemeinden

Die Zusammenarbeit mit den kreisangehörigen Mitgliedsgemeinden wird im Rahmen eines weiteren Pilotprojektes intensiviert – so hat es der Kreistag am 10. Oktober 2005 beschlossen. Bei der Umsetzung stehen die Bertelsmann Stiftung und die Regierungsvertretung Hannover beratend zur Seite.

In einem ersten Schritt haben wir einvernehmlich die Förderung der Zusammenarbeit der Verwaltungen sowie eine Abstimmung der Siedlungsentwicklung als vordringlich zu bearbeitende Handlungsfelder identifiziert. Seitdem arbeiten kleine Projektteams auf Hochtouren an der Entwicklung und Umsetzung von Einzelmaßnahmen.

Als Grundlage wurde eine Vereinbarung zur interkommunalen Zusammenarbeit verabschiedet, die neben den Rahmenbedingungen für Kooperationen auch einen Erfolgsschlüssel für die Verteilung der durch die Projekte entstehenden Synergien definiert.

Kooperationen werden zunächst in folgenden Handlungsfeldern angestrebt:

4.4.1 Beschaffungswesen

Wer in größeren Mengen bestellt, erzielt bessere Preise. Diese Erkenntnis führte zur Idee eines kreisweiten Beschaffungswesens von Landkreis und Mitgliedsgemeinden. Seit Anfang 2006 werden Papier, Druckerpatronen, Tonerkassetten und Reinigungsmittel gemeinsam eingekauft. Eine Ausweitung auf größere Beschaffungsgüter wird geplant.

4.4.2 Reinigungsmanagement

Der Landkreis Holzminden reinigt seine Gebäude mit eigenem Personal. Dabei kann er sich im Preis-Leistungs-Verhältnis mit Privatanbietern messen. Ein spezielles Reinigungsmanagement macht dies möglich. Es basiert einerseits auf einer Verbesserung der Wirtschaftlichkeit vor allem durch die Einführung von Jahresarbeitszeitkonten, objektübergreifenden Personaleinsatz, Reinigung in Anlehnung an die Standards der Privatwirtschaft und Verzicht auf Aushilfen. Andererseits wird kontinuierlich an der Steigerung der Reinigungsqualität gearbeitet, und zwar durch fortlaufende Schulung der Mitarbeiterinnen und regelmäßige Erfolgskontrollen. Seit Einführung des Systems konnten ca. 20% der Personalkosten im Reinigungsbereich eingespart und die bestehenden Arbeitsplätze abgesichert werden. Dieses erfolgreiche System wird jetzt mit Begleitung des Landkreises auf ausgewählte Immobilien der Gemeinden übertragen.

4.4.3 Mitarbeiterfortbildung

Der Landkreis Holzminden qualifiziert sein Personal seit Jahren in grundlegenden Bereichen wie EDV, Kommunikation, Mitarbeiterführung, Verwaltungs- und Haushaltsrecht über die Kreisvolkshochschule. Dabei werden bedarfsgerechte Inhouseschulungen für alle Beschäftigtengruppen angeboten. Das ermöglicht z.B. auch Teilzeitbeschäftigten eine Teilnahme. Das Fortbildungsangebot stand bei freien Platzkapazitäten schon immer auch den Beschäftigten der kreisangehörigen Gemeinden offen. Seit Anfang 2006 werden die Programme bereits von der Bedarfsabfrage an gemeinsam mit den Gemeinden entwickelt. Das führt sowohl zur Kostensenkung - denn Vor-Ort-Angebote sind preiswerter als externe Fortbildungen - als auch zur zielgerichteteren Schulung des Verwaltungspersonals.

4.4.4 Kindertagesstätten

Im Landkreis Holzminden gibt es 26 Kindertagesstätten in kommunaler und 16 in freier Trägerschaft, insgesamt also 42 Einrichtungen mit rund 200 Mitarbeiterinnen. Angesichts rückläufiger Kinderzahlen und der angespannten Finanzlage der Kommunen bietet sich eine engere Zusammenarbeit mindestens der Einrichtungen in kommunaler Trägerschaft an, um auch künftig eine flächendeckende und qualitativ hochwertige Versorgung mit KiTa-Plätzen in den Gemeinden sicherzustellen. Damit könnte auch den höheren Anforderungen an die Kindertagesstätten in Hinblick auf die Flexibilisierung von Betreuungszeiten im Zuge der Vereinbarkeit von Familie und Beruf und den Forderungen nach Öffnung der Betreuungsangebote für unter dreijährige Kinder Rechnung getragen werden. Derzeit bereitet eine eigens eingesetzte Arbeitsgruppe eine möglichst weitgehende Kooperation der kommunalen Kindertagesstätten vor. Insbesondere wird dabei geprüft, ob die Gründung einer KiTa-Betriebs-gGmbH vorteilhaft wäre.

4.4.5 EDV-Vernetzung

Im Zeitalter moderner Informations- und Kommunikationsmedien spielt die Entfernung zwischen Verwaltungsstandorten eine immer geringere Rolle. Es kommt vielmehr auf die gute EDV-technische Vernetzung an, um Aufgaben gemeinsam oder füreinander erledigen zu können. Wie Landkreis und Gemeinden die interkommunale Zusammenarbeit in unterschiedlichsten Aufgabenfeldern auch EDV-technisch umsetzen können, dass soll jetzt ein externes Gutachten beantworten.

Ein besonderes Teilprojekt der interkommunalen Zusammenarbeit ist der Versuch einer einvernehmlichen Abstimmung der künftigen Siedlungsentwicklung, der hier gesondert vorgestellt werden soll:

4.5 Abstimmung der Siedlungsentwicklung

Die Gemeinden im Landkreis Holzminden weisen zu einem großen Teil Bauflächen aus, obwohl sie über mehr Baulandreserven verfügen, als sie für die zukünftige Entwicklung benötigen. Angesichts der sich verschärfenden Situation der öffentlichen Haushalte und drohender infrastruktureller Überkapazitäten konkurrieren sie mit preisgünstigem Bauland und zum Teil kostenlosen KiTa-Plätzen gegenseitig um neue Einwohnende. Diese Praxis ist kritisch zu überdenken. Schon jetzt haben wir im Landkreis Holzminden deutlich mehr Wohnbauflächenreserven als Wohnflächenbedarf für die nächsten zehn Jahre. Was vielerorts nicht bedacht wird: Neue Wohn- und Gewerbegebiete kosten die Kommunen in der Regel mehr, als sie einbringen. Häufig werden nämlich die Folgekosten für die notwendige Infrastruktur wie Kindergärten, Schulen, ÖPNV-Verbindungen und ggf. auch Integrationsbemühungen für ausländische Mitbürgerinnen und Mitbürger nicht einkalkuliert. Somit wird die Erschließung im Nachhinein oft zur enormen finanziellen Belastung. Der interkommunale Wettbewerb um Einwohnerinnen und Einwohner und Arbeitsplätze verliert damit eine seiner wichtigsten Begründungen. Ein Umdenken und ein umfassendes Handeln aller regionalen Akteure sind zwingend erforderlich, wollen wir eine nachhaltige und auch für künftige Generationen bezahlbare Flächennutzung erreichen.

Um die Gemeinden für diesen Prozess zu gewinnen, haben wir eine Befragung aller Bürgermeister bezüglich der Entwicklungsvorstellungen für ihre Gemeinden durchgeführt. Die Auswertung zeigt, dass sich nahezu alle Gemeinden mit den Auswirkungen des demographischen Wandels beschäftigen und dies für ein wichtiges kommunalpolitisches Thema halten. Auch wird allerorts erkannt, dass die künftige Entwicklung der einzelnen Gemeinden nicht losgelöst von der Entwicklung der Region stattfinden kann und umgekehrt. Somit sehen fast alle die Notwendigkeit einer gemeinsamen Abstimmung und Koordination bei der Bewältigung der demographischen Herausforderungen in der Region.

Allerdings wird verschiedenen Handlungsfeldern eine unterschiedlich hohe Bedeutung beigemessen. Im Ranking der Handlungsfelder stehen die Bereiche Finanzen, Kinderbetreuung, bürgerschaftliches Engagement und ältere Menschen an der Spitze, während die Handlungsfelder Freizeit, öffentlicher Personennahverkehr und auch Siedlungsentwicklung als nachrangiger eingeschätzt wurden. Dabei wird jedoch keines der angeführten Handlungsfelder als unwichtig betrachtet. Bezüglich einer Abstimmung der Siedlungsentwicklung geht das Meinungsbild derzeit noch auseinander. Etwa die Hälfte der befragten Gemeinden hält dies künftig für notwendig, während die andere Hälfte dies insbesondere wegen der möglichen Eingriffe in die eigene Planungshoheit für nicht erforderlich ansieht.

So gehen die Meinungen auch hinsichtlich möglicher Verfahren, mittels derer künftig eine stärkere Abstimmung erreicht werden könnte, auseinander. Hierzu wurde den Gemeinden eine Reihe von Instrumenten vorgeschlagen, die hinsichtlich ihrer Eignung zur Abstimmung der Siedlungsentwicklung bewertetet werden sollten. Die Vorschläge reichten dabei von dem weichen Instrument einer erweiterten gegenseitigen Information über neue Siedlungsausweisungen bis hin zu sehr weitgehenden Vorschlägen wie die Einrichtung eines Zweckverbandes Bauleitplanung.

In den Antworten wird deutlich, dass die weichen Instrumente wie Information, kommunale Entwicklungskonzepte und ein freiwilliges Prüfverfahren auf sehr viel mehr Zustimmung als das Modell Zweckverband, restriktivere Planungsvorgaben oder die Rückgabe von Baurechten stoßen. Insgesamt ist eine starke Polarisierung festzustellen. Einzelne Gemeinden stimmen sogar sehr harten Instrumenten zu, während sich andere nicht einmal die unverbindlichsten Formen einer Abstimmung vorstellen können. Dennoch zeigt das Gesamtbild der Einschätzungen Potenziale für eine mögliche Zusammenarbeit. An diesen Ansatzpunkten wird sich der weitere Prozess orientieren, der gemeinsam mit den Gemeinden fortgeführt werden wird. Nach der diesjährigen Kommunalwahl wollen wir die Ergebnisse der Befragung mit den neuen Bürgermeistern diskutieren. Dabei soll für ein gemeinsames Problembewusstsein sensibilisiert werden: Wir werden nur zukunftsfähig sein, wenn alle Kommunen sich als Region begreifen und zur gemeinsamen Entwicklung beitragen! Unser Ziel ist es, einvernehmlich eine nachhaltige Siedlungsentwicklung abzustimmen. Auf dem Weg dorthin wollen wir über freiwillige Vereinbarungen und konkrete Projekte die Zusammenarbeit verstetigen. Keiner Gemeinde sollen die Möglichkeiten zur Eigenentwicklung genommen werden. Es geht vielmehr darum, die vorhandenen Stärken einvernehmlich zu konzentrieren und auszubauen.

4.6 Handlungsansätze am Beispiel einer Samtgemeinde

Auf Initiative des Landkreises wird in einer Samtgemeinde in Kooperation mit der HAWK ein besonderes Demographieprojekt durchgeführt. Die Wahl fiel auf Eschershausen, weil dies im Landkreis Holzminden die Kommune mit den größten Bevölkerungsverlusten der vergangenen 35 ist und voraussichtlich auch der kommenden 15 Jahre sein wird. Die vorherrschende demographische Entwicklung verschärft sich hier in besonderem Maße: Überproportional wenig junge Menschen, viele Alte und ein überdurchschnittlicher Gewerbeleerstand, vor allem in der Innenstadt Eschershausens.

Ziel der Bemühungen war es also, die Lebensqualität sowohl für ältere Menschen als auch für Familien mit Kindern in Eschershausen zu verbessern und die Innenstadt durch die kreative Entwicklung von Nachnutzungsmöglichkeiten für die Gewerbeflächen zu beleben. Das mit der HAWK abgestimmte Projekt wurde interdisziplinär angelegt und setzte an unterschiedlichen Stellen an: Studierende der Sozialen Arbeit entwickelten mit Kindern, Jugendlichen und Vertretern aus Politik und Jugendhilfe ein kinder- und jugendfreundliches Leitbild für die Samtgemeinde. Im Rahmen eines Workshops wurden Wünsche der jungen Menschen in Hinblick auf Stadtentwicklung, Inanspruchnahme von öffentlichen Räumen durch die Jugend, Öffentlichen Personennahverkehr, Übergang von Schule zum Beruf, Partizipation an kommunalen Entscheidungen und Freizeitgestaltung gesammelt. Diese werden nun – soweit möglich – im Rahmen von studentischen Projekten oder durch regionale Akteure umgesetzt. Als besondere Schwerpunkte haben sich neben dem Ausbau der Freizeitmöglichkeiten für Kinder und Jugendliche die Verbesserung des Mobilitätsangebots sowie die Einrichtung einer Ganztagsbetreuung für Kinder zwischen drei und elf Jahren herauskristallisiert.

Eine weitere Gruppe von Studentinnen und Studenten des Sozialwesens führten unter den heute über 50-Jährigen eine Befragung durch, wie sich diese Gruppe ihr Leben im Alter vorstellt. Dabei kam heraus, dass sich der überwiegende Teil der Menschen ein Leben im gewohnten Lebensumfeld wünscht. Hieraus sind nun ggf. in enger Abstimmung der Studiengänge Soziale Arbeit, Architektur und Immobilienwirtschaft Handlungsansätze für altengerechte Wohn-, Lebens- und Betreuungsformen zu entwickeln.

Schließlich konzipierten Studierende der Architektur am Beispiel einer städtischen Immobilie ein Mehrgenerationenhaus für ein lebendiges und generationsübergreifendes Miteinander. Das Aufgreifen der städtebaulichen Situation Eschershausens, besonders im Hinblick auf die Beseitigung von gewerblichen Leerständen, ist für die Zukunft geplant.

4.7 Balance Familie und Beruf

Bereits bei der Auswertung der Abwanderungsbefragung haben wir festgestellt, dass den so genannten weichen Standortfaktoren besondere Bedeutung zukommt, will man eine Region attraktiv für ihre Menschen gestalten. Dazu gehören ganz sicher die Kinder- und Familienfreundlichkeit und die Vereinbarkeit von Familie und Beruf. Hier haben wir in den vergangenen Jahren bereits viel bewegt: Der Verein Kinderbetreuung Holzminden entwickelte bereits in den 70er Jahren gemeinsam mit der Zeitschrift Brigitte bundesweit das erste Tagesmüttermodell und setzte es in Holzminden um. Inzwischen hat sich die Arbeit der Tagesmütter kreisweit etabliert. In Holzminden erarbeitete Standards bei der Vermittlung von Betreuungspersonen sowie der Qualifizierung von Tagesmüttern sind in das seit 2005 geltende Tagesbetreuungsausbaugesetz eingeflossen. Mit finanzieller Unterstützung aus dem Europäischen Sozialfonds konnten wir diverse Qualifizierungs- und Beschäftigungsprojekte für Eltern umsetzen. Parallel dazu ermöglichte diese Förderung, eine Vermittlungsagentur für passgenaue Betreuungsangebote für Kinder aller Altersstufen einzurichten.

Doch nichts ist so gut, dass es nicht noch verbessert werden könnte! Deshalb beteiligen sich die kommunalen Gleichstellungsbeauftragten an der Aktion „Balance-Familie-Beruf“ des Niedersächsischen Ministeriums für Soziales, Frauen, Familie und Gesundheit: Im ersten Quartal 2006 wurden auf ihre Initiative in allen Samtgemeinden, dem Flecken Delligsen und der Stadt Holzminden Zukunftswerkstätten zur Kinderbetreuung durchgeführt. Dabei entwickelten Fachkräfte aus der offenen Jugendhilfe, pädagogische Mitarbeiterinnen der Kindertagesstätten, Eltern, Kommunalpolitikerinnen und –politiker Handlungsansätze zur Verbesserung der Familienfreundlichkeit und der Vereinbarkeit von Familie und Beruf. Mit der Methode Zukunftswerkstatt entstanden konkrete Projekte, die den örtlichen Gegebenheiten Rechnung tragen. Diese reichen von der Einrichtung eines Netzwerkes „Eltern in Not“ über die Sicherstellung von Ganztagsbetreuung für Kinder ab der Geburt bis hin zur Gründung einer Elternschule oder eines Mehrgenerationenhauses. Sie umfassen genauso kleinere Vorhaben, z.B. die Umgestaltung eines Schulhofes oder die Vergabe eines Elterndiploms, wie ambitionierte, größere Unterfangen, beispielsweise die Einrichtung einer Krippe. Sie sehen, es ist ein Blumenstrauß an Ideen entstanden, der zumeist durch bürgerschaftliches Engagement von den Akteuren vor Ort umgesetzt wird – meines Erachtens ein gelungener Beitrag, um Kinder- und Familienfreundlichkeit in jeder Kommune erlebbar zu machen.

Schließen möchte ich mit den Worten des Athener Staatsmannes Perikles, der 450 vor Christus lebte. Er sagte: „Es ist nicht unsere Aufgabe, die Zukunft vorauszusagen, sondern gut auf sie vorbereitet zu sein."

Literatur

Bertelsmann Stiftung/Landkreis Holzminden (Hrsg.), Demographiebericht für den Landkreis Holzminden, 2005.

BUND u.a. (Hrsg.), Aktiv für Landschaft und Gemeinde! Leifaden für eine nachhaltige Siedlungsentwicklung, 2006

Hesse, Joachim Jens, Förderung interkommunaler Zusammenarbeit in Niedersachsen, Untersuchung im Auftrag des Niedersächsischen Ministeriums für Inneres und Sport, Berlin 2006.

3. Was der demographische Wandel für die Kommunen bedeuten kann, erläutert Harald Rentsch an der besonderen Situation des Landes Schleswig-Holstein. Hier wird sich der Wandel bezüglich der Einwohnerzahlen rein quantitativ gesehen erst ab 2020 für das Land bemerkbar machen. Die Entwicklung in den Landkreisen und den kreisfreien Städten wird freilich sehr unterschiedlich verlaufen – mit Schrumpfungs-, Stagnations- und Wachstumsregionen. Der Alterungsprozess hat allerdings bereits überall eingesetzt, so dass der Anteil der Menschen, die älter als 60 Jahre sind, ab dem Jahr 2030 bei 36 Prozent der Gesamtbevölkerung liegen wird. Ein für die Kommunen bedeutsames Ergebnis dieses Prozesses wird sein, dass es bereits 2020 fast 75.000 Haushalte mehr geben wird als 2003.
Vor diesem Hintergrund beschreibt Rentsch die kommunalen Handlungsfelder und stellt Instrumente und Strategien vor, mit denen die Kommunen auf die vielfältigen Problemlagen durch den demographischen Wandel konstruktiv reagieren können. Er erläutert dabei auch den Strategiezyklus, der für den Umgang der Kommunen in Schleswig-Holstein mit dem demographischen Wandel entwickelt worden ist.

III Schleswig-Holstein im demographischen Wandel – Handlungsempfehlungen für die Kommunen

Harald Rentsch*

1. Einleitung

Schleswig-Holstein steht vor großen demographischen Veränderungen. In naher Zukunft werden im nördlichsten Bundesland nicht nur immer weniger Menschen leben – sie werden auch immer älter. Diese Entwicklung stellt die Gesellschaft – nicht nur in Schleswig-Holstein – vor vielfältige Herausforderungen. Vor allem in den Kommunen werden ökonomische, infrastrukturelle und soziale Veränderungen spürbar. Eine in die Zukunft gerichtete Kommunalpolitik muss diese Entwicklung analysieren und frühzeitig die richtigen Weichenstellungen treffen. Wer dies tut, sichert sich entscheidende Standortfaktoren. Die Entwicklungen in den Städten und Gemeinden werden regional sehr unterschiedlich sein. Daher kann es keine Standardlösungen geben. Eine Strategie für die Zukunft muss alle gesellschaftlichen Gruppen beteiligen.

*Unter Mitwirkung von Claudia Zempel, Dezernentin, Städteverband Schleswig-Holstein

2. Ausgangslage

Die demographischen Veränderungen der Bevölkerung in Deutschland und den meisten anderen europäischen Ländern wird unser künftiges Leben verändern. Der Blick auf Statistiken, Vorhersagen und Alterspyramiden zeigt, dass die Gesellschaft bereits in zehn bis 20 Jahren ein anderes Gesicht haben wird. Weniger, älter und bunter wird unsere Bevölkerung sein – drei Schlagworte, die den Wandel erahnen lassen.

Auch Schleswig-Holstein wird vom demographischen Wandel betroffen sein mit der Folge, dass sich Größe und Struktur der Bevölkerung verändern werden. Die Einwohnerzahl im Land insgesamt wird kurzfristig noch weiter ansteigen von 2.823.000 Ende 2003 auf rund 2.855.000 Ende 2010. Damit werden im Jahr 2010 in Schleswig-Holstein rund 32.000 Menschen mehr leben als heute. Erst nach 2010 wird die Einwohnerzahl insgesamt langsam zurückgehen. Die jährlichen Wanderungsgewinne des Landes werden dann nicht mehr ausreichen, die immer größer werdenden Sterbeüberschüsse auszugleichen. Mit 2.829.000 Einwohnerinnen und Einwohnern werden im Jahr **2020 in Schleswig-Holstein in etwa wieder so viele Menschen leben wie heute**. Danach werden die Einwohnerzahlen im Land insgesamt deutlich unter das Niveau von heute sinken. Eine modellhafte Weiterrechnung der 10.KBV[1] kommt zu dem Ergebnis, dass ohne Wanderungsgewinne aus anderen Bundesländern die Einwohnerzahl in Schleswig-Holstein bis zum Jahr 2050 auf 2.440.000 sinken wird. Das wären 383.000 Einwohnerinnen und Einwohner weniger als heute.

Die Einwohnerentwicklung in den einzelnen Kreisen und kreisfreien Städten in Schleswig-Holstein wird sehr unterschiedlich verlaufen. Es wird

- Schrumpfungsregionen geben, in denen die Einwohnerzahlen bis 2020 teilweise bereits deutlich zurückgehen werden,
- Stagnationsregionen, in denen im Jahr 2020 in etwa so viele Menschen leben werden wie heute, und

Wachstumsregionen, in denen die Einwohnerzahlen bis 2020 ansteigen werden.

[1] Koordinierte Bevölkerungsprognose

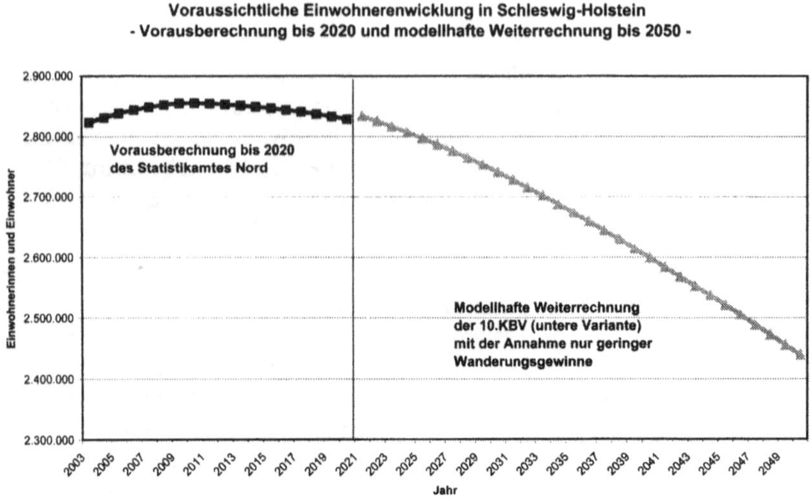

Quelle: Innenministerium des Landes SH, Abt. Landesplanung

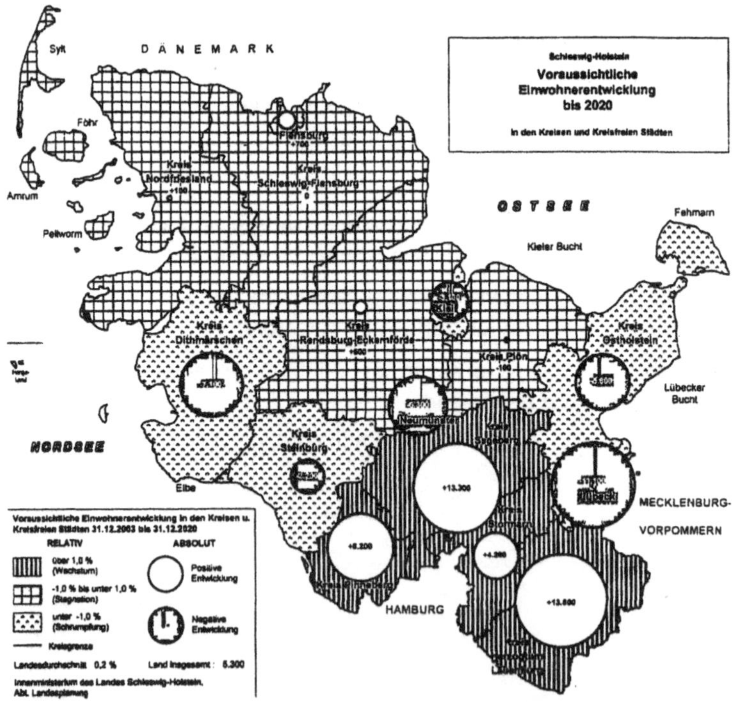

Quelle: Innenministerium des Landes SH, Abt. Landesplanung

Kreis / kreisfreie Stadt	Einwohnerinnen und Einwohner am 31.12.			Einwohnerentwicklung absolut		
	2003	2010	2020	2003 bis 2020	2003 bis 2010	2010 bis 2020
Flensburg	85.300	86.100	86.000	700	800	-100
Kiel	233.000	231.600	229.900	-3.100	-1.400	-1.700
Lübeck	212.800	208.900	201.700	-11.100	-3.900	-7.200
Neumünster	79.000	76.300	72.700	-6.300	-2.700	-3.600
Dithmarschen	137.400	135.600	130.300	-7.100	-1.800	-5.300
Herzogtum Lauenburg	184.900	193.400	198.700	13.800	8.500	5.300
Nordfriesland	166.300	168.100	166.400	100	1.800	-1.700
Ostholstein	205.100	205.800	199.500	-5.600	700	-6.300
Pinneberg	296.900	303.800	305.100	8.200	6.900	1.300
Plön	135.000	137.000	134.900	-100	2.000	-2.100
Rendsburg-Eckernförde	273.100	277.100	273.600	500	4.000	-3.500
Schleswig-Flensburg	199.600	202.000	199.600	0	2.400	-2.400
Segeberg	255.600	264.900	268.900	13.300	9.300	4.000
Steinburg	137.000	137.300	134.800	-2.200	300	-2.500
Stormarn	222.000	226.800	226.200	4.200	4.800	-600
Schleswig-Holstein	2.823.200	2.854.900	2.828.500	5.300	31.700	-26.400

Quelle: Innenministerium des Landes SH, Abt. Landesplanung

Während die Einwohnerzahlen in den meisten Landesteilen erst in einigen Jahren zurückgehen werden, hat der Alterungsprozess der Bevölkerung - als zweiter Aspekt des demographischen Wandels - seit einigen Jahren deutlich an Dynamik gewonnen. Bereits zwischen 1992 und 2002 ist der Anteil der Einwohnerinnen und Einwohner, die 60 Jahre und älter sind, an der Gesamtbevölkerung von 21% auf 25 % angestiegen. Bis **2020** wird dieser Anteil weiter auf 30% anwachsen. Dann werden in Schleswig-Holstein **rund 853.000 Menschen leben, die 60 Jahre und älter sind – über 131.000 mehr als Ende 2003**. Ab dem Jahr 2030, wenn die Generation der Baby-Boomer (Geburtsjahrgänge 1963 bis 1968) über 60 Jahre sein wird, wird der Anteil der 60-Jährigen und älter sogar bei etwa 36% liegen.

Gleichzeitig wird es immer weniger jüngere Menschen in Schleswig-Holstein geben. **Die Zahl der „unter 20-Jährigen" wird bis 2020 um rund 103.000 zurückgehen**. Und auch der Anteil der Einwohnerinnen und Einwohner von 20 bis unter 60 Jahren an der Gesamtbevölkerung wird bis 2020 zurückgehen. Es wird in dieser Altersgruppe 2020 zwar nur etwa 22.000 Einwohnerinnen und Einwohner weniger geben als heute, jedoch findet eine Verschiebung hin zu den höheren Altersjahrgängen statt. Dies hat vor allem Auswirkungen auf die Altersstruktur der Erwerbspersonen.

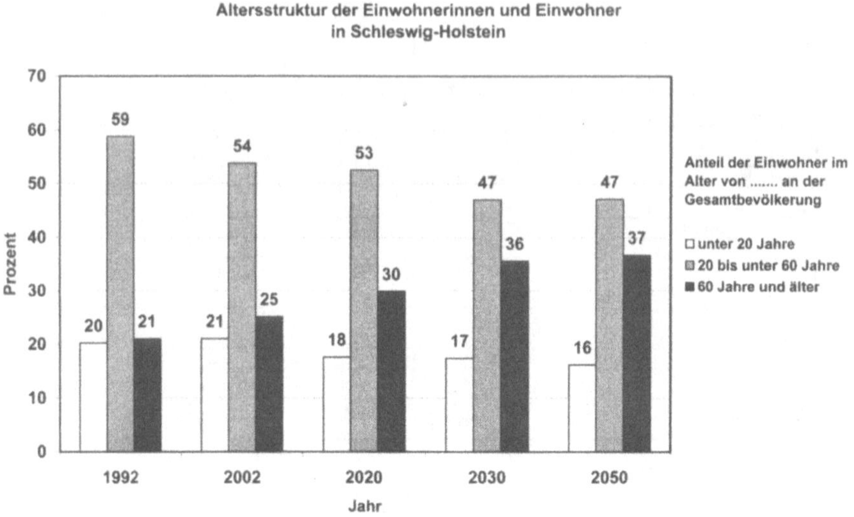

Quelle: Innenministerium des Landes SH, Abt. Landesplanung

Nicht überall im Land werden die Zunahme älterer Menschen und der Rückgang jüngerer Einwohnerinnen und Einwohner gleich stark ausfallen, denn die derzeitige Altersstruktur in den Kreisen und kreisfreien Städten Schleswig-Holsteins ist sehr unterschiedlich. **Am stärksten werden die vier Kreise im Umland von Hamburg vom Alterungsprozess betroffen sein**. Ingesamt werden in den Kreisen Herzogtum Lauenburg, Pinneberg, Segeberg und Stormarn 2020 etwa 50.000 Menschen mehr 75 Jahre und älter sein als im Jahr 2003. Und auch in den Umlandkreisen der Landeshauptstadt Kiel, in den Kreisen Rendsburg-Eckernförde und Plön sowie im Kreis Schleswig-Flensburg wird die Zunahme älterer Menschen überdurchschnittlich hoch ausfallen. In den kreisfreien Städten, in denen heute bereits überdurchschnittlich viele ältere Menschen leben, wird die Zunahme der Einwohnerinnen und Einwohner, die 75 Jahre und älter sind, hingegen weniger stark ausfallen. Die Alterung der Bevölkerung wird damit in den kommenden Jahren vor allem zu einem Thema der Hamburger Umlandkreise werden.

Die Zahl jüngerer Menschen wird prozentual am stärksten im Kreis Dithmarschen (- 26%) und in der kreisfreien Stadt Neumünster (- 25%) zurückgehen, während sie **absolut** am deutlichsten in den Kreisen Rendsburg-Eckernförde (-12.800) und Schleswig-Flensburg (- 10.800) sinken wird. In den kreisfreien Städten Kiel (- 1.500 / -8,5%) und Flensburg (- 3.400 / - 9,2%) wird der Rückgang bis 2020 sowohl absolut als auch prozentual am geringsten ausfallen.

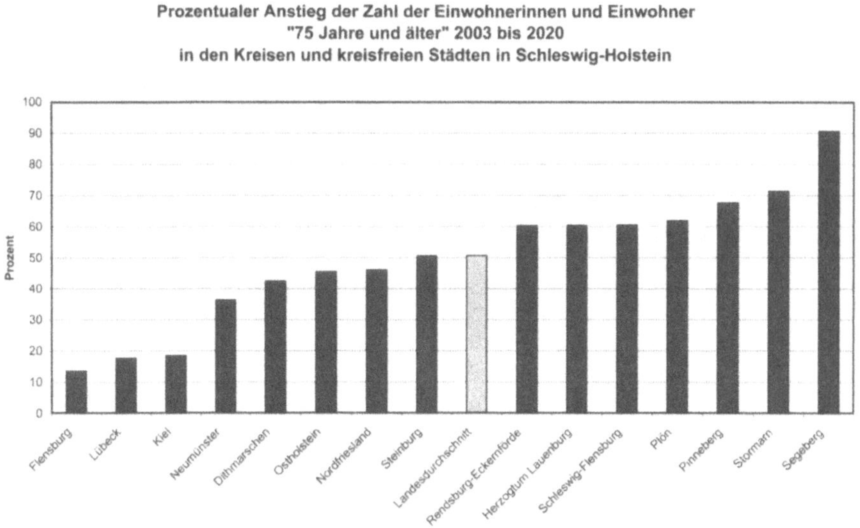

Quelle: Innenministerium des Landes SH, Abt. Landesplanung

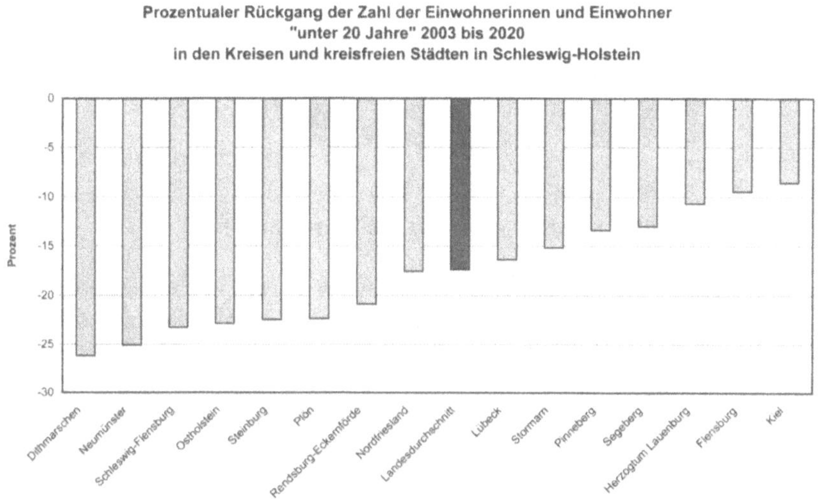

Quelle: Innenministerium des Landes SH, Abt. Landesplanung

Nicht nur die Bevölkerung, sondern auch die Erwerbspersonen werden in den kommenden Jahren im Durchschnitt immer älter. **2020** wird es im Vergleich zu heute **fast 150.000 Erwerbspersonen weniger im Alter zwischen „35 und un-**

ter 45 Jahre" geben und fast 100.000 mehr, die „55 Jahre und älter" sind. Die Zahl der Erwerbspersonen wird zunächst noch um rund 23.000 bis 2013 weiter ansteigen, danach **aber** wieder zurückgehen. Im Jahr 2020 wird es in Schleswig-Holstein etwa so viele Erwerbspersonen geben wie heute. Erst nach 2020 wird die Zahl der Erwerbspersonen deutlicher sinken. Während die Zahl der Männer unter den Erwerbspersonen bis 2020 um rund 14.000 zurückgehen wird, steigt die Zahl der weiblichen Erwerbspersonen aufgrund der weiter steigenden Erwerbsbeteiligung der Frauen etwa in gleichem Umfang an.

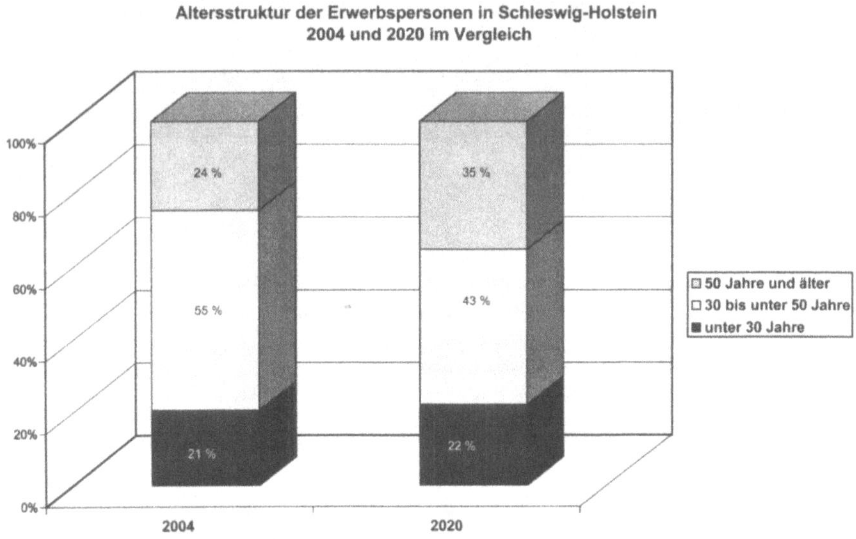

Quelle: Innenministerium des Landes SH, Abt. Landesplanung

Obwohl die Einwohnerzahl in Schleswig-Holstein im Jahr 2020 in etwa so hoch sein wird wie heute, wird es aufgrund der Alterung der Bevölkerung **2020 fast 75.000 Haushalte mehr geben als 2003**. Denn je älter jemand wird, um so eher wird er oder sie in einem eigenen Haushalt oder in einem Zwei-Personenhaushalt leben. Daher wird es zukünftig nicht nur immer mehr, sondern auch immer mehr **Haushalte** mit älteren Menschen geben. Auch die durchschnittliche Haushaltsgröße sinkt weiter ab. Diese Entwicklungen müssen insbesondere beim Wohnungsangebot berücksichtigt werden.

Die Zahl der **Haushalte** wird am stärksten in den vier Hamburg-Umlandkreisen ansteigen, denn hier nimmt bis 2020 nicht nur die Einwohnerzahl am stärksten zu, auch die Zahl älterer Menschen steigt am deutlichsten an.

3. Kommunale Handlungsfelder

Von zentraler Bedeutung für Kommunen im demographischen Wandel ist die genaue Analyse der verschiedenen kommunalen Handlungsfelder. Ob Arbeitsmarkt- und **Wirtschaftsstruktur**, soziale und technische Infrastruktur, Einzelhandel, Nahversorgung, öffentliche Dienstleistungen, Mobilität, Wohnen oder Finanzen: die demographischen Veränderungen wirken sich auf Planungen und Entwicklungen in fast allen Aufgabenbereichen einer Kommune aus. Die Kommunen sollten daher bei ihren Investitionen oder Maßnahmen immer auch die Frage berücksichtigen, ob diese vor dem Hintergrund einer sinkenden und älter werdenden Einwohnerstruktur noch sinnvoll sind. Hierzu in aller Kürze einige Aspekte:

Sicher ist, dass sich der **interkommunale Standortwettbewerb** verschärfen wird. Kommunen werden nicht nur verstärkt um die Ansiedlung von Unternehmen konkurrieren, sondern auch als Wohnstandort im Wettbewerb stehen. Es gilt, durch eine hohe Lebensqualität und gute Arbeitsmarktchancen die Abwanderung insbesondere von Fachkräften zu verhindern und Anreize für Zuwanderung von außen **zu** setzen. Außerdem kann eine **verbesserte Kinder- und Familienfreundlichkeit der Kommunen** dazu beitragen, die Geburtenrate langfristig anzuheben. Bei der Steigerung der Standortattraktivität hat dabei die Familienförderung eine besondere Bedeutung. Hier sollte es Ziel sein, eine verbesserte Ausschöpfung des vorhandenen Erwerbspersonenpotenzials durch eine flexible, bedarfsgerechte Kinderbetreuung, mehr Ganztagsunterricht und familienfreundlichere Beschäftigungsverhältnisse in den Kommunen (z.B. Telearbeit und flexible Arbeitszeitmodelle) zu ermöglichen und zu fördern. Zur Vermeidung einer ruinösen Konkurrenz zwischen den Städten und Gemeinden ist eine interkommunale Abstimmung dringend geboten. Dies gilt insbesondere für die Ausweisung besonders günstiger Baugebiete zur Beeinflussung von Wanderungsbewegungen. Angesichts stagnierender bzw. sinkender Bevölkerungszahlen kann dies zu erhöhten Kosten durch nicht ausgelastete Baugebiete führen. Interkommunale Kooperationen können hierbei zu einem kostengünstigeren Angebot führen, das besser auf den tatsächlichen Bedarf abgestimmt ist.

Der **Anpassungsbedarf der sozialen Infrastruktur** wird sich entsprechend des derzeitigen Bestandes und der künftigen Bevölkerungsentwicklung regional stark unterscheiden. Anpassungsplanungen haben daher die lokalen Besonderheiten zu berücksichtigen. Gleichzeitig ist zu beachten, dass das lokale Infrastrukturangebot als ein Gesamtsystem verstanden werden muss, bei dem Änderungen in **Teilbereichen** erhebliche Auswirkungen auf andere Infrastrukturbereiche und die Lebensqualität einer Gemeinde haben können. So tragen vor allem **Schulen und Kindertageseinrichtungen** erheblich zur Identität einer Gemeinde bei. Daher wird es bei rückläufigen Kinderzahlen eine zentrale Herausforderung kommunaler Schul- und Kindertagesstättenpolitik sein müssen, die Schließung von Standorten durch Flexibilisierung der Angebotsstrukturen zu vermeiden oder dort wo es notwendig ist, akzeptable Alternativen zu entwickeln. So könnten beispielsweise bisherige Schulen und Kindergärten als kulturelle Einrichtungen weiter genutzt werden.

In der **Altenpflege** kommt der Entwicklung neuer Betreuungsmodelle und einer stärkeren Konzentration auf ambulante Betreuungsformen eine entscheidende Bedeutung zu, da viele Seniorinnen und Senioren wünschen, im gewohnten Umfeld alt werden zu können. Daher müssen alternative Konzepte für betreutes Wohnen, wie sie bereits von vielen Kommunen erfolgreich umgesetzt werden, verstärkt und weiter entwickelt werden. Außerdem müssen Kommunen beachten, dass der Bedarf an altersgerechter sozialer Infrastruktur ab dem Jahr 2030 langsam wieder absinken, aber weiterhin über dem jetzigen Niveau liegen wird. Dementsprechend sollten die Pflegestrukturen insgesamt ausgebaut werden, insbesondere aber durch ambulante Betreuungsformen, um die Flexibilität der Angebote sicherzustellen.

Erhebliche Bedeutung für die Kommunen hat die Entwicklung der **technischen Infrastrukturen**. Da bei Unterauslastung der Versorgungsnetze teilweise erhebliche Folgekosten entstehen und die Planungs- und Abschreibungszeiträume sehr lang sind, müssen Anpassungsmaßnahmen in Bezug auf die Bevölkerungsentwicklung sehr frühzeitig geplant werden. Dazu ist eine Synchronisierung von Bevölkerungsentwicklung und Investitionszyklen der technischen Infrastruktur erforderlich. Aufgrund der großen lokalen Unterschiede bei der Bevölkerungsentwicklung und des gegenwärtigen Erhaltungszustandes der technischen Infrastruktur müssen die Kommunen hier zu flexiblen und eigenständigen Lösungen kommen.

Der Rückbau von Überkapazitäten kommt aus finanziellen Gründen meistens erst dann in Frage, wenn die entsprechenden Infrastrukturanlagen abgeschrieben sind. Aufgrund der erheblichen Kosten des Rückbaus ist diese Maßnahme nicht zwangsläufig auch die ökonomischste Lösung. Bei geringerer Unterauslastung kann z.B. das regelmäßige Durchspülen von Versorgungsleitungen eine kurz- und mittelfristige Lösung sein, um Ablagerungen zu vermeiden. Dies gilt insbesondere dann, wenn die entsprechenden Anlagen eine lange Nutzungsdauer haben und noch nicht abgeschrieben sind. Allerdings führt auch dieser Ansatz zu einer dauerhaften Erhöhung der Versorgungskosten.

Interkommunale Kooperationen können kurz- bis mittelfristig zu deutlichen Kosteneinsparungen führen. Es gibt in Schleswig-Holstein eine lange kommunale Tradition der Bildung von Zweckverbänden, bei der die Aufgaben - beispielsweise der Abwasserbeseitigung - von den Kommunen auf einen Wasser- und Bodenverband übertragen werden. Die gemeinsame Bereitstellung und Unterhaltung der technischen Anlagen sowie die Verwaltung der Nutzungsgebühren durch einen Zweckverband ermöglichen Synergieeffekte, die als Kostenvorteile direkt an den Kunden weitergegeben werden können.

Langfristig ist eine schrittweise Rückführung der Kapazitäten das wichtigste Element der Anpassung der technischen Infrastruktur. Insbesondere in den ländlichen Räumen mit einer geringen Siedlungsdichte und zurückgehender Bevölkerung wird es zudem darauf ankommen, neue Entsorgungslösungen zu finden. Dazu gehört auch die Konzentration der Ver- und Entsorgungsnetze auf die Siedlungskerne. Streusiedlungen mit nur wenigen Einwohnern werden auch künftig am kostengünstigsten durch dezentrale Infrastrukturlösungen versorgt werden. Dazu gehören insbesondere dezentrale Kleinkläranlagen. Parallel dazu ist schon heute die Siedlungsentwicklung auf die Innenbereiche zu konzentrieren.

Vor dem Hintergrund stagnierender bzw. teilweise sogar rückläufiger Wohnungsnachfrage sollte der Schwerpunkt **kommunaler Wohnungspolitik** auf der Bestandsentwicklung anstelle einer Neuausweisung von Wohngebieten liegen. Aufgabe der Kommunen wird es sein, in Zusammenarbeit mit den ansässigen Wohnungsunternehmen Konzepte und Maßnahmen zu entwickeln, um die Attraktivität des Wohnungsbestandes und des Wohnumfeldes zu sichern bzw. zu steigern.

Eine Grundlage bieten **kommunale Wohnraumversorgungskonzepte**, mit denen Kommunen eine Moderatorenrolle zwischen den Akteuren der Wohnungswirtschaft einnehmen können. In Rahmen einer vorausschauenden Untersuchung des Wohnungsmarktes sind folgende Aspekte besonders zu berücksichtigen:

- Analyse der differenzierten Entwicklungen auf dem Gesamtmarkt und seinen Teilmärkten
- Darstellung der städtebaulichen Potenziale
- Ermittlung des Handlungsbedarfs bei Neubau und Bestandsentwicklung
- Maßnahmenplanung.

Wohnraumversorgungskonzepte sind auch die Basis für eine bedarfsgerechte Wohnraumförderung nach dem Wohnraumförderungsgesetz. Das Land kann bei der Vergabe von Wohnungsbaufördermitteln kommunale Wohnraumversorgungskonzepte zu Grunde legen. Für Wohnungsbaumaßnahmen hat die Landesregierung verschiedene Förderprogramme zur Verfügung gestellt, auch das Bundesprogramm „Soziale Stadt“ kann dazu genutzt werden.

Wohnungsneubau kann nur für diejenigen Gemeinden eine Option sein, in denen mit einer auch langfristig stabilen Wohnungsnachfrage zu rechnen ist. Dies betrifft vor allem den Hamburger Rand und die Kieler Umlandgemeinden. Neubau kommt außerdem dann in Frage, wenn der Bestand in einer Kommune nicht mehr verwertbar ist und damit die Wohnungsnachfrage nicht mehr decken kann. Dabei muss beachtet werden, dass ein attraktiver Wohnungsbestand ein entscheidender Faktor im kommunalen Wettbewerb um Einwohner ist. Kommunale Wohnungspolitik ist daher ein wichtiges Instrument bei der Beeinflussung der lokalen Bevölkerungsentwicklung und der Vermeidung von Einwohnerverlusten.

Im Wohnungsneubau sollte zudem die Binnenverdichtung - soweit möglich - Vorrang vor der Neuausweisung von Wohngebieten haben. Bei der Erschließung neuer Wohngebiete sind in Zukunft die Infrastrukturfolgekosten besonders zu beachten, um eine Unterauslastung dieser Einrichtungen zu vermeiden. Gerade weil neue Wohngebiete kleinräumige Wanderungsbewegungen auslösen können, kommt der vorherigen interkommunalen Abstimmung entsprechender Planungen eine besondere Bedeutung zu. Ziel sollte es sein, Leerstände zu vermeiden, wie sie in den 90er Jahren teilweise von Gewerbegebieten bekannt sind.

4. Kommunale Instrumente und Strategien im Umgang mit dem demographischen Wandel

Wie können Kommunen in Schleswig-Holstein auf den demographischen Wandel reagieren? Welche Handlungsmöglichkeiten gibt es überhaupt und was lässt sich auf kommunaler Ebene gestalten?

Da die regionalen Unterschiede hinsichtlich der Bevölkerungsentwicklung beispielsweise zwischen den kreisfreien Städten, dem Hamburger Umland und den ländlichen Räumen zum Teil recht groß sind, gibt es keine Patentrezepte für die vielfältigen Problemlagen. Vielmehr müssen die Kommunen individuelle Lösungen entwickeln, die den spezifischen Problemen vor Ort gerecht werden. Hierbei kann ein intensiver Austausch zwischen Kommunen mit ähnlichen Rahmenbedingungen förderlich sein oder auch die interkommunale Zusammenarbeit von Kommunen einer Region zu pragmatischen Konzepten führen und so die kommunalen Handlungsmöglichkeiten erweitern.

So haben sich bereits viele ländliche Gemeinden im Rahmen der Ländlichen Struktur- und Entwicklungsanalysen (LSE) gemeinsam mit ihren Nachbarn in Städten und Dörfern Gedanken über die wirtschaftliche, kulturelle und ökologische Zukunft gemacht. Für den Erhalt der Lebensqualität in den Kommunen Schleswig-Holsteins ist es notwendig, bei allen Planungen und Entscheidungen die demographische Entwicklung im Blick zu haben. Dies erfordert vernetztes Denken und fachübergreifendes Handeln von Politik und Verwaltung. Auch die Einbindung von Vereinen, Verbänden und Unternehmen sowie engagierten Bürgerinnen und Bürgern kann neue Perspektiven eröffnen.

Sicher ist, dass ein Großteil der konkreten Strategien zum Umgang mit dem demographischen Wandel auf kommunaler Ebene greifen muss. Bund und Land schaffen zwar Rahmenbedingungen, für die Ausgestaltung der Lebensqualität in den Städten oder Gemeinden sind jedoch die Kommunen verantwortlich.

Da der demographische Wandel nahezu alle kommunalen Handlungsfelder – von der Altenpflege über Kinderbetreuung bis zum Wohnungsbau – betrifft, stellt sich die Frage, wie ein solcher Prozess zu gestalten und zu koordinieren ist und wer wie und wann eingebunden werden sollte. Hierbei ist zu beachten, dass es nicht darum gehen kann, kurzfristig Entscheidungen zu treffen, sondern vielmehr darum, bei künftigen kommunalen Entscheidungen den demographischen Wandel regelmäßig zu berücksichtigen. Hierbei handelt es sich also um eine kommunale Daueraufgabe, die Zeit und Ressourcen kostet, jedoch mittel- bis langfristig gesehen eine Investition in die Zukunft darstellt. Idealtypisch wäre ein Strategiezyklus wie ihn der Leitfaden für Kommunen in Schleswig-Holstein vorschlägt und der das Thema demographischer Wandel in Verwaltung, Politik und Bürgerschaft verankert. Wichtig sind dabei ressortübergreifende Planungen und eine dauerhafte Integration des Themas in kommunale Projekte. Je nach Stand der individuellen Diskussion in einer Kommune oder der Erfahrungen mit integrierten Planungen und Prozessen müssen nicht alle Phasen eingehalten werden.

Quelle: Leitfaden für Kommunen "Schleswig-Holstein im demographischen Wandel – Ein Beitrag zur Diskussion" 2005

Jeder Ebene aus Verwaltung und Politik kommen dabei spezifische Aufgaben zu. Ein zentraler Erfolgsfaktor für die Gestaltung des demographischen Wandels ist die Unterstützung durch die Führung aus Verwaltung und Politik. Demographie sollte Chefsache sein, erst dann können notwendige Entscheidungen getroffen werden. Welche Methoden und Instrumente in den verschiedenen Phasen nützlich sein können, muss jede Kommune selbst entscheiden.

Für jede einzelne Phase des o. a. Strategiezyklus gibt es verschiedene Umsetzungsmöglichkeiten:

(1) Sensibilisierung der Entscheidungsträger durch

a) Einrichtung einer Prozessorganisation z. B.

- die Einsetzung eines Demographiebeauftragten,
- die Bildung einer aufgabenübergreifenden Arbeitsgruppe und/oder
- die Durchführung eines konkreten Projekts

b) Sicherstellung von Information und Kommunikation

- aller Zielgruppen (auch der Bürgerinnen/Bürger) und
- der Medien durch
  - • Infoveranstaltungen,
  - • Infomaterial und
  - • Medienarbeit.

(2) Analyse der Ausgangssituation wichtiger Handlungsfelder durch

(a) die Auswahl konkreter Analyse (Themen-)felder (vgl. dazu unter 3.),

(b) eine grundlegende orts- und regional bezogene Datensammlung und

(c) eine sorgfältige Auswertung der gesammelten Daten.

(3) Szenario - Entwicklung

anhand der Analyse der Ausgangssituation in den wichtigen kommunalen Themen-(Handlungsfeldern). Inhalte sind Prognose, Alternativ- und Vorbeugungsszenarien. Dafür eignen sich

- Workshops und
- Gutachten.

(4) Zieldefinition

Da es dabei um die Entwicklung von strategischen und operativen Zielen geht, die **alle** Bürgerinnen/Bürger betreffen, ist es - spätestens in dieser Phase - unabdingbar, diese in den Zielfindungsprozess einzubinden. Die positiven Erfahrungen mit Beteiligungsverfahren (z. B. im Planungsbereich oder bei der Aufstellung von Bürgerhaushalten) sprechen eindeutig dafür.

Die frühzeitige Beteiligung der Bürgerinnen/Bürger sichert bereits zu diesem Zeitpunkt die Durchführung der nächsten Phase: Maßnahmenplanung und -durchführung.

Die Zieldefinition kann z. B. erfolgen durch Zielfindungs-Workshops unter fachkundiger Moderation oder Mediation (letztere ist besonders geeignet, wenn unter Beachtung widersprechender Interessen ein von allen getragenes Ergebnis zustande kommen soll!),

(5) Maßnahmenplanung und -durchführung

In dieser Phase geht es um die konkrete Umsetzung von Projekten und Maßnahmen entsprechend der Zieldefinition. Durch die Beteiligung der Bürgerinnen/Bürger auch an dieser Phase kann deren ehrenamtliches Engagement gesichert und verstärkt werden. Erforderlich ist deshalb die Anwendung kreativer Techniken - wie sie z. B. in der Mediation bei der Lösungsfindung bekannt und bewährt sind. Denkbar sind auch die Durchführung von Pilotprojekten, die Anwendung der Bürgerbeteiligungsverfahren der schleswig-holsteinischen Kommunalverfassung oder die Durchführung von Zukunftskonferenzen. Da es häufig um widerstrebende Interessen gehen wird, bei denen eine (möglichst) konsensuale Lösung nur unter fachkundiger Anleitung erreicht werden kann, bietet sich häufig auch die Durchführung eines Mediationsverfahrens an.

(6) Controlling

Die im Rahmen eines Controllings durchgeführte Bewertung von Maßnahmen oder Projekten kann häufig schon durch vorhandene Controllingsysteme oder das in der schleswig-holsteinischen Kommunalverfassung geregelte Berichtswesen erfolgen.

5. Der Leitfaden in Schleswig-Holstein

Die Landesregierung, die kommunalen Landesverbände des Landes Schleswig-Holstein und die Firma Rambøll Management haben 2004 und 2005 gemeinsam in einer interdisziplinären Arbeitsgruppe einen Leitfaden für Kommunen „Schleswig-Holstein im demographischen Wandel – Ein Beitrag zur Diskussion“ erarbeitet, mit dem die Problemlagen und Handlungsansätze der Kommunen rund um das Thema dargestellt werden. Im November 2005 ist daraus eine Broschüre entstanden, die neben allgemeinen Denkanstössen auch wichtige Hinweise gibt, wie Kommunen mit dem Thema umgehen können. Sie bietet damit praktische Hilfen zur Selbsthilfe und möchte dazu anregen, sich frühzeitig mit dem Thema zu befassen und dieses als kommunale Daueraufgabe zu begreifen.

Die Broschüre steht kostenfrei auf folgenden Internetseiten als download zur Verfügung:

www.staedteverband-sh.de
www.demographie.schleswig-holstein.de

4. Während in den alten Bundesländern die Auswirkungen des demographischen Wandels erst allmählich sichtbar werden und dort zu vorausschauenden Planungen und Strategien Anlass geben, stehen viele Kommunen in Ostdeutschland schon jetzt vor dramatischen Veränderungen. Hier wird, wie Elisabeth Merk in ihrem Beitrag nachweist, schon jetzt deutlich, was der demographische Wandel längerfristig an Problemen aufwerfen wird.

Am Beispiel der Stadt Halle zeigt Merk, wie hier auf die Notwendigkeit, die Parameter der Stadtentwicklung neu zu definieren, reagiert wurde. Im Mittelpunkt des Vorgehens stand ein kooperativer Planungsansatz und folglich die Anwendung unterschiedlicher Beteiligungsverfahren, denn: „Städte im Umbruch benötigen in besonderem Maße einen Raum für Auseinandersetzungen mit der emotionalen Dimension der Stadt" (S. 143). Dabei werden freilich auch nicht die Grenzen solcher Verfahren verschwiegen und ebenso wenig die materiellen und personellen Voraussetzungen, die sie erfordern.

IV Akzeptanz der Auswirkungen von Schrumpfungsprozessen durch kooperative Planungsstrategien – das Beispiel Halle

Elisabeth Merk

1. Rahmenbedingungen

Halle an der Saale gehört zu den Städten in Ostdeutschland, die bedingt durch die gesellschaftlichen und wirtschaftlichen Veränderungen seit 1989 einen dramatischen Strukturwandel bewältigen müssen.

Die Rahmenbedingungen für Stadtentwicklung und Planung werden neben den Faktoren Stadtumlandwanderung und Fernwanderung maßgeblich durch den demographischen Wandel beeinflusst. Während sich dies trotz aller Hiobsbotschaften zum Thema Geburtenraten in den westlichen Bundesländern zuallererst in den Themen der Feuilletons niederschlägt, zeigen sich die Folgen dieser Transformationsprozesse in den neuen Bundesländern bereits in ihrer rasanten Dynamik.

Der Bevölkerungsrückgang und die Verlagerungsprozesse, die derzeit zwischen Wachstums- und Schrumpfungsregionen stattfinden, machen in ihren Auswirkungen an Städten wie Halle, Leipzig, Chemnitz und Dessau deutlich, was der demographische Wandel längerfristig an Problemfeldern aufwirft.

Halle erfuhr in den sechziger Jahren einen rasanten Bevölkerungsanstieg auf über 320.000 Einwohner: allein Halle Neustadt zählte damals 100.000 Einwohner. Die Zahlen von heute: 237.000 Einwohner mit abnehmender Tendenz und über 30.000 leerstehende Wohnungen spiegeln den starken strukturellen Veränderungsprozess wieder.

Gewachsenes Bürgertum bildet die Minderheit unter den Bewohnern der Stadt Halle und die Probleme, mit denen die Stadt zu kämpfen hat, sind zahlreich:Arbeitslosigkeit, Wohnungsleerstand, Abwanderung und Ratlosigkeit bestimmten die Diskussion Anfang 2000. Neben der Erarbeitung eines integrierten Stadtentwicklungskonzeptes, für das die Stadt beim Stadtumbau-Ost Wettbewerb einen Preis gewann, gelang es durch eine aktive Herangehensweise und ein moderiertes Abstimmungsverfahren, die unterschiedlichen Akteure für den Stadtumbau zu verpflichten und einen Imagewandel herbeizuführen. Gleichzeitig regt sich aber auch wiedererwachter Bürgerstolz, der eine Beteiligung an der Stadtentwicklung einfordert.

60 % der Bürger in Halle leben in Umstrukturierungsgebieten und sehen sich in ihrer direkten Nachbarschaft täglich mit den Folgen von Leerstand und Abriss konfrontiert. Dies gilt gleichermaßen für die Altstadt wie für die Neustadt, während die Quartiere der Innenstadt mit ca. 15.000 Leerstehenden Wohnungen in dem sensiblen Gefüge der Altbau- und Denkmalsubstanz empfindliche Störungen verzeichnen. Anfang 2000 stand die Stadt Halle vor der Herausforderung, den zunehmend im Stadtgefüge sichtbar werdenden Abwanderungsfolgen eine Strategie entgegen zu setzen. Das Thema Stadtumbau wurde zum Schwerpunkt der gesamten Stadtentwicklungspolitik.

Dennoch blieben als Handlungsgrundlage viele der klassischen städtebaulichen Grundsätze bestehen:

- Priorität der Innenentwicklung und der Nachnutzung von freiwerdenden Flächen.
- Sanierung und Erneuerung des baukulturellen Erbes im Bestand.
- Funktionale Gliederung für die Entwicklungsschwerpunkte.
- Infrastrukturvernetzung.
- Qualität der städtebaulichen Entwicklung.
- Natur und Landschaftsressourcen.

Durch den Paradigmenwechsel der Rahmenbedingungen von einer wachsenden Stadt zu einer „shrinking city“ ergab sich jedoch die Notwendigkeit, die Parameter der Stadtentwicklung neu zu definieren. Das raumstrukturelle Leitbild sowie die Instrumente der vorbereitenden und verbindlichen Bauleitplanung wurden durch den rapide voranschreitenden Schrumpfungsprozess grundsätzlich in Frage gestellt.

Sah der erst 1998 beschlossene Flächennutzungsplan noch in erheblichen Umfang Bauland für Wohnnutzungen vor, so hatte er bereits 2004 seine Aktualität in großen Teilen verloren und bedurfte einer grundlegenden Überarbeitung und Fortschreibung. Ebenso konnte in den stark von Umstrukturierungsmaßnahmen betroffenen Stadtquartieren mit formalen Planungsinstrumenten nur noch in Einzelfällen erfolgreich gearbeitet werden.

2. Strategische Schwerpunktsetzung

Neben den fachlichen Inhalten und den Fragen der Steuerung des Stadtumbauprozesses wurde schnell deutlich, dass ein kooperativer Planungsansatz ebenso wie ein großer Freiraum für unterschiedliche Beteiligungsverfahren für eine erfolgreiche Stadtumbaustrategie unverzichtbar sein würden.

Die Stadt Halle konzentrierte sich in ihrer Strategie auf vier Schwerpunktsfelder:

- Organisationsstruktur und Beteiligungsprozess.
- Öffentlichkeitsarbeit.
- Wandel des Raumstrukturellen Leitbildes und der Planungspraxis.
- Fördermittelsteuerung.

2.1 Organisationsstruktur und Beteiligungsprozess

Die anspruchsvollen und schwierigen Planungsprobleme und erst recht die damit verbundenen Steuerungsprobleme können nur im engsten Einvernehmen zwischen Stadtplanung und Wohnungswirtschaft behandelt werden. Daher waren Kooperation und Konsens statt Konfrontation unter den Beteiligten erklärte Arbeitsgrundlage im Stadtumbaunetzwerk. Dies wurde ergänzt durch konkrete Festlegungen auf gemeinsame Ziele aller Beteiligten in dem Versuch, der Herausforderung des Schrumpfungsprozesses engagiert zu begegnen, anstatt allein „schöne Bilder“ des Rückbaus zu produzieren.

Der Aufbau einer erfolgreichen Organisationsstruktur war folgerichtig von Anfang an eine wichtige Komponente des gesamten Arbeitsprozesses der Stadtentwicklungskonzeption. Ausgehend von der gesamtstädtischen Ebene wurde die Arbeitsgruppentätigkeit bis auf die Quartierskonzeptebene transformiert. Beteiligungsumfang und –formen unterliegen dabei einer ständigen Erweiterung und Veränderung. Verantwortung, Konzepte und Erwartungen im Stadtumbauprozess zu teilen und über einen extern moderierten Beteiligungsprozess sowie eine qualifizierte Organisationsstruktur gemeinsam getragene Umsetzungsstrategien zu entwickeln, war das Hauptanliegen des Partizipationsprozesses in der Stadt Halle.

Gerade innerhalb der innovativen Konzepte gewann der interdisziplinäre ressortübergreifende Ansatz innerhalb der Planungsstrategien zunehmend an Bedeutung. Auf verschiedenen Ebenen finden seit 2000 kooperative Planungsansätze im Rahmen des Stadtumbauprozesses in der Stadt Halle statt. So konnte mit Hilfe eines Bundesforschungsprojektes ein Planspiel zum Thema Innenstadt und innerstädtisches Wohnen mit Bezügen zum Flussraum der Saale durchgeführt werden. Darauf aufbauend entstand eine Vielzahl von kooperativen Verfahren, die nunmehr einen festen Bestandteil der städtischen Planungsstrategie bilden, einige seien hier genannt:

- In Kooperation mit der Wohnungswirtschaft werden Stadtteilentwicklungskonzepte erstellt; Kommune und Unternehmen beauftragen gemeinsam planerische Konzepte und präsentieren sie gemeinsam der Öffentlichkeit.

- Das integrierte Stadtteilentwicklungskonzept bezieht nicht nur ressortübergreifend die unterschiedlichen Fachdisziplinen mit ein, sondern wird mit den Akteuren gemeinsam zur Entscheidungsreife gebracht; dazu wurde eigens die Lenkungsgruppe Stadtumbau unter dem Vorsitz der Oberbürgermeisterin gegründet.

- Alle räumlichen Planungen, die in den Stadteilentwicklungskonzepten festgelegt werden, müssen in regelmäßigen Abständen unter Einbeziehung von Bürgerbeteiligungen fortgeschrieben werden.

- Informelle Planungsansätze und Methoden streben eine neue fachliche Herangehensweise durch innovative Partizipationsprozesse an.

- Die kulturelle Dimension im Stadtumbau und die daran geknüpften temporären Projekte (Beispiel?)werden als aktiver Beitrag einer kooperativen Planung verstanden.

- Über Aneignungsprojekte in den Quartieren werden Konzepte zur Verbesserung der Integration von Bürgern mit Migrationshintergrund angestrebt.

- Kinderbeteiligungsprojekte nehmen einen wichtigen Stellenwert ein.

-Stadtteilbüros, Konfliktmanagementstellen, Stadtteilkonferenzen, Bürgergutachten und Planungsworkshops sollen den Stadtentwicklungsprozess stärker für Kooperation mit den Akteuren öffnen.

- Das Netzwerk Wohnen und das Netzwerk Stadtumbau begleiten von Anfang an den Prozess mit dem Ziel, durch einen extern moderierten Prozess zu einer größeren Akzeptanz, aber auch zu einer Transparenz der Entscheidungen zu gelangen.

- Als Kooperationsvereinbarungen werden neben formellen Vorgehensweisen - wie städtebaulichen Verträgen, Stadtumbauverträgen - auch informelle Vereinbarungen getroffen.

- Interkommunale Kooperation wird gerade unter dem Gesichtspunkt, Interessen zu bündeln und in Clusterstrategien zu arbeiten, angestrebt

2.2 Öffentlichkeitsarbeit

Wohnungswirtschaft, Stadtwerke, Haus und Grund e. V. und die Stadt Halle (Saale) verfolgen mit einer gemeinsamen finanzierten PR-Kampagne „Halle baut um" das Ziel, Halle als lebenswerte und investoren- bzw. wirtschaftsfreundliche Stadt nach außen zu präsentieren. Dies geschieht mittels direkt erfahrbarer (was ist darunter zu verstehen?) Informationen zum Grundcharakter des Stadtumbaus. Ziel ist es, durch innovative Lösungsansätze das Wohnwertimage der Stadt zu verbessern. Die Kampagne setzt darauf, mit Hilfe von Meinungsbildern (was ist darunter zu verstehen?) sowohl stadtintern zu informieren und zum Mittun anzuregen als auch den Prozess des Wandels außerhalb der Stadt zu deren deutschlandweiter Profilierung zu nutzen. Die Bewerbung Halles zur europäischen Kulturhauptstadt 2010 stand unter dem Motto „Halle verändert". Die Stadt bekannte sich damit offen zur den Herausforderung des Stadtumbaus und erreichte damit die zweite Runde sowie ein positives internationales Echo.

2.3 Wandel des Raumstrukturellen (s. oben Pt. 2) Leitbildes und der Planungspraxis

Die veränderten Rahmenbedingungen, in denen sich die Stadtentwicklung unter dem Vorzeichen der Schrumpfung vollzieht, bringen zwangsläufig nicht nur einen Paradigmenwechsel bei den Inhalten der Planungen, sondern wirken sich auch ganz stark auf das Wie der Planung aus. Als kommunalpolitisches Handlungsziel wurde in Halle eine Schrumpfungsstrategie entwickelt, die weit über die städtebaulichen Planungen hinausging und alle Fragen der Infrastrukturplanung mit einbezieht. Der Wandel des baustrukturellen (was ist ein raum- und was ein baustrukturelles Leitbild?) Leitbildes und der Planungspraxis, zusammen mit der Notwendigkeit der Neudefinition von Stadtgestalt und Identität steht kritisch zur Diskussion.

Im Zentrum der Umsetzung stehen nicht allein formelle operative Planungen, sondern aktiv begleitete Moderationsprozesse sowie im Konsens erarbeitete Handlungsstrategien. Das raumstrukturelle Leitbild der Stadt Halle (Saale) zeigt durch den Stadtumbau grundlegend Neuerungsbedarf auf. Sollen die informellen Planungen nicht ins Leere driften, müssen zwingend neue räumliche Vorstellungen vorbereitet werden, die durch ihre Wechselwirkung in den Feldern von Bodenordnung und Eigentumsverhältnissen zunehmend an Brisanz gewinnen.

2.4 Fördermittelsteuerung

Die angespannte Haushaltslage der Kommunen zeigt auch in Halle ihre Konsequenzen. Die verfügbaren Eigenmittel genügen bei weitem nicht, um alle Fördermöglichkeiten auszuschöpfen. Die Stadt Halle verfolgt daher eine Strategie des integrierten Handelns. An den prioritären Standorten werden Fördermittel gebündelt eingesetzt, um dadurch gesamtstädtische Impulse geben zu können.

Gerade bei einem veränderten Verständnis von gemeinsamer Verantwortung der Akteure und der Einforderung von Privatinitiativen im Sinne von Public-Privat-Partnership-Modellen muss auch im Rahmen der Städtebauförderung über neue Wege der Kofinanzierung von Fördermitteln nachgedacht werden. Angesichts der zu bewältigenden Dimensionen des Stadtumbaus erscheint die Suche nach neuen Finanzierungskonzepten und aktiven Partnern ein zentrales Anliegen im Rahmen der partizipativen Prozesse. Mit Unterstützung des DSSW (?) konnte in der Innenstadt Halles ein Business-Improvement-District-Verfahren angeschoben werden, welches die Händler und Eigentümer aktiv in die Gestaltung und Verantwortung mit einbezieht.

Die Stadt Halle hat erkannt, dass dort, wo Spielräume für die Privaten erkennbar werden, die Stadt sich zurückziehen kann und keine kontraproduktive Doppelstrategie notwendig ist. Gleichwohl bleibt die kommunale Planungshoheit ein wichtiges Steuerungsinstrument, um Fehlentwicklungen vorzubeugen. Dazu ist ein verändertes Verständnis des städtischen Immobilienmanagements sowie der Flächenbewirtschaftung der städtischen Liegenschaften notwendig. Neue Finanzkonzepte sind von großer Bedeutung für die weitere Umsetzungsstrategie im Stadtumbau. Eine in Halle gegründete Privatinitiative Stadtumbau hat dazu bereits die Diskussion begonnen, was als Erfolg gewertet werden darf. Als gemeinsames Ziel sollen in den Bereichen Altbaumanagement, Baulückenmanagement Pakete geschnürt werden, sodass Aufwertung im Bestand in Verknüpfung mit neuer Baurechtschaffung (was heißt das?) in Innenstadtlagen entsteht. Eine quartiersweise Stadterneuerung in Abstimmung mit allen Akteuren soll in Konsequenz auch die Gestaltung des Wohnumfeldes und der öffentlichen Räume mittragen.

3. Kulturelle Partizipationsprojekte im Stadtumbauprozess

Neben der geforderten Marktbereinigung und der Erneuerung der Infrastruktur spielen die gesellschaftlichen und kulturellen Rahmenbedingungen eine entscheidende Rolle. Städte im Umbruch benötigen in besonderem Maße einen Raum für die Auseinandersetzung mit der emotionalen Dimension der Stadt. In der Wechselwirkung zwischen Schrumpfung, Rückbau, Stadterneuerung und hohem Investitionsdruck auf die wenigen rentierlichen Flächen der Stadt entfaltet sich oftmals eine schnelle Dynamik, die den Bewohnern wenig Zeit lässt, sich in Beziehung zu den Transformationsprozessen zu setzen. Wie verändert sich mit den kollektiven gesellschaftlichen Wertvorstellungen auch der individuelle Wertekanon jedes Einzelnen?

Halle und damit die Bürger der Stadt stehen vor der Herausforderung, ihre Identität neu zu definieren. Die Vielschichtigkeit der Jahrhunderte findet in der Stadtstruktur ihren Ausdruck und beschreibt die Gegensätze, die besonders im Laufe des vergangenen Jahrhunderts mehrmals zu radikalen gesellschaftspolitischen Veränderungen führten. Dieses Jahr feiert die Stadt an der Saale 1200 Jahre Kulturgeschichte in Halle, letztes Jahr den vierzigsten Geburtstag von Halle Neustadt, und zwischen diesen Antipoden erfindet sich die Stadtgesellschaft neu. Der Erfolg von Städten in Transformationsprozessen basiert in sehr hohem Maße auf ihrer Fähigkeit, die Vision einer zukünftigen Entwicklung mit dem geschichtlichen Gedächtnis des Ortes zu verknüpfen. Das überlieferte wertvolle baukulturelle Erbe der Stadt, ihre alten und neuen Geschichten der jüngsten Vergangenheit, offerieren einen wertvollen Beitrag - aber er muss erzählt werden können. Identität als ein interaktiver Gestaltungsprozess zwischen den Menschen und ihrer Umwelt und ihrer täglichen Umgebung spielt eine Schlüsselrolle im Stadtumbau.

In Halle konnten mit Hilfe hervorragender kultureller Projekte wie der Kinderstadt, „HalleanSalle“ und dem internationalen Theaterprojekt Hotel Neustadt (beides Projekte des Thaliatheaters) sowie verschiedenen Events aus dem Jugendkulturbereich wie Sportification (kurz erläutern?) (büro complizen) Zeichen gesetzt werden. Der Verein Kulturblock .v. veranstaltet in Eigeninitiative verschiedene interkulturelle Projekte in den Stadtumbaugebieten und greift Themen auf, wie die Nachnutzung der freiwerdenden Abbruchflächen durch Mietergärten oder die temporäre Nutzung von Abbruchhäusern. In Zusammenarbeit mit der Stiftung Bauhaus Dessau und der IBA2010 (Internationale Bauausstellung Sachsen Anhalt) wurde im Bahnhof von Halle Neustadt eine Summerschool mit dem Schwerpunkt Stadtumbau organisiert.

Allen Projekten ist gemeinsam, dass innerhalb der künstlerischen Auseinandersetzung mit dem Ort und dem Stadtumbau ein starkes partizipatives Element eingebracht wird. Strategische Zielsetzung dieser Partizipatzionsprozesse ist es, durch Teilnahme von internationalen und nationalen Gruppen Energie von aussen und neue Wahrnehmung in die Aktionsfelder einzubringen und gleichzeitig die Bewohner und Bürger der Stadt aufzufordern, sich an den Aktionen und Events zu beteiligen. Ein schönes Beispiel waren Postkarten, die Einheimische im Rahmen eines türkisch-deutschen Workshops von ihrer Stadt zeichneten. Alle diese Aktivitäten wurden von den Bürgerbüros und den Stadteilbüros des Quartiersmanagements und dem Fachbereich Stadtentwicklung und Stadtplanung der

Stadt Halle konzeptionell und finanziell unterstützt, teilweise auch mit Hilfe der Förderprogramme „soziale Stadt“ und „Stadtumbau Ost“.

4. Grenzen der kooperativen Verfahren

Kooperative Planungsansätze und eine stärkere Öffnung der Beteiligungsprozesse haben bisher den Stadtumbau in Halle positiv unterstützt und begleitet. Kritisch untersucht werden muss jedoch, wo die Grenzen solcher Verfahren liegen. Die Faktoren Zeit und Verbindlichkeit spielen dabei eine große Rolle, denn dort, wo Akteure ständig wechseln, wo teilweise in bereits aufgegebenen Quartieren die Adressaten durch Insolvenz und Wegzug fehlen oder Eigentümer mangels Verwertbarkeit ihrer Immobilien keine Bereitschaft zeigen, sich in den Prozess einzubringen, wird es sehr schwierig, zu Vereinbarungen zu gelangen.

Gut organisierte Planungsprozesse verlangen unter dem Stichwort Kooperation auch nach Ressourcen finanzieller oder personeller Art, ohne die eine sinnvolle Vorgehensweise meist nicht leistbar ist.

Informelle Planungskonzepte öffentlich zur Diskussion zu stellen, war nicht immer ohne Konflikte möglich, zum Teil bis hin zu gerichtlichen Auseinandersetzungen mit den in den Gebieten agierenden Eigentümervertretern.

Bis zu welchen Punkt können Qualitätsfragen und Baukultur, die ja durchaus auch in der vom demographischen Wandel geprägten Stadtentwicklung der Stadtumbaustädte eine Rolle spielen, durch kooperative Verfahren unterstützt werden?

Halle verfügt bereits über eine gute Qualität von Kommunikation und Dialog in der öffentlichen Auseinandersetzung. Eine engagierte Oberbürgermeisterin sowie ein berufener Gestaltungsbeirat haben seit 2001 die wichtige Rolle der Partizipation in der öffentlichen Diskussion etabliert. Themen der Stadtentwicklung, eigene städtische Projekte genauso wie Bauvorhaben privater Bauherrn werden kritisch zur Diskussion gestellt. Dadurch ergibt sich auch für Projekte, die per se durch keine kooperativen Verfahren begleitet werden, eine größere Öffentlichkeit.

Die internationale Bauausstellung Sachsen-Anhalt IBA, die durch die Stiftung Bauhaus Dessau wissenschaftlich betreut wird, hat gemeinsam mit der Stadt Halle daher auch das Thema „Dialog und Kommunikation“ für die Strategiefindung der Doppelstadt gewählt.

Die spannende Frage in der Stadt Halle bleibt: Wie kann man trotz Schrumpfung und der finanziell angespannten Lage der Kommune eine aktive Stadtentwicklungspolitik betreiben? Durch die kooperativen Planungsansätze, die mittlerweile zu einem festen Bestandteil der Stadtumbaustrategie geworden sind, geben darauf die offiziellen Akteure und die Bürger der Stadt eine gleichberechtigte Antwort.

5. Der Beitrag von Wermker und Heidemann behandelt ein besonderes Konfliktfeld, das durch den demographischen Wandel zwar nicht begründet, aber doch erheblich vergrößert wird: den Zuwanderungsprozess.

Analysiert wird die Situation in der Stadt Essen, die einerseits eine lange Tradition im Umgang mit Menschen ausländischer Herkunft besitzt, andererseits aber zum ersten Mal vor die Situation gestellt ist, dass 30 % der unter 6-Jährigen einen ausländischen Pass besitzen. Es wird in dem Beitrag sehr schnell deutlich, wie wertvoll der in vielen Jahrzehnten angesammelte Schatz an Erfahrungen für die Entwicklung einer Integrationspolitik gewesen ist, die Segregation dort zulässt, wo sie funktional ist, aber zugleich gezielt Integrationshilfe leistet, wo Segregation zur Falle für den Menschen zu werden droht. Erfolgsgarantie war auch hier der partizipative Ansatz, der Planungsdiskurs mit allen Betroffenen.

V Integration trotz Segregation – Kooperative Planungsansätze zur Integration von Migranten – Das Beispiel Essen

Klaus Wermker, Caren Heidemann

„Stadt lässt sich definieren als Ort des Zusammenlebens von Fremden. Physische Nähe bei sozialer Distanz als Charakteristikum der Stadt bedingt deren Produktivität, aber auch Konfliktträchtigkeit" (Häußermann 2001, S. 68).

1. Die Lage in Essen

Essen ist geprägt durch eine lange Bergbau- / Industriegeschichte und die damit verbundene Tradition des Zusammenlebens von Menschen unterschiedlicher Herkunft. Trotz sinkender Einwohnerzahlen verzeichnet die Stadt einen wachsenden Anteil von Menschen mit Migrationshintergrund an der Essener Gesamtbevölkerung. Dieser Trend wird sich fortsetzen und ist insbesondere auf die Altersstruktur der ausländischen Bevölkerung zurückzuführen. Der Anteil der Kinder mit ausländischem Pass in der Altersgruppe der unter 6jährigen beispielsweise beträgt ca. 30%.

Der Alltag in Essen ist geprägt durch kulturelle Pluralität: 160 Nationalitäten mit einer entsprechenden Sprachenvielfalt. Am 30.06.2005 lag der Anteil der Nichtdeutschen an der Gesamtbevölkerung bei rund 10%, zuzüglich der Doppelstaater bei rund 16%. Essen ist damit noch immer die (west-) deutsche Großstadt mit dem niedrigsten Anteil an Menschen mit Migrationshintergrund. Kritisch angemerkt sei an dieser Stelle, dass bisher kein bundeseinheitlich zuverlässiges statistisches Verfahren zur Erfassung von Menschen mit Migrationshintergrund existiert. Die größte Gruppe sind nach wie vor Personen türkischer Herkunft mit rund 28%. Es folgen Personengruppen – im niedrigen einstelligen Bereich – polnischer, serbisch-montenegrinischer, libanesischer, griechischer, italienischer und kroatischer Herkunft.

Sozialräumlich leben Zuwanderer überwiegend - kleinräumig konzentriert - in der nördlichen Stadthälfte sowie im Innenstadtbereich und damit in den klassischen Arbeiterwohngebieten. Die Anteilswerte auf Stadtteilebene streuen zwischen rund 36% und knapp 2% bei einer relativ niedrigen absoluten Bevölkerungszahl dieser Stadtteile. Auf Stadtbezirksebene streuen die Werte zwischen rund 17% und 4% (vgl. dazu auch Stadt Essen 2004b, 2005b und Zimmer-Hegmann et. al. 2006).

Essen ist somit eine segregierte Stadt, wie es alle (deutschen) (Groß-) Städte sind und waren. Im Moment sieht es so aus, als verschärfe sich die Segregation – auch als Folge der zunehmenden Einkommensspreizung in der deutschen Gesellschaft. Segregation ist sozial-ethnisch ausgeprägt. Die politische Aufregung über dieses Phänomen entspringt der weit verbreiteten Unkenntnis von Stadt- und Gesellschaftsgeschichte.

Zuwanderer gehören zu großen Teilen zur Gruppe sozial Benachteiligter. Sie sind überdurchschnittlich betroffen von niedrigen Bildungsabschlüssen, Arbeitslosigkeit, Einkommensarmut und schlechte(re)n Wohnverhältnissen. Wenn Integration von Menschen mit Migrationshintergrund in Deutschland - und damit auch in Essen - eine besonders große Herausforderung darstellt, hat das insbesondere mit der Struktur der Zuwanderung zu tun. Es geht vor allem um Stadt - Land - Probleme bzw. um Differenzen / Konflikte zwischen den Lebensweisen von Menschen aus Agrargesellschaften, die in Industrie- / Dienstleistungsgesellschaften einwandern und dort dauerhaft nach den Regeln ihrer Herkunftsländer leben (wollen). Ein vergleichsweise niedriges Bildungsniveau, Sprachprobleme und (häufig) die Zugehörigkeit zu einer (Minderheits-) Religion, die im kollektiven (Unter-) Bewusstsein als Gegner der eigenen angesehen wird, verschärfen die Problemlage.

Welche Schlüsse sind daraus zu ziehen? Welche Handlungserfordernisse entstehen dadurch für die Stadt Essen?

2. Die Herausforderung

„Die Versuche, das Phänomen und den Begriff der Integration zu systematisieren und in Teilaspekte zu gliedern, sind zahllos und kaum überschaubar" (Göschel 2001: S. 5ff). Der folgende Beitrag soll keinen weiteren Versuch darstellen. Im Folgenden wollen wir uns daher der Definition des Expertenforums „Zuwanderer in der Stadt" anschließen, das „seinen Empfehlungen den strukturellen Integrationsbegriff zugrunde (legt), der auf die gleichberechtigte Teilhabe der Zuwanderer am wirtschaftlichen, gesellschaftlichen politischen und kulturellen Leben unter Respektierung ihrer jeweiligen kulturellen Eigenart zielt." (Zuwanderer in der Stadt 2005, S. 10) Integration wird verstanden als „eine dauerhafte politische und gesellschaftliche Aufgabe, die alle im Land lebenden Menschen betrifft." (Zuwanderer in der Stadt 2005, S. 10) an. Diese Fokussierung geschieht in dem Wissen, dass Integration weit mehr bedeutet als „nur" die „Eingliederung" von Migrantinnen und Migranten in eine Gesellschaft. Denn: Integration hat eine **gesamt**gesellschaftliche Dimension, wenn man sie als Herstellung von Chancengleichheit für alle und Vermeidung der Ausgrenzung von Mitgliedern einer Gesellschaft begreift.

„Seit es Städte gibt, gibt es Segregation" (Häußermann 2001, S. 70). „Unter Segregation wird die Ungleichverteilung bestimmter Bevölkerungsgruppen im städtischen Raum verstanden. Sie ist die Verbindung von sozialer und räumlicher Ungleichheit. (...) Generell wird die räumliche Segregation nur dann als problematisch gesehen, wenn damit Ungleichheit verfestigt oder sogar verstärkt wird" (Zimmer-Hegmann et. al. 2006, S. 18). Im positiven Sinne kann die segregierte Stadt durchaus notwendig sein: „(...) Einerseits, um Konflikte zu vermeiden, indem soziale und kulturelle Distanzen durch räumliche Distanzen neutralisiert werden, andererseits als Voraussetzung für die Bildung informeller Hilfsnetze, die den Neuankömmlingen die ersten Schritte in der Fremde erleichtern" (Häußermann 2004, S. 14).

Wir sind der Überzeugung, dass Segregation unvermeidlich und auch funktional ist. Selbst, wenn wir die Instrumente hätten, segregierte Gebiete aufzulösen, würden sie alsbald wieder entstehen – auch wegen ihrer auch positiven Wirkungen. Allerdings müssen wir alles daran setzen, dass diese Gebiete nicht zu groß und zur Falle werden (ethnic mobility trap). Wir müssen also dafür sorgen, dass die Zuwanderungsgebiete so ausgestattet werden, dass sie ihrer Aufgabe gerecht werden können, Integrationsarbeit zu leisten. Es müssen friedliches Zusammenleben, gleichberechtigte Teilhabe, sozialer Aufstieg möglich sein. Der Schlüssel dafür sind unserer Meinung nach vor allem gute Kindertagesstätten, leistungsfähige Bildungsinstitutionen, systematische Elternbildung und ein professionelles Übergangsmanagement zwischen den Bildungseinrichtungen. Ein lokales Bildungsmanagement als Teil eines Quartiermanagements ist notwendig.

Ergo: Erfolgreiche Integrationspolitik muss Segregation zulassen und gleichzeitig verhindern und sie erfordert ein fachübergreifendes, institutionenübergreifendes, kooperatives Denken und Handeln aller (stadt-) gesellschaftlichen Akteure.

Im Folgenden wollen wir den „Essener Weg" beschreiben, beispielhaft Konzepte und Projekte skizzieren, die dazu beitragen, dass Integration trotz Segregation in Essen funktioniert.

3. Essener Lösungsansätze

3.1 Sozialberichterstattung in Essen

Ein kurzer Blick auf die Chronologie der interkulturellen Arbeit in Essen – aus der Perspektive der kommunalen Selbstverwaltung – könnte vermuten lassen, dass hier ein großer, fein abgestimmter Plan verwirklicht worden wäre. Richtig ist, dass es Koinzidenzen gibt. Da hat etwas zeitgleich stattgefunden, ohne dass es den großen Entwurf gegeben hätte oder gar einen zentralen Punkt, von dem aus alles bewusst gesteuert worden wäre. Allerdings gab es und gibt es eine enge personelle Verflechtung zwischen Akteuren aus Politik, Verwaltung, Universität, Wohlfahrtsverbänden und Bürgergesellschaft, die gemeinsam Stadtentwicklungspolitik mach(t)en.

Sozialberichterstattung, wie wir sie in Essen angelegt haben, hat das intendierte Ziel erreicht, den Themenkomplex Integration – und hier sind Menschen mit Migrationshintergrund und sozial schwache Deutsche gleichermaßen gemeint – und Segregation politikfähig zu machen. Eine Voraussetzung dafür war und ist die Veröffentlichung „harter" Daten aus amtlicher Statistik und Verwaltungsvollzug, die die soziale Lage der Bevölkerung kleinräumig abbildet. Wichtig sind die Kleinräumigkeit (Stadtteil und Stadtteilbereichsebene) und die Verwendung von regelmäßig anfallenden Daten der Verwaltung durch die Verwaltung. Sonderuntersuchungen, wie sie von anderen Städten gelegentlich in Auftrag gegeben werden, laufen immer Gefahr, Einzelereignisse zu bleiben, mindestens dann, wenn sie angeblich das Stadtimage schädigen.

Auch wir haben durch unsere öffentlichen Berichte zur „Sozialen Ungleichheit im Stadtgebiet" (erstmalig erschienen im Jahre 1987) keine große Begeisterung in der Stadt ausgelöst. Vielmehr wurden wir der Imageschädigung der Stadt bezichtigt, als Schwarzseher bezeichnet. Allerdings haben wir es in der Folge nicht bei der Analyse der unguten Verhältnisse belassen, vielmehr haben wir Konzepte zur Kommunalen Beschäftigungspolitik, zur Integrierten Stadtteilentwicklung sowie für die interkulturelle Arbeit erarbeitet und diese auch umgesetzt. Auf diese werden wir im Folgenden noch näher eingehen. Noch einmal: Die differenzierte, systematische, regelmäßige (Sozial-) Raumbeobachtung war und ist die Voraussetzung und das tragfähige Fundament dafür. In Essen hatten wir über lange Jahre den Vorteil, dass Statistik, Stadtforschung, Wahlberichterstattung, Kommunale Beschäftigungspolitik sowie Stadtentwicklung in <u>einer</u> Organisationseinheit direkt im Geschäftsbereich des jeweiligen Verwaltungschefs ressortierte. D. h.: Analyse, Konzeptentwicklung und (Teil-)Umsetzung waren zentral und in einer Hand angesiedelt und damit sehr durchsetzungsfähig.

3.2 Gesamtstädtisches Integrationskonzept

„Ziel ist es, ein gemeinsames Leben und Lernen von Deutschen und Nichtdeutschen unter Einbezug ihrer unterschiedlichen Lebenserfahrungen zu ermöglichen und ihre Handlungskompetenzen und Erfahrungsmöglichkeiten so zu erweitern, dass ein Miteinander gefördert und die Isolation und das Misstrauen untereinander überwunden werden.“ So lautet der Beschluss des Rates der Stadt Essen vom 28.04.1999, mit dem der Ausbau der interkulturellen Orientierung zum Kernziel erhoben und das Konzept für die interkulturelle Arbeit in der Stadt Essen mit Leitlinien und Handlungsvorschlägen besiegelt wurde.

Bereits 1980 beauftragte der Rat der Stadt Essen die Verwaltung, eine langfristige Konzeption zur Integration zu erstellen. 1986 beschloss der Rat ein „Handlungsprogramm zur Integration ausländischer Arbeitnehmer und ihrer Familienangehörigen aus den Anwerbeländern“. Dieses Konzept entstand in den Köpfen und an den Schreibtischen kluger Menschen aus der Verwaltung. Seine Ideen lesen sich auch heute noch gut. Aber: Es fehlte die konsequente Umsetzung. 1996 beschloss der Rat die Überarbeitung des Handlungsprogramms. Da auch kluge Menschen dazu lernen können, wurde jetzt eine andere Vorgehensweise gewählt – durchaus anfänglich gegen Widerstände. Wir entschieden uns nämlich für ein partizipatives Verfahren.

Auf der Grundlage eines zuvor von der Verwaltung erstellten Berichts zur Lage der Migrantinnen und Migranten fand eine breite Diskussion zwischen Akteuren aus der Stadtgesellschaft – Politik, Verwaltung, IHK, DGB, Kreishandwerkerschaft, staatliches Schulamt, Ausländerbeirat, Universität, Wohnungswirtschaft, Migrantenvereine etc. – statt. Zum Auftakt wurde eine große Veranstaltung organisiert, die von einem Professor der Evangelischen Fachhochschule Bochum moderiert wurde. Daraus hervor gingen Facharbeitsgruppen, deren Arbeit von Studenten der Evangelischen Fachhochschule Bochum dokumentiert wurden.1999 wurde dann - wie oben beschreiben - das so erarbeitete Konzept für die interkulturelle Arbeit vom Rat beschlossen. Da wir hinzu gelernt hatten, wurde die Federführung vom damaligen „Amt für Stadtentwicklung, Statistik, Stadtforschung und Wahlen“ im Geschäftsbereich des Oberbürgermeisters abgegeben an den - damaligen - Geschäftsbereich Jugend und Soziales, dessen RAA / Büro für interkulturelle Arbeit in einer ressortübergreifenden Organisations- und Steuerungsform ein stringentes Umsetzungskonzept entwickelte

Das Konzept ist insoweit offen, als immer wieder neue Themen aufgenommen und bearbeitet werden. So hat beispielsweise im Jahr 2006 der Rat beschlossen und die Verwaltung damit beauftragt, ein „Konzept zur Förderung der ethnischen Ökonomie“ zu erarbeiten. Die vorbereitenden Planungen laufen, und wieder werden wir mit einer großen Auftaktveranstaltung beginnen, in dem die Institutionen und Organisationen aus der Stadt, die mit Wirtschaft zu tun haben, das Thema erörtern und bearbeitbar machen werden. Einzelvorhaben bzw. deren Ergebnisse - beispielhaft sei hier genannt das Essener „Berufliche Qualifizierungs-Netzwerk für Migrantinnen und Migranten" (BQN Essen, in Trägerschaft der IHK zu Essen und der Kreishandwerkerschaft, finanziert durch das Bundesministerium für Bildung und Forschung und den Europäischen Sozialfonds) - werden in die Arbeit mit einbezogen.

3.3 Integrierte Stadtteilentwicklung

Anfang der 80er Jahre haben wir in Essen-Katernberg, einem durch Montanwirtschaft geprägten Stadtteil des Essener Nordens, mit einem Stadtteilentwicklungsprojekt begonnen. Auslöser dafür waren zunehmende Alltagskonflikte zwischen Deutschen und Menschen mit Migrationshintergrund. Letztere waren in den frühen 70er Jahren als Arbeitskräfte angeworben worden und blieben – selbst als in diesem Stadtraum wenige Jahre später die beiden letzten großen Betriebe der Montanwirtschaft geschlossen wurden: 1986 die Zeche Zollverein XII - heute Weltkulturerbe der UNESCO - und 1993 die Kokerei Zollverein. Das brachte unmittelbar den Verlust von rd. 3.000 Arbeitsplätzen mit sich. 1983, als diese Folgen noch nicht absehbar waren, begannen wir mit einem Wohnumfeldverbesserungsprogramm, das von Anfang an partizipativ angelegt war. Das heißt: Ein Planer der Fachverwaltung wurde vor Ort im Stadtteilladen angesiedelt und war Partner im Planungsdiskurs mit den Bürgerinnen und Bürgern. Und, was ebenso wichtig war, wir haben als intermediären Partner - eine vermittelnde Instanz zwischen Bürgerschaft, Verwaltung und Wirtschaft - von Beginn an die Universität Essen im Boot gehabt. Das führte 1986 zur Gründung des ISSAB, des Institutes für Stadtteilbezogene Soziale Arbeit und Beratung der Universität Essen, heute Universität Duisburg-Essen. Das Stadtteilprojekt wird organisatorisch seitdem getragen von einem Kooperationsverbund, dem das ISSAB, die Stadt Essen, die AWO (Arbeiterwohlfahrt) Essen sowie die Evangelische Kirchengemeinde Katernberg angehören. Was in der neueren Fachdiskussion „Quartiermanagement" genannt wird, entstand in Essen in dieser Zeit (vgl. dazu auch Grimm et. al. 2001b). Im Kontext dieser Arbeit ist bis heute Integrationsarbeit ein Schwerpunkt. 1993 wurde Katernberg in das NRW-Landesprogramm „Stadtteile mit besonderem Erneuerungsbedarf" aufgenommen, seit 1999 ist es im Bund-Länder-Programm „Soziale Stadt". Hier soll nicht unerwähnt bleiben, dass 1994 auf Essener Initiative das „Netzwerk Soziale Stadt NRW" gegründet wurde – ein kommunales Netzwerk, in dem zum jetzigen Zeitpunkt alle Soziale-Stadt-Projekte des Landes Mitglieder sind. Die Geschäftsstelle ist bei der Stadt Essen / Büro Stadtentwicklung angesiedelt.

Die Fülle der realisierten Projekte ist groß (vgl. Stadt Essen 2004a, 2005a). Sie sind in der Regel Mehrzielprojekte (top down und bottom up) und immer partizipativ. Sie reichen von Beschäftigungs- und Qualifizierungsprojekten über Bauprojekte, kriminalpräventive Projekte über Bildungs- und Kulturprojekten bis hin zu echten Wirtschaftsförderungsprojekten. Beispielhaft benannt sei hier die Ansiedlung eines Zentrums für kleine und mittlere Unternehmen „Triple Z“ (Zukunfts-Zentrum Zollverein) in der Rechtsform einer Aktiengesellschaft – mit vielen Aktionären aus dem Stadtteil -, das heute ca. 50 Unternehmen mit rd. 350 Beschäftigten und seit 1996 stets ein positives Betriebsergebnis hat (vgl. Stadt Essen 2004a, 2005a). Abschließend darf nicht unerwähnt bleiben, dass auf Initiative aus der Bürgerschaft 1994 die sogenannte „Katernberg Konferenz“ gegründet wurde. Sie ist ein offenes Forum, auf dem bis zu viermal im Jahr die Angelegenheiten des Stadtteils vor nie weniger als 100 Teilnehmern erörtert werden. Organisiert und finanziert wird sie von den Werbegemeinschaften der lokalen Wirtschaft der Stadtteile Katernberg, Schonnebeck und Stoppenberg (Stadtbezirk VI).

3.4 Die Fatih-Moschee in Essen-Katernberg

3.4.1 Die Problemstellung

1995 brannten die Vereins- und Gebetsräume des türkischen Moschee-Vereins, der seit 1981 in Essen-Katernberg in ehemaligen Gewerberäumen in einer echten Hinterhofssituation wirkte, ab. Ein fremdenfeindlicher Anschlag wurde vermutet, war aber nicht zu beweisen. Der Moschee-Verein plante, am selben Standort neue, aber deutlich erweiterte Gebets- und Vereinsräume zu errichten. Sowohl Widerstand gegen das Projekt wie Unterstützung formierten sich rasch: Die örtliche SPD sprach sich gegen das Vorhaben aus, das Stadtteilprojekt wie die beiden christlichen Kirchen unterstützten es. Der Widerstand gab sich sachlich: Das Planvorhaben hätte Teile einer öffentlichen Grünanlage beansprucht, die starke zusätzliche Verkehrsbelastung zu den Gebetsterminen und Feiertagen, das Minarett, der Ruf des Muezzin (der nie geplant war) etc.. Zeitgleich tobte der Kampf um einen geplanten Moscheeneubau in einem Stadtteil der nahe gelegenen Stadt Duisburg, dessen Gegner vor allem in der Evangelischen Kirchengemeinde zu finden waren, der in den überregionalen Medien Beachtung fand und bis heute unentschieden ist. In Katernberg wurde trotz aller Probleme eine Lösung im Konsens gefunden.

3.4.2 Die Lösung

Die R(uhrkohle)AG stellte Räume für eine Zwischennutzung zur Verfügung. Die Stadtverwaltung suchte und fand gemeinsam mit der Viterra - dem damals größten Immobilienbesitzer in Katernberg - ein neues Grundstück, ca. 400 m vom alten Standort entfernt. Die Stadt-SPD übte sanften, aber überzeugenden

Druck auf den Ortsverein Katernberg aus. Entscheidend für die Beruhigung der Gemüter aber waren die Aktionen des Stadtteilprojekts, vor allem die der intermediären Instanz ISSAB. Es wurde gemeinsam mit dem Moschee-Verein und der Evangelischen Kirchengemeinde, die auch Kooperationspartner im Stadtteilprojekt ist, eine Reihe von Diskussionsveranstaltungen durchgeführt, in der auch die gesprächsbereiten Gegner des Vorhabens ihre Bedenken vorbringen konnten. Auf einer der oben bereits benannten Katernberg-Konferenzen wurden die Pläne vorgestellt. Der SPD-Ratsherr konnte als seinen persönlichen Verhandlungserfolg verbuchen, den (nochmals: nie geplanten) Muezzin verhindert zu haben. Damit war es ihm möglich, aus einem Gegner zum Befürworter des Vorhabens zu werden.

Heute steht und arbeitet eine der schönsten Moscheen des Ruhrgebiets mit Räumen für die Vereinsarbeit, einem Laden und einer Hausmeisterwohnung. Jeweils am 3. Oktober findet ein „Tag der offenen Tür“ statt. Der Moschee-Verein schreibt in einer Broschüre, die an alle Besucher verteilt wird: „Unsere Moschee ist ein offenes Zentrum. Wir wollen die Verständigung und den Dialog mit der direkten Nachbarschaft und den Menschen im Stadtteil. Wir wollen das Gespräch mit Schülern und Erwachsenen aus allen Institutionen und Organisationen“. Im Jahr 2004 hat das Projekt einen Preis des Wettbewerbs „Soziale Stadt“ - Auslober sind u.a. der Deutsche Städtetag und der GdW (Bundesverband deutscher Wohnungs- und Immobilienunternehmen e. V.) - gewonnen. Und, was wichtiger ist: Die Moschee wird von den Katernbergern - und nicht nur den muslimischen - ihren Gästen von außerhalb stolz als eine Attraktion des Stadtteils gezeigt.

3.5 Sprachförderung an der Universität Duisburg-Essen

Die Universität Gesamthochschule Essen - so hieß die heutige Universität Duisburg-Essen, als sie vor 32 Jahren mit der Sprachförderung von Jugendlichen mit Migrationshintergrund begann. Die Jugendlichen aus den Sekundarstufen I und II kommen in die Universität und erhalten dort von Studierenden Sprach- und zusätzlich Fachunterricht. Aktuell sind es 800 Schülerinnen und Schüler. Im vergangenen Schuljahr haben 73 der Sprachenschüler die volle Hochschulreife erlangt, 21 ein Fachabitur, 113 haben die Versetzung in Klasse 13 geschafft. Beim Fachunterricht sind zur Zeit Mathematik und Englisch die Fächer der ersten Wahl. Auslöser dieses ungewöhnlichen Engagements einer Hochschule war ein durch die Deutsche Forschungsgemeinschaft gefördertes Forschungsprojekt über Zweisprachigkeit bei Schülerinnen und Schülern jugoslawischer und griechischer Herkunft. Diese wollten jedoch „nicht nur Forschungsgegenstände“ sein, sondern selber - in Kenntnis ihrer eigenen erfolgreich überwundenen Sprachprobleme - andere fördern. Die Universität hatte die notwendige (wissenschaftliche) Infrastruktur, nämlich das IMAZ - das Institut für Migrationsforschung, interkulturelle Pädagogik und Zweisprachendidaktik, um diese überaus erfolgreiche Sprachförderung – übrigens in enger Kooperation mit der Essener RAA / Büro für Interkulturelle Arbeit – durchzuführen.

Erfolgreich heißt einmal, dass viele Studierende, die heute Sprachförderung für die Schülerinnen und Schüler leisten, früher selber diese Förderung erfahren haben, zum anderen, dass dieses Modell der Sprachförderung mit finanzieller Förderung der Stiftung Mercator auf 34 weitere Standorte in Deutschland übertragen worden ist. Der Erfolg dieses Modells ist auch darin zu sehen, dass viele ausländische Eltern zur Beratung in Sprach- und Bildungsfragen in die Universität kommen. Das macht auch den möglichen späteren Zugang zur Universität für deren Kinder leichter. Schließlich ist Elternbildung der Schlüssel zum Bildungserfolg der Kinder, und dieser wiederum eröffnet den Weg in die Gesellschaft. Daher ist dieses auch nur eines von vielen derartigen (Sprachförder-) Projekten in unserer Stadt.

3.6 Die Herbartschule

1999 stand diese klassische städtische Gemeinschaftsgrundschule in Essen-Katernberg kurz vor der Schließung. Ihr hoher Anteil an ausländischen bzw. Kindern mit Migrationshintergrund führte dazu, dass deutsche - aber zunehmend auch ausländische - Eltern ihre Kinder auf eine direkt benachbarte konfessionelle Schule schickten. Eine neue Schulleitung entwickelte mit Unterstützung der Stadt – hier standen Mittel aus dem Programm „Soziale Stadt“ sowie zusätzliche Sponsorengelder zur Verfügung – und der AWO als einem Kooperationspartner im Stadtteilprojekt ein Schulprogramm, das diese Schule zur Modellschule machte. Wesentliche Bestandteile dieses Programms sind eine intensive Elternarbeit, die Beteiligung am multikulturellen „Mus-e“ Programm der Yehudi Menuhin Stiftung, welches die musische Bildung an Schulen unterstützt, Sprachförderung sowie die Beteiligung am „offenen Ganztag“: Kinder aus über 10 Nationen erhalten hier täglich – außer freitags – zusätzlich zum „regulären“ Unterricht Angebote im Bereich der Hausaufgabenhilfe, im Sport, im künstlerischen Gestalten sowie der Sprachförderung.

Einem „glücklichen“ Zufall – einem Artikel über Katernberg im Stern im Jahre 2004 mit dem Titel „Das wahre Elend“ – ist es zu verdanken, dass der Intendant der Philharmonie Essen die Herbartschule besuchte. Er sagte: „Ich habe mich in die Schule verguckt und in die Kinder verliebt“. Diese Begegnung führte zur Realisierung eines Projektes zwischen der Herbartschule, der Philharmonie Essen sowie dem „Orff-Institut“ der Universität Mozarteum Salzburg, einem der renommiertesten europäischen Ausbildungsinstitute für Musiker und Musikpädagogen. Die Kooperation ist auf insgesamt drei Jahre angelegt. Im Anschluss wird die Folkwang Hochschule für Musik, Theater und Tanz – mit ihrem Hauptsitz in Essen – in die Kooperation eintreten. Gegenstand ist die musikalisch-tänzerische Frühförderung. Zutreffend resumierte K.West – das Feuilleton für NRW – im Dezember 2005: „...der Plan lautet: Kinder, die Zugang zu Musik bekommen, die wissen, was eine Geige von einer Gitarre unterscheidet und die gelernt haben, sich in ihrem Körper wohl zu fühlen – die könnten noch rechtzeitig die Ausfahrt von einem vorgezeichneten Weg erwischen, der sie vermutlich nicht viel weiter als von Essen-Katernberg bis Essen-Vogelheim brächte – was durchaus kein Aufstieg wäre. Die Ausfahrt erwischen, das kann in Katernberg zum Beispiel bedeuten, von der Grundschule aufs Gymnasium zu kommen".

Wohlgemerkt, die Herbartschule ist ein (besonders glückliches) Beispiel für gute schulische Arbeit im Stadtteil. Es gibt andere Schulen, an denen z. B. Förderprogramme für Sinti erprobt, Elternbildungsprojekte systematisch einbezogen werden etc.. Wenn aber Bildung in all ihren Facetten als eine (zentrale) Voraussetzung für Integration umfassend verbessert werden soll – und die ökonomische Notwendigkeit ist überwältigend – muss das – vor allem finanzielle – Engagement des Landes deutlich erhöht werden.

3.7 Home Stories – Geschichten aus der Heimat

Dieses Projekt ist zu schön, um nicht erwähnt zu werden. Im Jahre 2005 erhielt das Essener Sprachtheater, das Schauspiel Essen, einen neuen Intendanten. Dieser hatte den Plan, die Stadt zum Gegenstand der Theaterarbeit zu machen. Begonnen wurde mit der Erarbeitung eines Stückes, in dem Jugendliche aus Katernberg Geschichten über das Erwachsenwerden unter schwierigen Bedingungen, über Fremdheit und Nähe und über Liebe und Freundschaft erzählen. Ein armenisch-jüdischer Autor und Regisseur suchte und fand mit Unterstützung des Stadtteilprojektes rund 20 Jugendliche u. a. aus dem Libanon, Russland, der Türkei, Angola, Afghanistan, Kasachstan und Persien, mit denen er in Katernberg in einer ehemaligen Kindertagesstätte ein Stück entwickelte. Der Anspruch des Theaters war – und er wurde eingelöst, wie wir als Besucher des Stückes bestätigen können –, professionelles Theater zu machen. Die Jugendlichen selbst spielen, rappen, singen und tanzen. Das Stück wurde bereits mehrfach auf einer Bühne in der Stadtmitte - und immer vor ausverkauftem Haus - gespielt. Voraussetzungen des Erfolgs waren vor allem die Idee und das Engagement des Theaters, auch hier etwas Geld aus den sogenannten Pauschalmitteln des Landes NRW für Soziale Stadt Projekte – „bewegliches Geld" – und die gut funktionierenden Netzwerke des Stadtteilprojekts bzw. das durch das Netzwerk erarbeitete Beziehungskapital. In der Katernberg-Konferenz im Mai 2006 berichtete ein Vertreter des Intendanten, dass zur Zeit die Jugendlichen der „Home Stories" gemeinsam mit Senioren aus dem Theaterclub für Menschen ab 60 des Schauspiel Essen ein Stück zum Thema „Liebe" erarbeiten. Kommentar der jungen Schauspieler: „Wir machen jetzt Liebe mit den Omis".

4. Resümee

Die ausgewählten Beispiele stellen lediglich einen (kleinen) Ausschnitt aus einer Fülle von Projekten dar, die seit Jahren in Essen realisiert werden. Es sind aus Gründen der Anschaulichkeit besonders „bunte" Blüten ausgesucht worden. Sie sind sicherlich nicht 1 zu 1 übertragbar auf andere Räume, andere Städte, andere Stadtteile. Sie sind auch nicht planbar als Mittel der Integrationsarbeit. Sie können und sollen aber inspirieren, Anstöße geben. Zu den Bedingungen ihres Entstehens bzw. Gelingens gehören unseres Erachtens unverzichtbar:

- ein kleinräumiges, regelmäßiges Monitoring
- ein gesamtstädtisches, ressortübergreifendes Konzept und – da Integration konkret im Stadtteil gelingt –
- integrierte Stadtteilarbeit

  mit den Elementen:
- bürgerschaftliches Engagement
- bewegliches privates (Sponsoring) und öffentliches Geld
- Institutionengrenzen respektierende, aber systematisch überschreitende Arbeit
- Beziehungskapital / personelle Kontinuität.

Das zusammen bildet den Humus, in dem die Saat erfolgreicher Ideen aufgehen kann.

Bis heute wird (kommunale) Integrationspolitik verstanden als Anstrengung einer (scheinbar) homogenen Mehrheitsbevölkerung, heterogene Minderheiten zu integrieren. Kleinräumig sind an vielen Orten diese sehr heterogenen Minderheiten in ihrer Summe bereits die Mehrheit geworden. Und nochmals: Auch ohne Nettozuwanderung wird die Entwicklung in diese Richtung weiter gehen. Daraus sind die richtigen Schlüsse zu ziehen. Es gilt, die Organisationen, Institutionen, politischen wie gesellschaftlichen Systeme den sehr unterschiedlichen, veränderten Bedürfnissen, Interessen und auch Fähigkeiten einer sich wandelnden Bevölkerung anzupassen. Und dies betrifft alle (Lebens-) Bereiche.

Wir sind in Essen auf dem richtigen Weg, aber noch lange nicht am Ziel. Denn: Das Ziel heißt vor allem zu begreifen, dass Integration sozial schwacher Menschen mit Migrationshintergrund - und auch sozial schwacher Deutscher - eine Daueraufgabe ist. Sie kann gelingen, auch unter den Bedingungen - unvermeidlicher – Segregation, aber: „Integrationspolitik verlangt eine außerordentlich schwierige Gratwanderung. Wie Sigmund Freud formuliert hat: es gibt für jedes komplexe Problem eine einfache Lösung – nur die ist für gewöhnlich falsch" (Häußermann 2004: 19).

Literatur

Göschel, Albrecht, Integration und Stadt, in: Integration und Stadt. Deutsche Zeitschrift für Kommunalwissenschaften. 40. Jahrgang 2001, S. 5ff.

Grimm, Gaby / Micklinghoff, Gabriele / Wermker, Klaus, Raumorientierung der Verwaltung, in: Difu, Soziale Stadt, Newsletter zum Bund-Länder-Programm, info 6, 2001a, S. 13ff.

Grimm, Gaby / Micklinghoff, Gabriele / Wermker, Klaus, Quartiermanagement: das Essener Model, in: Difu, Soziale Stadt, Newsletter zum Bund-Länder-Programm. info 5, 2001b S. 17ff.

Häußermann, Hartmut / Siebel, Walter, Die Stadt als Ort der Integration von Zuwanderern. Über den Umgang mit Differenz in der modernen Gesellschaft, in: Zwischen Krise und Kreativität: Die Stadt im Wandel. Vorgänge. Zeitschrift für Bürgerrechte und Gesellschaftspolitik. Heft 1 2004. Wiesbaden, S. 9ff.

Häußermann, Harmut / Siebel, Walter, Integration und Segregation – Überlegungen zu einer alten Debatte, in: Integration und Stadt. Deutsche Zeitschrift für Kommunalwissenschaften. 40. Jahrgang 2001, S. 72ff.

Stadt Essen, Der Oberbürgermeister/Büro Stadtentwicklung), In Katernberg: Leben. Ein Stadtteil macht sich auf den Weg, Essen 2005.

Stadt Essen, Der Oberbürgermeister/Amt für Statistik, Stadtforschung und Wahlen, Statistischer Halbjahresbericht der Stadt Essen. 58. Jahrgang. Heft 1/2005.

Stadt Essen, Der Oberbürgermeister/Büro Stadtentwicklung, Essen Katernberg / Soziale Stadt. Stand der Projekte 2004. Informationen und Berichte zur Stadtentwicklung 105.

Stadt Essen, Der Oberbürgermeister/Kinderbüro, Kinderbericht. Zur Lebenslage von Kindern in Essen, Essen 2004.

Stadt Essen, Der Oberstadtdirektor/Amt für Entwicklungsplanung, Statistik, Stadtforschung und Wahlen, Interkulturelle Orientierung. Konzept für die Interkulturelle Arbeit bei der Stadt Essen. Informationen und Berichte zur Stadtentwicklung Nr. 100, Essen 1999.

Verbundpartner Zuwanderer in der Stadt, Empfehlungen zur stadträumlichen Integrationspolitik, Darmstadt 2005.

Wermker, Klaus/Schweitzer, Helmuth, Immer wi(e)der Segregation und Parallelgesellschaften? Zum produktiven Umgang mit Vielfalt, in: Hatzfeld, Ulrich/Resch, Franz (Hrsg), Stadt und Bürger, Darmstadt 2006.

Wermker, Klaus/Reichertz, Sabine, Kleinräumige Analyse sozio-demo-graphischer Daten, in: Kessel, Fabian (Hrsg.), Handbuch Sozialraum, Wiesbaden 2005, S. 457ff.

Zimmer-Hegmann, Ralf/Strohmeier, Klaus Peter/Meyer, Christian u. a., Sozialraumanalyse. Soziale, ethnische und demographische Segregation in den nordrhein-westfälischen Städten. Auftraggeber: Enquete Kommission „Zukunft der Städte in Nordrhein-Westfalen" des Landtags Nordrhein-Westfalen. hrsg.vom Institut für Landes- und Stadtentwicklungsforschung und Bauwesen des Landes, Düsseldorf 2006.

6. Ein weiteres Beispiel dafür, wie auf den bevorstehenden Zuwanderungsprozess in den Kommunen reagiert werden kann, schildert Heike Binne in ihrem Bericht über die Umsetzung des Bund-Länder-Programms „Soziale Stadt" in Bremen.
Sie zeigt, wie über neuartige organisatorische Maßnahmen wie „Quartiersmanagement" die Beteiligung von Zuwanderern an kommunalen Nachbarschaftsprojekten initiiert und unterstützt werden kann, so dass deren Integration in die neue Lebensumwelt erleichtert wird. Dies hat durchaus positive Folgen sowohl für das Leben der Migranten als auch für die eingesessene Bevölkerung. Den Migranten wird durch diese Beteiligungsprozesse, die durch aktivierende Befragungen eingeleitet und begleitet werden, das Sich-Zurechtfinden mit den neuen Lebensumständen erheblich erleichert; sie lernen, ihr Leben selbst in die Hand zu nehmen und die eigenen Potenziale zu nutzen. Die eingessene Bevölkerung erhält durch diese Beteiligung an der Neugestaltung ihres Quartiers die Möglichkeit, ihre Ängste und Befürchtungen zu überwinden und die Barrieren gegen das Zusammenleben mit den „Fremden" abzubauen.

VI Aktivierende Einbeziehung von Migranten in „Soziale-Stadt-Projekte" – das Beispiel Bremen

Heike Binne

Das Programm „Stadtteile mit besonderem Entwicklungsbedarf – die soziale Stadt" (kurz: Soziale Stadt) wurde im September 1999 durch eine Verwaltungsvereinbarung zwischen Bund und Ländern etabliert. Es stellt eine Ergänzung zur baulich-räumlich orientierten traditionellen Städtebauförderung dar und soll der drohenden Polarisierung in den Städten Einhalt gebieten.

Bundesweit ist spätestens seit Beginn der 1990er-Jahre eine neue Form sozialer und stadträumlicher Ungleichheit festzustellen, die sich unter anderem in der Herausbildung benachteiligter Quartiere niederschlägt. Solche Stadtteile mit besonderem Entwicklungsbedarf sind meistens durch eine Mischung komplexer, miteinander zusammenhängender Probleme charakterisiert.

Ein Ziel des Programms „Soziale Stadt" ist es, investive und nicht investive Maßnahmen aus verschiedenen Programmen der EU, des Bundes und der Länder mit dem Schwerpunkt der städtebaulichen Erneuerung zu kombinieren und zu integrieren, um zur Verbesserung der Lebenssituation in den Gebieten insgesamt beizutragen.

Voraussetzung für den Einsatz von Mitteln der Städtebauförderung (dies gilt auch für das Programm „Soziale Stadt") ist die Ausweisung von solchen Gebieten. Um den Status eines Programmgebietes zu bekommen, muss begründet werden, dass für dieses Gebiet im Vergleich zu anderen Stadtteilen ein dringlicherer Handlungsbedarf besteht und seiner Entwicklung eine höhere Priorität einzuräumen ist.

1. Gebietsbeschreibung

Der Ortsteil Lüssum-Bockhorn ist in großen Teilen ein Gebiet mit besonderem Entwicklungsbedarf und von vielfältigen Problemlagen geprägt. Jeder zweite Bewohner hat einen Migrationshintergrund. Mehr als die Hälfte der Zuwanderer kommt aus der Türkei. Der Aussiedleranteil ist durchschnittlich und weitgehend von den Aussiedlern aus der ehemaligen Sowjetunion geprägt. Das Programmgebiet ist mit einem hohen Kinderanteil als ausgesprochen "jung" zu bezeichnen. Extrem hoch ist die Quote der Alleinerziehenden. Hinsichtlich der Arbeitslosigkeit und des Bezuges von Geld aus der Grundsicherung weist Lüssum die höchsten Anteile aller zehn „Soziale Stadt"-Gebiete in Bremen auf. Jedes zweite Kind ist vom Arbeitslosengeld II bzw. Grundsicherung abhängig. Aber auch bei den älteren Menschen nimmt die Grundsicherungsabhängigkeit den höchsten Wert bei allen Programmgebieten in Bremen ein.

Wenn auch die dringlichsten baulichen Mängel behoben sind, bestehen aufgrund des hohen Ausländeranteils weiterhin große Integrationsprobleme. Jugendcliquen von Aussiedlern und Kurden und die Jugendkriminalität stellen besondere Problemschwerpunkte dar, ebenso wie Alkohol- und Drogenmissbrauch. In Lüssum-Bockhorn wohnen viele arme Menschen. Viele Alleinerziehende und viele kinderreiche kurdische Familien prägen die soziale Struktur. Auffallend ist auch ein niedriges Bildungsniveau. Im Vergleich zur Situation Ende der 1990er Jahre hat sich die Lage im Quartier aber deutlich beruhigt.

Neben dem in Teilen negativen Image Lüssum-Bockhorns sind wesentliche Probleme des Ortsteils seine randständige Lage und das Fehlen wohnortnaher Arbeitsplätze in Bremen-Nord, die den Wohnstandort Lüssum-Bockhorn attraktiv machen könnten. Nicht zuletzt das "Aus" der Vulkanwerft hat dazu beigetragen, dass die Arbeitslosigkeit im Projektgebiet deutlich über dem Bremer Durchschnitt liegt.

2. Das Senatsprogramm "Wohnen in Nachbarschaften (WiN) - Stadtteile für die Zukunft entwickeln" in Ergänzung zum Bund-Länder-Programm "Soziale Stadt"

Das 1998 vorgelegte Programm «Wohnen in Nachbarschaften (WiN) - Stadtteile für die Zukunft entwickeln» ist Teil einer langfristig angelegten, integrierten Stadtentwicklungspolitik für die Stadtgemeinde Bremen und wird von allen Senatsressorts getragen.

2.1 Die Ziele des Programms WiN/„Soziale Stadt"

Die unterschiedliche Entwicklung der Quartiere in Bremen - mit der Gefahr der Polarisierung - sollte durch den Einsatz der Programme ausgeglichen werden. Denn ohne eine sozialstaatliche Intervention wäre eine weitere Abwärtsentwicklung nicht zu stoppen gewesen. In Bremen betrifft dies vorrangig die Großsiedlungen des Sozialen Wohnungsbaus der 60er/70er Jahre.

Die Programme stehen unter folgenden Zielvorgaben:

- alltägliche Wohn- und Lebensbedingungen in den Quartieren zu verbessern, unter Berücksichtigung der spezifischen Belange, z.B. von jungen Menschen und Frauen;
- das Engagement und die Mitwirkung der Bewohner/innen an der Quartiersentwicklung und ihre aktive Mitarbeit an Vorhaben und Projekten durch Mitwirkungsrechte, z.B. in „Lokalen Foren" zu fördern, zu unterstützen; offene und wirksame Beteiligungsformen sollen dabei in einem engen Zusammenwirken der verantwortlichen Partner und Gremien auf der lokalen Ebene ermöglicht werden;
- die zielorientierte, organisationsübergreifende Zusammenarbeit der lokalen und regional zuständigen Partner durch die Festlegung von Handlungsfeldern und das Prinzip der Ergänzungsfinanzierung von einzelnen Vorhaben/Projekten zu unterstützen;
- einen „Wettbewerb" der Ideen, Konzepte und die Stärkung der Eigeninitiative zu fördern;
- einen wirksamen Einsatz von Mitteln durch die Bündelung von personellen und finanziellen Ressourcen von lokalen und/oder regionalen Initiativen, Trägern, Wohnungsbaugesellschaften, Einrichtungen und Diensten zur Realisierung von einzelnen Vorhaben zu erreichen;
- einen Anstoß von Investitionen Dritter, z.B. privater Eigentümer, um einen Multiplikatoreneffekt der eingesetzten öffentlichen Mittel zu erzielen.

(Freie Hansestadt Bremen, Der Senator für Bau und Umwelt, Der Senator für Arbeit, Frauen, Gesundheit, Jugend und Soziales, 2002)

2.2 Wie funktioniert WiN? (Umsetzung des Bund-Länder-Programms „Soziale Stadt" in Bremen)

Auf der lokalen Ebene organisiert das Quartiersmanagement die Beteiligung der Bewohner/innen . In „lokalen Foren / Stadtteilgruppen" werden in öffentlichen Diskussionen gebietsbezogene Vorhaben vorgestellt und es wird im Konsens mit Bewohner/innen, Fachkräften der Sozialen Einrichtungen, Vertreter der Initiativen und Vereine, der Eigentümer und Wohnungsverwaltungen und der kommunalpolitischen Ebene (Ortsamt/Stadtteilbeiräte) über die einzelnen Vorhaben entschieden, bzw. es wird ein „WiN-Gütesiegel" erteilt. Dieses Votum ist Voraussetzung für die abschließende Vergabe der „WiN"-Fördermittel (Ergänzungsfinanzierung) durch die „Ressortübergreifende Arbeitgruppe WiN". Mehrjährige Projekte müssen jedes Jahr neu beantragt werden. Im Jahr stehen pro Gebiet ca. 150.000,00 € (Ergänzungsfinanzierung aus dem Programm „WIN") für Projekte und ca. 120.000,00 € für Bauinvestitionen aus dem Programm „Soziale Stadt" zur Verfügung .

2.3 Aufgaben des Quartiersmanagements

- Ansprechpartner im Gebiet für Bewohner/innen, Organisationen, Wohnungsunternehmen, Trägern, Vereine u.a.
- Unterstützung von Beteiligungsprozesses, Förderung von Selbsthilfe und Selbstorganisation der Bewohner/innen bei der Entwicklung und Umsetzung von Vorhaben/Projekten in den Nachbarschaften;
- Durchführung von öffentlichen lokalen Foren (z.B. „Stadtteilgruppen") zur Information, Diskussion von Projekten und ihrer Förderung,
- Zusammenarbeit mit Partnern: Organisationen, Wohnungsunternehmen, Trägern, Vereinen u.a. bei der Vorbereitung von Aktivitäten, z.B. Finanzierungsplanung und Antrag
- Projekt- und aktionsbezogene Öffentlichkeitsarbeit: Partner informieren und Aktivitäten bekannt machen;
- Beteiligung/Mitarbeit an/in gebietsbezogenen und gebietsübergreifenden Arbeitsebenen.

Das Quartiersmanagement Lüssum-Bockhorn bietet eine Anlaufstelle für Bewohner/innen zu allen Fragen des Wohngebietes. Darüber hinaus werden Kurse und Wochenendseminare in Zusammenarbeit mit dem Haus der Familie zu Fragen der Verbesserung des Wohngebietes, der Gestaltung von Spielplätzen, der Mitbestimmungsmöglichkeiten bei Entwicklungen des Wohnquartiers u.a. organisiert.

2.4 Gebiete/ Gebietszuschnitte des Soziale-Stadt-Programms in Bremen:

3. Menschen mit Migrationshintergrund in den „Soziale Stadt"- und WiN-Gebieten

Die in Deutschland lebenden Migrant/innen leben zu 70 Prozent seit mehreren Jahren hier. 80 Prozent von ihnen leben in westdeutschen Großstädten.

In allen zentralen Lebensbereichen wie Arbeit, Wohnen, Bildung, Einkommen, Ausbildung usw. bestehen nach wie vor hohe Benachteiligungen der Migrant/innen gegenüber der Mehrheitsbevölkerung.

Die Migrant/innen in den Städten leben nach ihrer rechtlichen und sozialen Situation und Lebenslage immer mehr ausdifferenziert in bestimmten Wohnquartieren. In Bremen sind das überwiegend die zehn Soziale–Stadt- und WiN-Gebiete. Diese Konzentration nichtdeutscher Familien in den schlechten Wohnvierteln ist Ergebnis sozialräumlicher Armutssegregation. Die Migrant/innen haben die multiethnischen Spannungen nicht verursacht, sondern sind selbst Opfer sozialer Benachteiligungen und auf die weniger attraktiven Wohnquartiere angewiesen. Multiethnische Konflikte in städtischen Quartieren sind heute vor allem soziale Konflikte.

Die wirkliche dauerhafte oder zeitweilige Integration findet in den Städten, Stadtteilen und Nachbarschaften statt. Es zeigt sich vor allem in den Stadtteilen, in Schulen und Vereinen, in Betrieben und Nachbarschaften, ob Integration und interkulturelles Zusammenleben gelingen oder misslingen.

Das ist der Ansatzpunkt für das Programm "Wohnen in Nachbarschaften (WiN) – Stadtteile für die Zukunft entwickeln" in Kombination mit dem Bund-Länder-Programm „Soziale Stadt". Im Land Bremen wurde außerdem auf politischer Ebene mit dem Integrationskonzept von Zuwanderern und Zuwanderinnen reagiert.

3.1 Integrationskonzept von Zuwander/innen im Lande Bremen

Im Integrationskonzept wird festgestellt, dass „Integration eine bedeutende gesellschaftliche und staatliche Aufgabe darstellt. Ihr Ziel ist nicht nur, dafür Sorge zu tragen, dass Einzelne oder Gruppen nicht sozial oder kulturell an den Rand der Gesellschaft geraten, sondern Ziel der Integration ist die erfolgreiche 'Aufnahme in die Gemeinde'. Damit wird auch verhindert, dass zukünftige Generationen vor unverhältnismäßig große Probleme gestellt werden. Schließlich bedeutet Integration keine einseitige Angelegenheit, bei der nur die Zuwander/innen Neues lernen müssten: Vielmehr bergen Integrationsprozesse auch immer Chancen für die aufnehmende Gesellschaft, in den verschiedensten Bereichen neue Impulse von den Zuwanderern aufzunehmen und zu nutzen."

Denn "Integration, die vorhandene Potenziale der Zuwanderer und Zuwanderinnen nutzt, dient auch dazu, dass (neue) gesellschaftliche Konfliktherde vermieden werden. Vermeidung von Ausgrenzung schafft immer die Voraussetzung für eine friedliche Gesellschaft, erhöht die Solidarität und fördert die Attraktivität des Standortes. Mangelnde Integration schwächt die Gesellschaft. Zentrale Werte unserer Verfassung wie individuelle Freiheit, Gerechtigkeit und Solidarität sind Eckpfeiler für ein tolerantes, von gegenseitigem Respekt geprägtes Miteinander."

Im Einklang mit den Zielen der Programme „Soziale Stadt" und WiN wird weiterhin ausgeführt, dass "Integrationsförderung den Zuwanderern und Zuwanderinnen eine gleichberechtigte Teilhabe am Leben der Aufnahmegesellschaft ermöglichen soll. Sie ist sowohl das Angebot von fachpolitischen Maßnahmen als auch eine gesellschaftliche Querschnittsaufgabe. Zur bremischen Integrationsförderung gehört ein klares, zielorientiertes und auf die Bedürfnisse der Zuwanderer und Zuwanderinnen ausgerichtetes Integrationsangebot."

(Konzeption zur Integration von Zuwanderern und Zuwanderinnen im Lande Bremen 2003-2007).

Die aufgeführten Zitate weisen auf die besondere Notwendigkeit von gelingender Integration für das friedliche Zusammenleben in Gebieten mit besonderem Entwicklungsbedarf hin. In Bremen wurde bei der Erarbeitung der „Integrierten Handlungskonzepte“ (Grundlage der Arbeit in „Soziale Stadt-Gebieten“) dem Ziel „Integration“ eine besondere Bedeutung zugeschrieben und es als übergeordnetes Ziel definiert (Habermann-Nieße/Nieße/Schlomka 2006: 21f).

4. WiN-Projekt "Zuhause in Lüssum"

4.1 Am Beginn stand die Aktivierende Befragung

Die Aktivierende Befragung, ein Ansatz von Aktionsforschung (Hinte/Karas 1989: 42f), ist eine Methode, um in einem begrenzten Gebiet die Sichtweisen, Interessen und Bedürfnisse der dort leben Menschen zu erfahren. Im Unterschied zu anderen Untersuchungs- und Befragungsmethoden ist eine Aktivierende Befragung gleichzeitig der völlig offene Beginn von Veränderungen - durch Aktionen der dort lebenden und betroffenen Bürgerinnen und Bürger.

Die Methodik der Aktivierenden Befragung wurde im Rahmen von Gemeinwesenarbeit in benachteiligten Wohnquartieren entwickelt. Ausgehend von der Erkenntnis, dass Menschen nur dann bereit sind, sich für etwas zu engagieren, wenn es in ihrem eigenen Interesse liegt und sie von dessen Notwendigkeit überzeugt sind, gilt es, durch aktivierende Gespräche herauszufinden, wie die Betroffenen denken und fühlen, was sie als veränderungsbedürftig ansehen und was sie bereit sind zu tun, damit sich etwas ändert.

Wichtig ist, dass von Seiten der Durchführenden eine Offenheit besteht, die Themen, die von den Befragten benannt und problematisiert werden, anzugehen oder angehen zu lassen. Dies kann zu Beginn von neuen Projekten der Stadtteil- und Gemeinwesenarbeit sein, aber auch zur Erneuerung und Verbesserung von bestehenden Angeboten.

4.2 Ziele von Aktivierenden Befragungen können sein:

- die Herstellung von Kontakten zu Bewohner/innen, Kennenlernen ihrer Sichtweisen und Ressourcen,
- die Unterstützung von Bewohner/innen, sich über ihre eigenen und ihre gemeinsamen Interessen bewusster zu werden,
- die Grundlage zu schaffen für weiteres, organisiertes, gemeinsames Vorgehen von Bewohner/innen.

Die Aktivierende Befragung im Rahmen des WiN-Projektes Lüssum-Bockhorn wurde von einer erfahrenen Gemeinwesenarbeiterin, Praktikantinnen der Hochschule Bremen, Studiengang Sozialwesen, und Übersetzerinnen aus dem Wohngebiet durchgeführt. Befragt wurden die erwachsenen Bewohner/innen, oftmals Migrant/innen, nach ihrer Meinung über die Situation im Quartier, die Verbesserungsbedarfe und danach, wo sie bereit sind, sich selbst zu engagieren. Heraus gekommen sind folgende Projekte, allesamt mit Beteiligung der unterschiedlichen Migrant/innengruppen (Türken, Kurden, Aussiedler)

4.3 Ergebnisse der Aktivierenden Befragung

- Bau eines Backhauses, als Treffpunkt für Frauen aller Nationalitäten. Die Potenziale der Frauen konnten so im Stadtteil sichtbar gemacht werden. Die Frauen backen auch für große gemeinsame Veranstaltungen, wie Stadtteilfest, Internationaler Frauentag, Abschiedsfest fürs Hochhaus u.a.- gefördert durch „Soziale Stadt".
- Ein weiterer Wunsch war ein Ort für die Frauen, wo sich sich ungestört treffen und austauschen können. Hier wurde eine Internationale Werkstatt für Frauen im Hochhaus eingerichtet. Die Werkstatt wird jetzt überwiegend von Migrantinnen aus den GUS-Staaten genutzt - gefördert durch WiN.
- Internationales Frauenfest - gefördert durch den Bewohnerfonds WiN.
- Hausnaher Spielplatz für Kleinkinder. Hier wurden kurdische Väter aktiv; sie haben beim Abbau alter, baufälliger Geräte mitgewirkt, haben unter Anleitung Sitzbänke gebaut und aufgestellt und über diese Aktion ebenfalls an Ansehen gewonnen - gefördert durch „Soziale Stadt".
- Ein Wunsch der Männer bei der Befragung war, eine Möglichkeit zum "Heimwerken" zu bekommen, da sie in den engen Sozialwohnungen keine Möglichkeit dazu haben. So entstand die Planung für einen Anbau beim Spiel- und Gemeinschaftshaus für die Einrichtung einer **Selbsthilfewerkstatt** - gefördert durch „Soziale Stadt".
- Der Eingangsbereich in die Straße Lüssumer Heide war durch einen Müll-Containerplatz verunstaltet. Hier war der Wunsch der Bewohner/-innen, eine freundlichere Gestaltung zu bekommen. In enger Kooperation mit dem Bauamt Bremen-Nord, Abteilung. Stadtplanung, wurde ein ansprechender Quartiersplatz gestaltet. Die Finanzierung wurde aus dem Programm „Soziale Stadt" geleistet. Die Einweihung fand mit einem Maskenschauspiel zum Thema „Zauber der Begegnung" und der Musik der Vier Jahreszeiten von Vivaldi statt. Die Kostüme und Masken für Erwachsene und Kinder wurden in der Internationalen Frauenwerkstatt hergestellt.
- Der Wunsch vieler Eltern war es, eine „Schwelle" bei der Zuwegung zum Horthaus in der Lüssumer Heide zu bekommen. Auch dieser Wunsch konnte relativ schnell mit dem Amt für Straßen und Verkehr umgesetzt werden, finanziert aus dem „Soziale-Stadt"-Programm.

Zusammenfassend kann mit diesen Beispielen deutlich gemacht werden, wie mit der Methode der Aktivierenden Befragung im Rahmen der Gemeinwesenarbeit / Quartiersentwicklung Migrant/innen in die Stadtteilentwicklung und Projektarbeit einbezogen werden und wie sie über die spätere Realisierung der Projekte ihre eigenen Potenziale und Kompetenzen sichtbar machen konnten. Weiterhin konnte die Stimmung im Projektgebiet positiv beeinflusst werden, weil alle Bewohner/innen die Umsetzung der Ideen in konkrete Projekte hautnah miterleben konnten. Die Infrastruktur, die so auf ihre Bedürfnisse hin verbessert werden konnte, schafft neue Voraussetzung von Begegnung, Bestätigung und Austausch. Das Backhaus, die Selbsthilfewerkstatt und die Internationale Frauenwerkstatt sind aus dem Wohngebiet nicht mehr weg zu denken.

5. Ressourcen im Gebiet: das Quartierszentrum "Haus der Zukunft" in Lüssum-Bockhorn

Das *Haus der Zukunft* ist ein offener Kommunikationsort für Bürger/innen, ein soziales und kulturelles Dienstleistungs- und Kommunikationszentrum.

Das Haus ist ein Modell für Integrationsarbeit - Treffpunkt, Café, Mittagstisch, Beratung, Sportangebote, Haus der Familie, **WiN-Projektbüro**, Berufsorientierung, Sprachkurse u.v.a.m.

Das Haus wurde von Arbeitslosen aus dem Stadtteil und Profi-Firmen gemeinsam errichtet. Es waren Menschen aus 6 Nationen beteiligt. Im Juli 1997 wurde das Haus eingeweiht.In ihm arbeiten kommunale, soziale, kirchliche und sportliche Träger mit engagierten Bürger/innen zusammen, um die dringend erforderlichen positiven Akzente zu setzen.

5.1 Angebote zur Integration im Haus der Zukunft

Im Haus werden von unterschiedlichen Trägern Angebote zur Integration gemacht. Der Großteil der Angebote wird durch das Programm WiN bezuschusst, ein kleinerer Teil wird durch das Bundes-Programm LOS (Lokales Kapital für Soziale Zwecke, finanziert durch die Europäische Union) gefördert.

- **Sprachkurse mit Berufsorientierung:**
  - "Deutsch als Zweitsprache + EDV-Schulung + Berufsorientierung" - Paritätisches Bildungswerk, gefördert durch LOS
  - "Fit für den Arbeitsmarkt - Sprachkurs für Bürger/innen aus den GUS-Staaten - AWO-Migrationsdienst, gefördert durch LOS

- **Berufsorientierung für Frauen aus den GUS-Staaten** - AWO Migrationsdienst
- **Berufsberatung für Migrantinnen** und Berufswegeplanung, Anerkennung von Abschlüssen - Frauen in Arbeit und Wirtschaft
- **Erziehungsberatung für türkische Familien** - Haus der Zukunft e.V., gefördert durch WiN

- **HIPPY-Gruppentreffen** - Mütter aus Zuwandererfamilien mit Kindern im Alter von 4 - 6 Jahren – Deutsches Rotes Kreuz Migrationsdienst, gefördert durch WiN
- **Opstapje- Gruppentreffen** - Mütter aus Zuwandererfamilien mit Kindern im Alter von 2 - 4 Jahren, Deutsches Rotes Kreuz Migrationsdienst, gefördert durch WiN
- **DonnerstagsFORUM**

  Begegnung von türkischen, deutschen und Bürger/innen aus den GUS-Staaten - Caritas, gefördert durch WiN
- **Café -Nachmittag für türkische Frauen -** Einmal in der Woche treffen sich die 'älteren' türkische Frauen (erste Einwanderergeneration) zum Teetrinken und Klönen - selbstorganisiert.
- **Schlichten in Nachbarschaften**" - wohnortnahe Schlichtungsstelle des Täter-Opfer-Ausgleichs – (TOA) e.V., gefördert durch WiN
- **„Wohnortnahe Beschäftigung und Qualifizierung“** – Küchenprojekt.- Im Haus der Zukunft besteht die Möglichkeit, über Instrumente des zweiten Arbeitsmarktes ALG II Empfänger/innen als Küchenhilfen zu qualifizieren. Der Kreis der Teilnehmer/innen kommt zum großen Teil aus dem Projektgebiet und ist entsprechend international zusammen gesetzt. In der Regel werden vier bis fünf Frauen qualifiziert angeleitet und können dadurch einen Mittagstisch für den Stadtteil, Frühstücksbüfett u.a. als wohnortnahe Dienstleistung anbieten.

Weitere Informationen über das Haus der Zukunft finden Sie unter www.haus-zukunft-bremen.de

Lüssum-Bockhorn ist ein Einwanderungsort für Migrant/innen und trägt mit den beschriebenen Projekten immer wieder zur Erstintegration der Bewohner/innen bei. Nach einer ersten Orientierungs- und Integrationsphase verlassen eine ganze Reihe von eingewanderten Bewohner/innen den Ortsteil.

Das Programm WiN unterstützt mit den Projekten in den ausgewählten Gebieten die nachhaltige und nachholende Integration von Migrant/innen und Aussiedler/innen. Die Projekte versuchen eine differenzierte Integration von Neuzuwanderern und Neuzuwanderinnen. Durch das Programm WiN können die Menschen vor Ort in vielen Fragen gefördert und unterstützt werden. Barrieren zwischen den Kulturen und Vorurteile können durch die Arbeit in den Projekten abgebaut werden.

Literatur

Hinte, Wolfgang/Karas, Fritz, Studienbuch Gruppen- und Gemeinwesenarbeit. Neuwied/Frankfurt a.M. 1989.

Richers, Hille, Aktivierende Befragung, in: Praxis Bürgerbeteiligung. Ein Methodenbuch, Bonn 2003.

Freie Hansestadt Bremen. Der Senator für Arbeit, Frauen, Gesundheit, Jugend und Soziales Bremen, Konzeption zur Integration von Zuwanderern und Zuwanderinnen im Lande Bremen 2003 – 2007, Bremen 2004.

Bundesministerium für Verkehr, Bau- und Wohnungswesen/Deutsches Institut für Urbanistik (Hrsg.): Die Soziale Stadt – Eine erste Bilanz des Bund-Länder-Programms „Stadtteile mit besonderem Entwicklungsbedarf – die soziale Stadt", 2002.

Freie Hansestadt Bremen/Der Senator für Bau und Umwelt/Der Senator für Arbeit, Frauen, Gesundheit, Jugend und Soziales Bremen, Wohnen in Nachbarschaften (WiN) Stadtteile für die Zukunft entwickeln „Stadtteile mit besonderem Entwicklungsbedarf – die soziale Stadt" – Stand der Umsetzung der Programme, Bremen 2002.

Freie Hansestadt Bremen; Integrierte Handlungskonzepte Bremen. Bearbeitet von Dr. Habermann-Nieße, Klaus/Nieße, Brigitte/Schlomka, Bettina, Bremen 2006.

7. Wie in den USA mit den Auseinandersetzungen und Konflikten umgegangen worden ist, die aus demographischen Veränderungen seit den fünfziger Jahren des vergangenen Jahrhunderts in den Städten Atlanta, Cleveland und San Francisco resultierten, beschreibt Michael Elliot in seinem Beitrag „Collaborative Decisions in a Fractured Metropolis".
In der ersten Phase ging es dabei um neue, professionelle Verwaltungsstrukturen und effektives Stadtmanagement unterstützt durch zielgerichtete Forschung und Planung sowie neue öffentliche Finanzierungssysteme. Diese erste „urbane Revolution" hat freilich nicht ausgereicht, die nachfolgenden demographischen Veränderungen, die Umstrukturierung der Wirtschaft und die Folgen der neuen Technologien in den Griff zu bekommen. Das traditionelle hierarchische Entscheidungsverfahren erwies sich als nicht ausreichend, so dass gegenwärtig versucht wird, ein auf Netzwerken basierendes Entscheidungssystem zu etablieren, das stärker auf mediative Institutionen und kooperative Prozesse ausgerichtet ist. Der Beitrag untersucht die möglichen Auswirkungen dieses neuen Entscheidungssystems und zieht Schlussfolgerungen im Hinblick auf notwendige politische Veränderungen im Management einer Metropolregion.

VII Collaborative Decisions in a Fractured Metropolis: Institutional and Process Innovations for the Management of Conflict Resulting from Demographic Shifts and Spatial Transformations in U.S. Cities

Michael Elliott

1. Two Urban Revolutions

American cities are the stepchildren of the republic. In a federalist system of governance, cities are viewed as corporations created and regulated by the states. At the start of the 19th century, only six percent of the United States' population lived in urban places, and only five cities housed more than 10,000 in population. It is in this milieu, cities were seen as commercial centers living off agrarian wealth. This ambivalence, however, did not prevent cities from burgeoning. The United States went through its first urban revolution as its economy shifted from agrarian to industrial and as new technologies such as steel girder construction and elevators enabled significant increases in density within cities. Between 1850 and 1900, New York City grew six-fold, while Chicago more than doubled in size every decade, increasing 50-fold altogether. By 1920, the United States had entered its urban century, with 51% of its population residing in urban places. Since then rural populations have grown only 20 percent while urban populations have more than tripled.
This urban revolution brought forth significant transformation of city governments. These changes emerged first in response to the demographic changes af-

fecting cities and then more consciously as our political system reconceptualized urban governance. Often working in dehumanizing conditions, immigrants filled American cities. In 1890, of the ten million residents living in cities with populations greater than 100,000, almost one-third were foreign born. Wealthy America began its exodus to the suburbs. As urban electoral power shifted to immigrant-controlled political machines, city governments came to be governed by systems of patronage and informal political control that served the interests of the political bosses and provided basic services and jobs to the immigrants.

To most native-born Americans, cities were increasingly seen as politically and morally corrupt. Most American philosophers, writers and political activists decried the urban condition. The Progressive Movement emerged, consisting of interconnected reform groups seeking to tame both big cities and big business, with roots in the interests of middle class, agrarian and social activists. Progressives sought to remove corruption from city government, encourage greater civic involvement in urban decision making, and promote government action to resolve social problems and to promote economic fairness. Out of this movement grew new forms of urban governance. New administrative structures, such as strong mayor and city manager forms of government, promoted accountability through a strong executive; civil service reduced the impact of patronage and promoted the professionalization of city bureaucracies; research and planning institutions promoted public knowledge about and more effective management of the urban condition and growth; new public financing systems promoted longer-term investments in infrastructure; and new social institutions and regulatory systems managed urban growth and its negative consequences. The American planning institutions were created during this period.

This reconfiguration of urban government served its cities well. The worst excesses of the city – tenement housing, impoverished ghettos, inadequate infrastructure, and incompatible land uses – were slowly tamed. Yet, as cities continued to grow, the seeds for a new urban revolution were sown. Like the first urban revolution, this second one is emerging from the dysfunction of cities stressed by demographic shifts, a restructured economy and new technologies that shape urban form. Uni-centered cities have become multi-centered metropolises, but the political governance system has not yet adapted.

This paper examines this new pattern of urbanization, the barriers to managing its emerging conflicts and problems, and institutions and processes being developed to better manage these conflicts. The paper explores these patterns by examining three cities – Atlanta, Cleveland and San Francisco – each representing a different configuration of demographic realignment and hence different patterns of growth and conflict. The paper then examines new forms of governance and public decision making being created to help manage this growth and conflict. While traditional governance systems are built on the twin principles of hierarchical authority disciplined by a system of checks and balances, current innovations are exploring more network-based decision systems, with an emphasis on mediative institutions and collaborative processes. Finally, the paper explores the potential impact of these emerging systems and possible future directions for managing metropolitan decision making.

2. Patterns of Metropolitan Development in the United States

2.1 The Heartland, the New Sunbelt, and the Melting Pot

In the United States, metropolitan areas that once consisted of central cities with relatively modest suburbs have given way to relatively modest central cities surrounded by a plethora of edge cities and suburbs. In the 39 metropolitan areas with 2000 populations greater than one million, central cities now contain less than one-third of the region's population. By comparison, in 1950, these central cities contained two-thirds of their region's population.[1] While the metropolitan areas increased 130 percent on average, central cities increased by only 15 percent. For cities that did not annex, central city populations decreased 17 percent while their corresponding suburbs increased by 250 percent.

Metropolitan dynamics are, however, not uniform. Three regions have emerged in the United States, each shaped by distinct foreign and domestic migration flows. These include an aging and slow growing "heartland" region, a fast growing, rapidly suburbanizing "new sunbelt" region, and an increasingly multiethnic and diverse "melting pot" region.[2] The Heartlands account for 39% of the US population. Growth rates are modest; populations are largely White or mixed White and African American, with relatively low in-migration and high out-migration of youth to other regions of the country. The New Sunbelt contains 20% of the nation's population. Growth rates are rapid and primarily suburban. Domestic in-migration by Whites and African Americans outpaced immigrants by a ratio of five to one. Finally, the Melting Pot accounts for 41% of the US population and contains cities that, while rapidly growing during the 1970s and 80s, are slowing down to the national average. They are home to 74% of US Hispanics and Asian residents, and these immigrants account for 76% of these states' growth. During the 1990s, these states lost White population.[3]

These demographic shifts have significant impacts on metropolitan regions. In the next section, we examine these differences by exploring three cities, one from each demographic region. These cities include Cleveland, a Heartland City; Atlanta, a New Sunbelt City; and San Francisco, a Melting Pot City. All three cities rank amongst the largest 25 cities in the United States. Yet each

---

[1] http://www.demographia.com/db-uza-us1950.htm, 11/7/05.

[2] William Frey, Three Americans: The Rising Significance of Regions, Journal of the American Planning Association, 68:4, 2002, p. 349.

[3] Ibid, at p. 349-353.

faces significantly different demographic shifts and the challenges these shifts entail.

2.2 A Tale of Three Cities: Cleveland, Atlanta and San Francisco

2.2.1 Cleveland-Akron: A Heartland City

In 1950, Cleveland's central city accounted for 66% of the metropolitan population of 1.4 million. Today, it accounts for 27% of a metro population of 1.8 million. During this period, the central city lost 48% of its population, while the suburbs grew by 180%. Cleveland's plight is by no means unique. Of the 19 major central cities located in the Heartland States, all but two lost population in their core city. While the population of these core cities decreased by 25%, the metro regions grew by 76%. Cleveland's condition, then, is indicative of a wide array of older US cities located in states with relatively stable populations.

Three trends of particular importance can be discerned. First, metropolitan Cleveland experienced considerable migration, but almost all of this migration is from within the state and region. Suburbs grew because of central city out-migration, natural growth due to births and deaths, and in-migration from smaller cities and rural areas within the region. The region is a net exporter of residents, particularly youth. The population is consequently aging.

Second, the region is highly segregated. The metropolitan area is 78% white, 17% black, and less than 5% foreign-born. Only one census tract contains more than 25% foreign-born residents. White and Black residents are highly segregated, with almost all census tracks consisting of at least 85% of one race alone. In like manner, income classes are also segregated, with the core city containing many of the poorest areas.

Third, the Cleveland metropolitan area is divided into numerous jurisdictions, each with authority over taxation, infrastructure, land use controls and other policy prerogatives reserved to local governments. As a result, the resources available to and resilience of jurisdictions is highly variable. A 1998 study conducted by the American Research and Geographic Information Systems group (Ameregis[4]) identified 145 jurisdictions of which 10% were economically and fiscally at-risk older communities, 22% were affluent job centers and 68% were either developing bedroom or low density communities. The city core faces economic and environmental challenges associated with a declining industrial economy. Brownfields remain an extensive problem and stream beds are heavily impaired.

[4] http://www.ameregis.com/maps/national_report/CI_clus.pdf.

2.2.2 Atlanta: A New Sunbelt City

In 1950, the central city of Atlanta accounted for 65% of the metropolitan population of 507,000. Today, it accounts for 11% of a 4.1 million metro population. Of the three cities presented in this paper, Atlanta was the only one with significant central city growth (26%), yet it is in many ways the most hollowed (because the suburbs grew by 1,652%). With an average of 1,783 people per square mile (688/km^2), Atlanta contains the third largest urbanized area of any metropolis in the US (behind New York City and Chicago) but is the least densely populated of the 40 largest US metropolitan areas. The metropolitan area grew almost 20-fold between 1950 and 2000, from 106 to 1,963 square miles of contiguous urbanized area. The area also contains 3,850 square miles of urbanizing land, making it approximately half the size of Belgium. By absolute population increase, it is the fastest growing city in the country. By acreage of land consumed per year, it is arguably the fastest growing city in the world.

Yet, when compared to the other major cities in the New Sunbelt, Atlanta's growth and size are not atypical. Extreme rates of suburbanization have created metropolitan regions with sharp divides between suburban and urban dwellers and amongst suburbanites themselves. In addition, these very rapid rates of growth have kept communities in flux, dramatically changing landscapes, density, congestion, demands on infrastructure and schools, and local identity in short periods of time.

This growth is largely fueled by African American and White in-migration from Heartland and Melting Pot regions of the United States. As the Black middle class suburbanized by moving east and southeast into communities adjacent to traditionally Black neighborhoods and Whites moved to the northwest, northeast and southwest, old patterns of racial and income segregation found in Atlanta have been replicated at the metropolitan scale.

Atlanta is also an emerging port of entry for foreign born residents. In 2000, the region contained 423,000 foreign-born residents born, 60% of whom arrived in the 1990s. Unlike older cities where immigrants settled in the center of the city, immigrants to Atlanta settled along established transit routes in first ring suburbs.

Like the Cleveland metropolitan area, Atlanta is divided into numerous jurisdictions, with high variability vis-à-vis resources available to each jurisdiction and resilience to future change. The 1998 Ameregis study[5] identified 125 jurisdictions, including 18% older communities that were economically and fiscally at risk, 3% affluent job centers and 79% either developing bedroom or low density communities.

The spatial mismatch between jobs and residences is increasingly significant. The region now contains eight primary job centers: three located within the city

[5] http://www.ameregis.com/maps/national_report/AT_clus.pdf.

of Atlanta and five to the northeast and northwest. These edge cities and their near-in environs account for 46% of the jobs in the region, but only 21% of the population. The average commute in the region has grown to over 33 miles each way. Traffic congestion is a significant problem.

The region also must increasingly cope with environmental degradation and resource constraints. The city straddles a continental divide and is located at or near the top of its watersheds. Despite the generally rainy climate, periodic droughts significantly stress the city's water supply. Opposition to expanding this supply from Alabama and Florida has resulted in 15 years of controversy, commonly called the Tri-State Water Wars. In addition, the city suffers from significant ozone and particulate air pollution.

2.2.3 San Francisco-Oakland: A Melting Pot City

Between 1950 and 2000, the central cities of San Francisco and Oakland remained essentially stable, while the suburbs have grown by 138%. As a result, while they accounted for 57% of the metropolitan population of 2 million in 1950, they now account for 36% of a metro population of 3.2 million. Foreign migration generates much of the growth in Melting Pot cities. Because San Francisco has long been a major port of entry for immigrants, significant sections of the region are substantially foreign born or contain a substantial population of first and second generation descendents of immigrants. San Francisco's African American population is both more modest and more dispersed than that of either Cleveland or Atlanta. With an average of 5,298 persons per square mile (2,367/ km^2), San Francisco is the most densely populated of the 20 largest US metropolitan areas.

San Francisco's unique geography tends to promote diversity within the ring of communities that abut the bay. In these communities, with the relatively poor residing on the flatlands adjacent to the bay and more affluent residing on the surrounding hills, the geography of class and racial differences is both more intimate and more subtle than that found in Atlanta or Cleveland. The 1998 study Ameregis study[6] identified 110 jurisdictions, including 13% older communities that were economically and fiscally at risk, 15% affluent job centers and 72% either developing bedroom or low density communities.

At the same time, the geology that makes San Francisco so beautiful, with its bay and steep hills, also significantly hampers the ease of accessibility between jurisdictions. Despite extensive investments in public transit, San Francisco's commuting congestion remains a significant problem. Moreover, San Francisco faces significant environmental challenges. Like most of California, the city is heavily dependent on the importation of water from elsewhere in the state. The San Francisco Bay and the Sacramento Delta are also ecologically stressed, de-

[6] http://www.ameregis.com/maps/national_report/AT_clus.pdf.

pendent on the same water that San Francisco and many other parts of the state use for water supply.

2.2.4 Challenges Facing the Metropolis

What do these communities tell us about the challenges that face our metropolitan areas? Despite significant differences in the demographic shifts facing each of these metropolitan regions, they share several problems. First, all three regions are becoming multi-centered and increasingly suburbanized. While Atlanta and San Francisco's core cities remains fairly healthy, the political clout of core cities is declining as its residents become an increasingly small percentage of the regional population. Second, each metropolis contains over 100 distinct city and county jurisdictions. Given the structure of American governance, particularly the strong tradition of home rule that is found in most states, each of these jurisdictions can do little to influence the direction of the region as a whole. As it has grown, the metropolis has become fractionated. Third, the need for cooperative action is widespread. Many of the problems faced by cities cross jurisdictional lines. Each metropolis faces resource and infrastructure constraints – on transportation networks, water resources, air sheds, and the provision of affordable housing in proximity to jobs – that can be addressed only at the level of the region.

Yet, regional institutions needed to address these problems are relatively scarce. Moreover, efforts to create regional governance systems have proceeded at a much slower pace than is needed to address these problems. Given the political, cultural and economic conditions that have given rise to the fractured metropolis, efforts to promote cooperative governance have evolved, not along traditional hierarchical governance systems, but rather through the emergence of networks and the use of *ad hoc* mediative processes. Institutions and processes of collaboration have been created to fill the void left by the ineffectiveness of our traditional local, county and state governance systems to resolve regional problems.

3. The Inadequacy of Governance and Community Building Systems

3.1 Historic Reflection: The Current Condition Compared to the American City at the Turn of the 20th Century

If the 20th century was the urban century in America, then the 21st century will belong to the metropolis. In many ways, the transformation needed to move into this new reality will be as great as the one cities experienced at the turn of the last century. The stresses facing cities at that time were just as significant. The industrial revolution and the large influx of domestic and foreign immigrants into cities created enormous strains. These included the concentration of the poor into tenements and ghettos; unhealthy conditions that grew from over crowding, poor sanitation and high levels of pollution that resulted in epidemics that killed over a quarter of some cities' residents; the flight of the elite to streetcar suburbs, and the resulting decline in economic resources available to cities; the extreme levels of congestion and problems of accessibility; and the incapacity of corrupt and inefficient local governments controlled by political machines.

In this context, a series of movements were initiated seeking to transform cities. As discussed in the introduction to this paper, this loose network of reformers sought to ameliorate the worst problems caused by poverty, the rationalization of public investments in infrastructure, and the progressive management of cities. The transformations brought about during this period include the restructuring of city governments to promote greater accountability and professionalization of the civil service, the strengthening of the chief executive role through strong mayor and city manager forms of governance, the creation of planning as a system for rationalizing land use and infrastructure expenditures, the development of new forms of public financing to fund larger scale infrastructure projects, and a more assertive role of local government for the promotion of economy opportunity and the provision of basic services to the poor.

The movement, then, at the turn of the 20th century was toward more autonomous governments, with greater levels of power but also more accountability to the public. Power was concentrated but also monitored, while participation in both elections and political discourse was expanded. These changes were effected primarily through state government, from which cities gain their charters, and through electoral reform within cities. Ultimately, this transformation took almost 50 years to complete, stretching from the 1880s to the 1930s. Only after the Depression significantly destabilized public financing, thereby undermining the patronage system of governance in place in many cities, was this transformation fully realized.

3.2 Structural Barriers to Metropolitan Cooperation

Today, we face different problems but seemingly rooted in the same sources: increases in urban decay and environmental degradation, decreases in accessibility due to congestion and spatial mismatch, difficulties in funding infrastructure improvements, sharp economic and racial inequalities accentuated by spatial segregation, and unsustainable growth in demand for water and other local resources. Can we resolve our current difficulties by expanding upon the logic of this early 20th century political reform movement? We can imagine that one way out of our difficulties is to further consolidate urban governance into yet larger, more regional systems. Yet, as Albert Einstein has noted, "The significant problems we face cannot be solved at the same level of thinking we were at when we created them." The modern metropolitan predicament is the result of a system that allowed individuals considerable discretion as to the form of local government in which they lived, and this system has produced both competition amongst the many jurisdictions and incapacity within these governments to effectively manage the system as a whole. The problems of externalities and public goods faced by the early 20th century city have now been raised to a new level, not only between individuals and neighborhoods, but also between communities.

This system of autonomous communities has a high degree of appeal for residents. Consider as an example the breakup of Fulton County in which the city of Atlanta resides. In a metropolitan region with 125 jurisdictions, Fulton County is in the process of adding seven new cities and possibly splitting into two counties. Local residents seek local autonomy because local governments were seen as more responsive to local concerns. As the Tiebout public choice model[7] argues, given a wide array of local governments, people move to communities which provide a mix of taxation, public services and community characteristics that appeal to them. Local communities differentiate over time, gaining unique identities which they seek to protect from change.

Yet change comes anyway, and at a scale that exceeds the capacity of these local governments to manage. Communities are left protecting borders from encroachment. Such jurisdictions face two structural problems that cannot be managed strictly at the local level, but require regional cooperation.

First, regionally scaled infrastructure must be contiguous and scaled for regional services, yet local choice makes both financing and provision of such infrastructure difficult. For example, both Atlanta and San Francisco's subway systems were blocked from adjacent counties who neither wanted to finance its construction nor permit access to their communities. Yet residents of these neighboring counties can ride the subway at rates subsidized by the public expenditures made by the core counties and cities. Similar disparities can be found in the funding of public hospitals, roads, water and sewer systems and other regional facilities. Traditionally, when core cities dominated metropolitan markets, many of these functions were funded by the core cities out of the wealth produced by this domination, but as core cities have become increasingly insignificant vis-à-vis the region, few mechanisms of regional decision making and financing have been developed as substitutes.

Second, jurisdictions compete with each other to capture resources and locally desirable development, while seeking to block locally unwanted but regionally necessary development and to externalize their costs onto other jurisdictions. As

[7] Tiebout, Charles M., A Pure Theory of Local Expenditures, Journal of Political Economy 44, 1956, p. 416-24.

examples, the structure of our tax system encourages local jurisdictions to compete for large-scale retail development because the taxes paid by such developments go disproportionately to the host community. At the same time, affordable housing is often located at considerable distance from job opportunities because communities block construction of higher density and less expensive residential developments, where service delivery costs might exceed tax revenues. Affordable housing consequently gets concentrated in communities that have traditionally provided such opportunities, thereby increasing economic disparities. Spatial segregation by race and class is accentuated.

3.3 Current Need: Building Blocks for Regional Metropolitan Collaboration

Regionally scaled conflicts thus pose problems of geography, time and community. Regional problems involve spatially large systems that cut across jurisdictional boundaries and long time horizons that extend beyond the scope of concern found in most elected officials. Regional conflicts also challenge our sense of community and identity. The very process of regional differentiation – of selecting localities based on personal preferences – creates distinct enclaves of race, class and ethnicity within the region that reinforce our association with our locality and disassociation with our region.

If regional conflict is to be resolved effectively, institutions and processes must be developed that are capable of addressing geographically dispersed issues, over extended periods of time, while building the civic capacity of residents in the region to work together more effectively. The ability to manage such issues needs to transcend individual activists and agency officials, since resolution of regional issues will require concerted action over many years. The mechanisms of resolution must allow individuals to enter and leave, while maintaining momentum towards resolution. Problems will need to be resolved iteratively, because the impact of system-wide change will be too uncertain and the resource demands too great. Processes of collaboration, which provide the mechanism for resolution, will need to exist in parallel with processes of advocacy and conflict, which provide the energy and motivation needed for resolution. And we will need to scale up processes of participation, to create deliberative inclusionary processes and institutions that build on the best of small scale, face-to-face deliberative processes and maintain the intensity of discourse that is so essential to effective problem solving and community transformation.

Traditional mechanisms to promote regional cooperation, through formal institutions such as regional councils of government or through ad hoc processes of mediation and conflict resolution, will not be adequate to the task. Regional institutions are a direct challenge to the independence of local jurisdictions.

Usually defined narrowly to resolve particular difficulties, these institutions lack the flexibility and breadth needed to resolve a full range of regional issues. At the same time, specific mediative processes are ephemeral, being created to address specific concerns but lacking stability over time.
What this almost certainly implies is a greater reliance on the conscious design and development of distributed networks. These networks will consist of flexible communities of stakeholders and public officials. Such networks can grow and effectively resolve regional issues if specific conditions exist (or can be made to exist). First, agents for stakeholders and public officials must be identifiable and have sufficient resources to enter into the networked community. Second, these agents must be recognizably interdependent such that they are motivated to work together. Third, communication must be maintained at the level of authentic dialogue, not just articulate debate, and therefore the networks require persons with the capacity to mediate the issues, not simply moderate them. And finally, these networks require opportunities for work and expression. These opportunities will change in character and form over time, but will allow agents to work around issues and to flexibly respond to changes as they occur. These opportunities will need to be linked not only to exploration of the issues and the design of solutions, but also to the implementation capacity that resides in public agencies, private corporations and civic organizations.
All of these conditions are subject to public choice and public policy. In the next section, we will explore examples of each of these forms:

- Institutionalized organizations that seek to address regional issues: state mandated authorities, councils of government, consolidated governments and regional governments;
- Collaborative processes that promote resolution of particular issues: policy dialogues, project mediations, and community dialogues; and
- Mediative networks that build the capacity of other institutions to resolve difficulties over time: consortia, community boards and policy networks.

4. Emerging Mediative Institutions and Processes

4.1 Institutionalized Organizations

4.1.1 State Mandated Authorities

Both San Francisco and Atlanta have state mandated authorities. These authorities are special purpose entities, created by the respective states and operated as state agencies. In San Francisco, the Bay Conservation and Development Commission (BCDC) was created to protect and enhance the San

Francisco Bay and to encourage its responsible use. The California legislature created the BCDC in 1965 in response to plans by shoreline cities to fill the Bay, essentially converting it into a river. All projects proposed in tidal wetlands within the BCDC's jurisdiction require an approved BCDC permit before proceeding. Since BCDC's inception, the Bay has increased slightly in size due to tidal marsh restoration. Due to agency mandates, public shoreline access has increased from four miles of access in 1969 to over 200 miles today. Political support for BCDC is high, and efforts by the governor of California to eliminate the agency in 1995 were defeated.

Yet state mandated agencies clearly are subject to political control by the state. Georgia created the Georgia Regional Transportation Authority in 1999. Instituted under a Democratic governor to enhance transportation choices, air quality, and land use in the metropolitan region, the agency began to review Developments of Regional Impact and to approve or disapprove the use of state and federal funds to enhance access to DRIs. However, in 2003, one of the first acts of the newly elected Republican governor was to replace the executive director and redirect the agency. Since then, GRTA has defined its responsibilities more narrowly, largely focusing on the provision of transit services to outlying counties.

Probably the most successful state mandated authority in the United States is the Minneapolis-St. Paul Metropolitan Council. The Minnesota Legislature created the Council in 1967, expanding its powers in 1974, 1976, and 1994. The Council has 17 members who are appointed by and serve at the pleasure of the governor, 16 members who represent geographic districts, and a Council chair that serves at-large. The council chairman is part of the governor's cabinet.[8] Council operations are financed by user fees for wastewater and transit services, a local property tax, and state and federal funds. The Council conducts long-range, comprehensive planning (for airports, economic development, housing, land use, regional finance, parks, water quality and supply, and transportation), works with local jurisdictions to ensure that their planning is consistent with the Council's plans and the plans of their neighbors, operates the regional sewage collection and treatment system and the regional transit system, and administers the region's affordable housing assistance program. In order to carry out the duties of the Council, the Council created several commissions, including those governing airports, Parks and open space and sports facilities.

Unfortunately, while generally viewed as successful, this model of regional governance has not been adopted elsewhere in the United States. The Council was created in a time when central cities still dominated regional politics. Since the 1960s, the rising power of suburban jurisdictions has largely precluded the implementation of this model by other metropolitan regions.

---

[8] http://www.metrocouncil.org/.

4.1.2 Councils of Government and Metropolitan Planning Organizations

All major US cities coordinate some regional investments through metropolitan planning organizations (MPO). The Association of Bay Area Governments, Northeast Ohio Areawide Coordinating Agency, and Atlanta Regional Commission serve as MPOs for San Francisco, Cleveland and Atlanta, respectivley. MPO boards consist of ex officio elected officials and citizens appointed by elected officials. The primary funding, responsibility and power of MPOs lie with federal requirements that MPOs develop regional transportation plans. Because these plans are used to allocate federal transportation funding, the MPO is the focus of intense negotiations and debate. The other coordinative functions of the MPOs, in fields such as land use, environment, economic development and housing, are primarily advisory to the local jurisdictions, and as such are often ignored.

4.1.3 Consolidated Governments

Thirty-three cities have merged with their respective counties as a way to reduce fragmentation and improve the resource base of the local jurisdiction. This constitutes approximately 1% of the counties in the country. The City of San Francisco is one of these, as is Anchorage, Denver, Honolulu, Nashville, New Orleans, and Philadelphia. New York City contains five counties within its borders.

While these consolidations may promote regional cooperation in smaller communities, the larger metropolitan areas consist of multiple counties. Hence, the potential for consolidated government is limited.

4.1.4. Elected Regional Governments

The only locally elected regional governing board in the United States is that of Portland. The referendum to create the regional government, called Metro, was authorized by the state legislature and approved by a vote of the residents of the Portland region in 1978. Metro was substantially restructured in the early 1990s after a state constitutional amendment authorized localities to develop home rule charters for metropolitan governments. In both the original organization and in the revised one, councilors are elected directly by residents of the region.

Metro is responsible for regional land use, growth management, and transportation planning on the Oregon side of the Columbia River; management of the region's solid waste disposal system and regional park and green space system; and ongoing maintenance of a regional data and GIS. Metro has authority to develop regional functional plans, which addresses specific issues of regional significance. Metro can also require local comprehensive plans be brought into consistency with regional functional plans. Finally, Metro is required by the state to establish and manage an urban growth boundary for the 24 cities and parts of three counties within its jurisdiction.

Not until the early 1990s did Metro engage in a concerted effort to promote more coherent regional land uses. Until then, Metro provided a weak coordination function as local comprehensive plans were adopted and employed only one half-time position for overseeing the boundary. However, between 1991 and 1997, Metro completed its charter revision, and a substantial list of planning processes, including its Regional Urban Growth Goals and Objectives, Region 2040 Growth Concept, Regional Framework Plan, Regional Greenspaces Program, the Future Vision, and Regional Land Information System. Each of these efforts involved extensive community participation, and the GIS system was specifically developed to enhance community input into the planning processes.

4.2 Collaborative Processes

4.2.1 Community Dialogues

In 1995, Los Angeles' deeply divided reaction to the verdict in the O.J. Simpson trial underscored the deep divide between the diverse communities of Los Angeles. Initiated by 20 civic leaders and community activists, Los Angeles organized its first citywide discussion, called a Day of Dialogue. Since then, thousands of people, both locally and nationally, have participated in Days of Dialogue programs. These programs have focused on topics ranging from reducing gangs and drugs in neighborhoods to police reform to racism and race relations. In New York City, *Imagine New York* brought together 3,000 residents with 200 volunteer facilitators in 230 workshops to help imagine the revitalization of the city's neighborhoods. In a parallel effort, *Listening to the City* brought 4,500 people together to consider the redevelopment of the World Trade Center (WTC) site and to review alternative plans being proposed. Facilitated small group discussions were combined with individual polling using personal computerized keypads and discussion group reports using computers hooked to a wireless local area network. Poll results and themes synthesized from the small group discussions were periodically projected onto giant screens. Thus, a large group of citizens were able to engage these issues through small group dialogue, but with feedback from the group as a whole. Following the event, eight hundred people conducted a two week online discussion in a second phase of *Listening to the City*. Participants' recommendations for the WTC site redevelopment and individual polling results were periodically posted on the website.[9] Similar processes have been used in Chicago and other cities.

These dialogues seek to create deliberative inclusionary processes which allows for widespread participation while still promoting small scale, face to face dialogue. The processes make extensive use of computing and digital technology to provide timely feedback despite the large number of participants. The processes are designed to promote interaction across differences at a small scale level, with a system for feeding the results of this interaction up into a larger process.

4.2.2 Policy Dialogues

Policy dialogues have been used extensively in federal, state and local jurisdictions in the United States. Their use at the regional level, however, has been relatively rare. In one notable example, a mediated policy dialogue was used to develop regional agreements to promote affordable housing in Hartford, Connecticut. Passage of a state law to encourage regional affordable house plans served as an impetus for 29 communities to negotiate an agreement on a fair share housing compact. The mediation process resulted in unanimous adoption of a compact, with commitments to increase the affordable housing stock by 6,400 units over a five-year period. Regional dialogues are more common in water disputes in Florida. Here, water is managed by regional water boards, and it is these boards that initiate the processes. Florida uses mediation processes extensively for a wide range of environmental and land use disputes.

Given the proven worth of mediation-based policy dialogues within federal, state and local governments, why do regional dialogues remain scarce? In the absence of viable regional organizations, the barriers to initiating a process is considerable. Identifying appropriate stakeholders, obtaining commitments to participate, and similar obstacles are accentuated when problems are regional. Florida's example demonstrates that when such regional institutions exist, mediation becomes more likely.

4.2.3 Project Mediations

Some states promote mediation of specific regional issues. In Atlanta, the Georgia Growth Strategies Act and the Georgia Planning Act promote mediation when local governments disagree regarding plans, plan implementation, or activities that may have inter-jurisdictional impact. A local government may

---

[9] Monique Girard, Francesca Polletta and David Stark, Policy Made Public: Technologies of Deliberation and Representation in Rebuilding Lower Manhattan, Working Paper Series, Center on Organizational Innovation, Columbia University 2003. Available online at http://www.coi.columbia.edu/pdf/girard_polletta_stark_pmp.pdf.

request mediation and all local governments requested to participate in mediation must do so in good faith in order to maintain their eligibility to receive certain state funding. The state's solid waste management act contains similar provisions, as applied to waste management facility siting processes.
Despite these legal provisions, mediation is rarely used to resolve interjurisdictional disputes. The acts limits the period of required mediation to 30 days. Moreover, the acts provide few incentives to reach resolution, since they place few binding requirements on the jurisdiction creating the plans or sponsoring the development activities. In the absence of effective procedures and incentives, ad hoc mediations have not proven particularly effective at resolving regional issues.

4.3 Mediative Networks

4.3.1 Community Boards and Neighborhood Mediation Centers

All three cities have developed extensive systems to support mediation within communities. The Cleveland Mediation Center[10] (CMC) was founded in 1981 as the Community Youth Mediation Program (CYMP). Focused almost exclusively on resolving the conflicts of Near West Side youth, CYMP trained over 500 neighborhood residents and mediated over 2,000 youth-related community conflicts. In 1992, the agency became the Cleveland Mediation Center and expanded its mission to promote constructive conflict resolution and to strengthen community ties primarily through mediation and mediation training. Similarly, the Justice Center of Atlanta was founded in 1977 and has mediated 75,000 cases, of which 65% resulted in settlements. The Center works largely with volunteer mediators working in the court system to resolve neighborhood-based disputes. It also facilitates more extensive group facilitations. The Community Boards of San Francisco are more deeply rooted in community life, and focus on the capacity of the community to resolve its conflicts more proactively. It focuses extensively on training and capacity building, working in the school system and with adults to teach negotiation, mediation, and social competency in resolving conflicts.[11] With over 400 trained and experienced community mediators, the boards work across cultures, races and income divides. Yet, while each of these organizations has had considerable impact on their respective focus areas, none has successfully addressed issues at a city or regional scale.

---

[10] http://www.clevelandmediation.org/
[11] http://www.communityboards.org/

4.3.2 Consortia

In 1996, elected officials of older suburbs organized the First Suburbs Consortium (FSC) of Northeast Ohio. The FSC is a council of governments that seeks to reorient government policies and practices away from promoting development at the outer edges of metropolitan Cleveland and toward redevelopment and maintenance of mature suburbs. The FSC consists of 14 communities in the Greater Cleveland area. FSC employs a variety of planning and fiscal initiatives to combat suburban sprawl, protect the environment, revitalize older communities, and conserve public resources. These include establishment of a FSC Development Council that provides professional services and serves as a regional clearinghouse for redevelopment opportunities, a loan program to promote housing renovation, an economic revitalization initiative, and position papers to serve as the basis for advocacy efforts. In 1998, the FSC convened a statewide meeting to share information with colleagues from Cincinnati, Columbus, Dayton, and Toledo. The statewide group continues to focus on issues shared by older suburbs throughout Ohio and is currently planning statewide initiatives. The 28 participating communities represent more than 750,000 Ohioans.[12]

4.3.3 Policy Networks

The collaborative networks of most significance to regional problems are policy networks. The San Francisco Bay-Delta funnels water from the Sierra Nevada to more than 22 million California residents. At the same time, marshes, islands and sloughs through which it flows nurture half of the Pacific flyway and 80% of the state's commercial fisheries. After a series of court cases required an increase in the natural water flow to sustain the ecological system, a collaborative effort to manage this system developed. Twenty-five governmental agencies and more than 35 major stakeholders initiated the CALFED Bay-Delta Program in 1994. The Program has never been legislatively authorized nor formally approved. Rather, the work of the network has been operated under authority of a non-binding memorandum of understanding. The agencies and stakeholders self-organized both the process and their voluntarily participation in it. The process was deeply collaborative, with teams designing major changes to water management and spending billions in ecosystem restoration to implement CALFED decisions.

---

[12] http://www.firstsuburbs.org/.

CALFED was possible for three primary reasons. First, a series of collaborative processes and dialogues, particularly the San Francisco Estuary Project,[13] created working relationships amongst the stakeholder groups. Second, each of the stakeholder groups realized that they could not meet their own interests in the absence of support from other stakeholder groups. And third, leaders in each of the stakeholder groups stepped ahead of their constituencies and risked initiating the process. Ten years later, they emerged with an agreement to protect the ecological system and provide water more reliably to both cities and agriculture.

In CALFED, a Policy Group of state agency directors and federal officials reported directly to California's governor and the U.S. Secretary of the Interior. A Management Team of deputy directors implemented decisions made by the Policy Group. Financial support was provided by a state bond designed and supported by CALFED participants. Staff was provided by agencies. In addition, CALFED initiated the Bay-Delta Advisory Council, drawing on a wide range of stakeholders into the work of ad hoc task groups. They developed a set of norms that became known as the CALFED way, which emphasized:

- A comprehensive framework with linkages and balancing requirements and independent science reviews,
- the design of multiple purpose, interagency projects with an emphasis on local and regional solutions,
- Collaborative processes with extensive public involvement and leadership, and
- Public governing body and planning and tracking systems that focus on flexible, adaptive management and learning.[14]

Despite the extensive list of accomplishments, CALFED remains fragile. Funding from the bond, state and federal agencies has been largely expended, without any clear source of new funding. Unexpected problems with the ecosystem are posing new challenges to the group, as they work through research to understand the sources of the problems. Even after a decade of work, CALFED very much remains a work in progress.

5. Conclusions

American cities are undergoing remarkable transformations, as core central cities give way to multi-centered and dispersed regions. Despite significant

[13] Innes, J. E., & Connick, S., San Francisco Estuary Project, in L. Susskind, S. McKearnon & J. Thomas Larmer (Eds.), *The Consensus Building Handbook: A Comprehensive Guide to Reaching Agreement.* Thousand Oaks CA 1999.

[14] Judith Innes, Sarah Connick, Laura Kaplan and David Booher, Water Management in California: Calfed as an Emergent Form of Governance, unpublished draft, Center for Collaborative Policy, California State University Sacramento 2005.

differences in the growth patterns of New Sunbelt, Heartland and Melting Pot regions of the United States, the metropolitan regions that result share a number of key characteristics. Each of the cities the constitute our three case studies has experienced significant declines in central city population as a percentage of the region, dispersals in population across a wide array of cities, suburbs and county jurisdictions, and persistent residential segregation across racial and economic lines (particularly between African Americans and European Americans). As a result of these demographic shifts, residents of each metropolitan region find themselves living in over 100 distinct jurisdictions, each of which has relatively little power to influence either regional infrastructure and resource utilization or developments of regional concern.

These challenges to autonomy within a regional context are stressing local governance to the same degree as early twentieth century changes in immigration and rapid central city growth stressed older forms of local governance. At that time, political processes were transformed through the reconfiguration of political structures (primarily from weak mayor to strong mayor and city manager forms of governance) that promoted a stronger executive combined with more accountability, the invention of civil service that professionalized public agency personnel, the initiation of public financing systems to promote longer ranged investments in infrastructure, and the creation of land use and general planning to provide coherence to urban development. These changes took almost 50 years to develop.

Changes of equal magnitude are likely to be needed to cope with the new challenges faced by cities and regions. Nascent forms of these political transformations can be seen in emerging institutionalized organizations, mediative networks and collaborative processes founded to help resolve particular problems facing metropolitan regions. Examination of these nascent systems suggests that considerable improvements are needed if regional problems are to be addressed. Given the highly fragmented political landscape of regional decision-making, mediative networks offer us particularly useful insights and tools for managing regional systems.

8. In dem Beitrag „Community Discourse and the Creation of Sustainable Urban Places" beschreibt Michael Elliott den ökologischen und ökonomischen Niedergang der Stadt Chatanooga im Staat Tennessee, USA, sowie deren „Wiederauferstehung" durch einen Erneuerungsprozess mit umfassender Bürgerbeteiligung.

Mit Hilfe einer Stiftung, der Lyndhurst Foundation, wurde ein umfassender Prozess der ökonomischen, ökologischen und sozialen Erneuerung und Wiederbelebung des städtischen Lebens eingeleitet, der zunächst mit 65 öffentlichen Veranstaltungen begann. 50 Stadtbewohner wurden als Moderatoren ausgebildet, die einen sechsmonatigen Beratungsprozess leiteten, an dessen Veranstaltungen mehr als 1.700 Bürgerinnen und Bürger teilnahmen, die 40 gemeinsame Ziele und 223 Projekte für die Erneuerung der Stadt entwickelten. Damit wurde unter dem Titel „Vision 2000"ein Umgestaltungsprozess eingeleitet, der 20 Jahre dauerte und Investitionen von 440 Millionen Dollar umfasste, die zu 83 Prozent aus privaten Quellen stammten.

12 Jahre nach dem Beginn dieses Prozesses wurde die Umsetzung der Ziele und Projekte überprüft: 37 der 40 Ziele und 85 Prozent der Projekte waren ganz oder teilweise realisiert. Dieser Erfolg gab das Signal für eine Fortsetzung des Beteiligungsverfahrens mit 150 Bürgerinnen und Bürgern, die zu Moderatorinnen und Moderatoren ausgebildet wurden und in neun Versammlungen mit mehr als 2.600 Beteiligten mehr als 2.500 Ideen für die Stadterneuerung zusammentrugen. Auf der Habitat II-Konferenz der UN in Istanbul im Jahr 1996 wurde Chatanooga in die Reihe der zwölf „Best Practice Cities" aufgenommen.

VIII Community Discourse and the Creation of Sustainable Urban Places: Building Civic and Mediative Capacity in Urban Design*

Michael Elliott

1. Introduction

Chattanooga is a city where river and mountains collide. Its very name is derived from a Cherokee expression meaning "rock rising to a point." Here, the Tennessee River carves its way into the Cumberland Plateau, creating sinuous valleys framed by mountainous peaks. The landscape is enduring and timeless.
Located in the heartland of the United States, Chattanooga has forged a rich and varied history. In particular, the city has undergone significant transformations

* The information in this paper was derived from interviews with city residents, civic leaders and government officials, and from newspaper articles collected from The Chattanooga Times and the News-Free Press.

since 1960. The city, and in particular the downtown, experienced a series of transitions in which the economy and physical vibrancy of the city declined with the collapse of its industrial base, but was soon revived by an extensive citizen-driven process of participation and policy innovation. Through this process of civic renewal, Chattanooga was reborn into a community both bolder and more vibrant than what had been displaced.

This chapter is the story of this rebirth. In it, we explore Chattanooga's legacy as a center of heavy industrial production, the consequences of the collapse of this industry, the city's efforts to reconceptualize its civic, cultural and economic identity into one built on principles of sustainability, and the role of civic discourse in identifying and implementing these changes. In particular, we focus on the ways in which community discourse was organized, how this discourse increased the capacity of the local civic culture to productively address the challenges facing Chattanooga, and the resultant shift in identity and development strategy from a city built on heavy industry to one built on principles of sustainability.

2. Chattanooga Reinvented

2.1 History

In Chattanooga, a city located in the southeast corner of the State of Tennessee, the Tennessee River cuts a broad series of bends through the Cumberland Plateau. Lookout Mountain, Missionary Ridge and the river bind the historic city into a compact and beautiful setting. Strategically located, the city linked to the east coast via rail lines and to the mid-west via the Tennessee River. As the most prominent southern route across the Appalachian Mountains, the city grew up as a transportation gateway and home for manufacturing industries dependent on its transportation network. Industrialists invested considerable capital to exploit both the city's location and significant nearby deposits of coal, iron, and clay.

By the early 1900s, Chattanooga was known as the *Dynamo of Dixie.* A 1924 promotional brochure proclaims that "*Chattanooga is a divine masterpiece in the making.*" The cover of the brochure artistically renders the nature of this "masterpiece" with its drawings of industry and belching smokestacks. The city coked coal and bottled Coke. It forged iron and invented the tow truck. It served as home to the Tennessee Valley Authority, one of the most important regional development agencies in the United States.

But by the 1960s, Chattanooga was growing sickly on its success. Compared to other southern cities, Chattanooga's workforce included the highest percentage in manufacturing and one of the lowest percentages in white collar jobs. Chattanooga was eighth in the nation in manufacturing jobs per capita, but the economy was changing. While people poured into many southern sunbelt cities, Chattanooga slipped into decline.

Economy and geography combined to create a cycle of disinvestment. By the 1970s, industry and commerce were in sharp decline. The demise could be seen along the waterfront and throughout the downtown. The foundries closed, stores shut down, and the city lost population to the suburbs. Chattanooga, which in 1930 held 119,000 and ranked the 67th largest city in the United States, peaked in 1950 with 131,000 residents before declining back down to 119,000 in 1970. The Chattanooga Choo-Choo – a nationally famous railway – was torn up, and the abandoned Grand Hotel declined into a haven for the homeless until it became too unsafe for any use. The city was left choking in the legacy of old industry: a derelict waterfront, decaying structures, toxic sites and streams, and highly visible air pollution.

2.2 A Legacy of Pollution

Like many river ports, Chattanooga was located in a valley. The particular geology of the Cumberland Plateau, however, accentuated these valleys. The landscape is folded, with very long and steeply sloped north-south ridges stretching for miles, and towering up to 1,500 feet above narrow valleys. Chattanooga fits into one of these elongated valleys, at the place where the Tennessee River wraps around Lookout Mountain at Moccasin Bend. In this setting, atmospheric inversions are common. Locally available soft coal, industry's fuel of choice, proved to be a highly polluting source of particulates as well as sulfur and nitric oxides. The mountains served to trap and hold this polluted air. Additionally, the extensive network of tributaries flowing throughout the city and into the Tennessee River provided convenient disposals for industrial waste in the days preceding environmental regulation.

Issues of environmental degradation did not come fully to national attention until the 1960's, but leaders and residents of Chattanooga were aware of poor air quality and foul-tasting water long before that. Long-time residents recall the high levels of pollution that were present in their city well before such issues were popularized by the media. There are numerous written accounts of the frequent haze that hung in the air, smog so thick that on some days drivers needed headlights to see at noon. Many residents said particulate matter was often quite visible, and airborne substances were commonly blamed for damaging the paint on automobiles and houses in the city and for killing local vegetation. Water pollution in local creeks and rivers could not be masked; it was not uncommon for people to become physically ill from the odors arising from the waters. Fish kills occurred in area lakes and rivers.

Many parties were responsible for polluting Chattanooga's air and water throughout the 19th and 20th centuries, including chemical and pesticide manufacturers, tanneries and foundries, and food products companies. These include Velsicol Chemical Company,[1] Reilley Tar and Chemical, Wheland Foundry, W. R. Grace Company, Chattanooga Glass, Scholze Tannery,[2] The Volunteer Army Ammunition Plant, and Tennessee Products and Chemical Corporation,[3] among others. Although these companies were cited by local newspapers and residents as being among the primary polluters in the city and the Chattanooga Creek watershed, many more industries contributed to the environmental decline.

After World War II, broadening public interest gradually forced the city's leaders to recognize that while residents acknowledged the necessity of adequate employment, they were also concerned with living in a clean and healthy environment. Although the livelihoods of many families in Chattanooga were dependent upon the factories, the pollution problems prompted the city's leaders to consider the negative consequences of the uncontrolled disposal of industrial wastes.

3. The City Regulatory

In facing the problems of decline, Chattanooga's first response was to institute a regulatory regime. Governmental boards were established. These boards, working with industry, designed rules that governed air and water pollution control within the metropolitan region.

3.1 Air Pollution in Chattanooga

In the mid-1960's, before any major federal environmental regulations were enacted, Chattanooga's leaders realized the need to create guidelines that would be used to help control local pollution. Residents were outspoken about odors, particulates, and potential health hazards from airborne substances. The air was so thick that air pollution control staff would set out empty mayonnaise jars to measure the coal dust that fell from the sky and residents came down with tuberculosis at three times the national average.[4]

Not until 1969 did the city seriously organized itself to confront its air pollution problem. In that year, federal air pollution officials at the U.S. Department of

---

[1] Manufacturer of various herbicides and pesticides.

[2] Leather tanning from raw animal hides; processes required the use of lime, alum, oils, and chrome. Manure from hide washing contributed to heavy pollution loads in Chattanooga Creek.

[3] Produced coke, formed through the process of baking coal, for the iron industry. Coal tar is a by-product of the coking process and is used for roofing. The excess was disposed of by releasing it into Chattanooga Creek.

[4] Lamar Graham, The Reborn American City: A Place You Might Want to Live, Parade Magazine, April 25, 1999.

Health, Education and Welfare (HEW) awarded Chattanooga a distinction that it deserved, but did not want. Because of problems with particulates, smog (ozone), and nitrogen dioxide, the 1969 HEW report called Chattanooga the "worst polluted city" in the U.S.

The HEW report was a call to action. In 1969, the City sought and received State approval to develop local air pollution control regulations. The Hamilton County Air Pollution Control Bureau was established to develop needed regulations. The Board organized itself to develop regulations based as much as possible on a consensus of industry. The Bureau shared draft regulations with local industry, particularly with the Chattanooga Manufacturers' Association (CMA), and encouraged feedback. Significant effort was made to resolve issues before implementation of regulations. Proposed regulations were then recommended for approval by the eleven city and county legislative bodies located within Hamilton County. In its first round, the Air Pollution Control Bureau regulated smoke density and emissions from fuel-burning equipment, incinerators, and motor vehicles, focusing its attention largely on particulates. Once regulations were enacted, the Bureau preferred to facilitate compliance through the use of seminars, workshops, and information-sharing rather than through direct enforcement.

Throughout the early 1970's, the city made substantial progress in controlling air pollution. All industries were required to file a plan that would ensure they were in compliance with the Bureau's requirements. Incinerator operators were beginning to comply with the requirements, and the odor control program was accelerated. Air monitoring stations were in operation around the city and great progress was reported in some of the downtown areas that were the most highly polluted. Local industries were given credit for most of the progress, and the Bureau's director, Herb Parr, charged area residents with making individual changes that would further help the county and city to reach their clean air goals. Despite these accomplishments, Chattanooga still could not meet the particulate standards set by the federal government, established under the federal Clean Air Act of 1970, and was classified as a *non-attainment area*. By the end of 1974, the Bureau began to consider changes in its air control ordinance. The Bureau proposed a ban on new incinerators and heavy fines for industries not meeting local air requirements. Local business interests expressed concern that the revisions would slow industrial growth and increase unemployment. The Bureau's efforts to strengthen regulations wavered in the face of this opposition.

In 1976 city and county air quality regulations were found to be less restrictive than those required by federal and state air quality laws, which required strict controls on emissions from new sources in non-attainment areas. Consequently, the state and federal environmental protection agencies began to consider decertifying Chattanooga's air program. Decertification would shift responsibility for protecting air quality from the local air pollution bureau to the state agency. In response, the Hamilton County Air Pollution Control Bureau created a Community Advisory Committee (CAC) thereby greatly expanding the local interests with capacity to participate in the local air pollution control decision-making processes. Improvements in regulations that emerged from this expanded decision making process eventually quelled the concerns of the state and federal air agencies. With manufacturers investing millions of dollars in pollution control equipment and some of the most polluting industries closing operations, air quality improved dramatically. By 1981, Chattanooga's ambient air quality was in conformance with standards set by the Clean Air Act. By 1989, compliance had been achieved for newer standards set in 1977, and Chattanooga was one of only a few metropolitan areas in the nation meeting all federal air quality standards. But cleaning the air was only the beginning.

3.2 Chattanooga's Water Problems

The Stream Pollution Control Board (SPCB) of the Tennessee Department of Public Health conducted a pollution survey of the streams and rivers in the Chattanooga area in 1964. Thirty-five area industries were discharging treated or untreated waste into the Tennessee River or its tributaries. Almost all the creeks surveyed were found to have some combination of the pollutants fecal coliform and fecal streptococcus bacteria,[5] high biological oxygen demand (BOD) levels,[6] low levels of dissolved oxygen,[7] and high turbidity,[8] with many of these at extreme levels. Chattanooga Creek was polluted to the point that area physicians and health organizations feared it could be a breeding ground for malaria- and typhoid-carrying mosquitoes, and the Citico and South Chickamauga Creeks were draining their polluted waters into the Hales Bar Reservoir. All of these creeks eventually drained into the Tennessee River, which was the water supply for the city and communities downriver from Hamilton County.

When the SPCB report was published, the agency had no legal authority to penalize the violators; the SPCB could only issue "recommendations" that the companies polluting the creek take measures to reduce the loads being discharged into surface water. In the late 1960's the SPCB was given more legal authority to correct incidents of water pollution. With regulatory changes, the development of a more sophisticated sewer and waste water management

---

[5] Evidence of human waste being discharged into the stream.

[6] Biological oxygen demand is a measure of the amount of oxygen needed for the decomposition of organic matter in water at a standard time and temperature.

[7] An indicator of the ability of a water body to sustain aquatic life. Low levels indicate decreased sustainability.

[8] A measure of suspended matter in water such as clay, silt, organic matter, and microscopic organisms. It is a measure of the matter in water that resists the penetration of light.

system, and control over stormwater management, especially for industrial sites, the quality of local waters greatly improved in most stream and river segments. In Chattanooga Creek in particular, however, a legacy of old pollution left the stream severely impaired.

3.3 Economic Decline

As the overall environmental quality of the region improved significantly, the city faced a continuing crisis. Improvements in air and water quality were coupled with the shutdown of many industrial facilities. Some facilities had closed because they could not meet clean air standards, but many more closed because their obsolete factories were no longer competitive in internationalizing markets. The city was losing its economic base.

The city also was coping with an archaic form of governance that limited its capacity to innovate. The city was run by an elected commission, in which at-large elections were held for five commissioners, each of whom ran a specific set of departments. Thus, the city had no independent executive or legislative branch; all budgetary and interdepartmental decisions were made by the commission. Consequently, city government provided little leadership as the city drifted. As Jack Murrah, executive director of the Chattanooga-based Lyndhurst Foundation, noted: in the early 1980s, "there was a sense of doom in the air, and the future seemed foreclosed."[9]

4. The City Participatory

Important transitions are rarely so clearly demarcated.

First organized in 1938 as the Memorial Welfare Foundation, the Lyndhurst Foundation, a Chattanooga-based local philanthropy, grew from the charitable activities of Thomas Cartter Lupton, a local entrepreneur in the Coca-Cola bottling business. Until the early 1980s, the Foundation focused its resources on health care, education, and arts and cultural activities. Increasingly, however, members of the Foundation's Board of Directors realized that Chattanooga's decline was overwhelming their efforts to produce positive change. After lengthy reconsideration, the Foundation redirected its energies and resources to focus specifically on the environmental, cultural and physical renewal of Chattanooga. The Foundation continued this focus throughout the next two decades.

Cautious at first, the Foundation became increasingly effective as it gained confidence in the effectiveness of its new initiatives. In 1981, the Foundation invited Stroud Watson to set up an urban design center in downtown

---

[9] Jim Motavalli, "Chattanooga on a roll", E, the environmental magazine; Mar/Apr 1998; 9:2, p. 14-16

Chattanooga. Stroud, an architecture professor at the University of Tennessee in Knoxville, set out to popularize ideas of sustainability, diversity and mixed-use development. Stroud worked out of a storefront office heated by a wood stove and organized architecture and planning studios using students from UT Knoxville. Stroud's storefront office became a locus for rethinking the possibilities for Chattanooga, as community and business leaders mixed with Stroud and his students over designs. Stroud's design center still exists today as the Riverfront/Downtown Planning and Design Center, albeit with considerably more resources and personnel.

At about the same time, in 1982, Chattanooga and Hamilton County governments appointed a Moccasin Bend Task Force. The task force was charged with recommending uses for Moccasin Bend, an undeveloped peninsula located across the Tennessee River from downtown. The chair of the task force was Rick Montague, director of the Lyndhurst Foundation. The task force hired Carl Lynch Associates, a noted urban and regional planning firm from Boston, as their consultants. Equally important, the task force embraced an open and inclusive process, conducting over 65 public meetings throughout the community. As a result of feedback from the community, the task force expanded its focus to include not only the land included on the peninsula, but all 22 miles of the Tennessee River corridor within Chattanooga, and involving citizens in hundreds of public meetings.

Rick, along with a handful of civic leaders, also visited Indianapolis. It is here that the group learned about the Greater Indianapolis Progress Committee. For 25 years, the Committee had used broad-based participatory and consensus building techniques to promote social and economic redevelopment. The team committed itself to create a similar process in Chattanooga.

The emerging sense of community participation gained additional impetus in 1984. Chattanooga Venture was formed with the financial backing of the Lyndhurst Foundation and the support of the Chamber of Commerce and the city's planning commission. Venture, a nonprofit organization, was created to engage the full community in the task of promoting environmental, social and economic revitalization of the city. Lyndhurst staff felt that without such an outreach program, efforts to revitalize the community would not overcome community inertia.

Venture organized itself to function as a convener, bringing diverse groups together in a problem-solving setting. Its Board of Directors was large and inclusive, consisting of 60 individuals from across the community. The organization also hired a staff of talented community planners who engaged community residents and civic leaders at many levels. Finally, Venture successfully sought to spawn other nonprofit organizations who could work on more specific problems while Venture focused on the big picture. The Neighborhood Network was one such spin-off.

Venture, chaired by Mai Bell Hurley (a neighborhood activist who was later elected to the City Council), first conducted a community survey. Residents valued Chattanooga for the natural splendor of its rivers, streams and mountains, and for its public life. These assets were made even more tangible by the improvement in air and water quality that had occurred during the 1970s. At the same time, residents felt the city lacked self-confidence and was divided by race and class.

Venture promoted a community visioning process called Vision 2000. Fifty community members identified from across the city were trained in facilitation, visioning and nominal group techniques. With facilitators drawn from the neighborhoods, the process consisted of a six-month series of public meetings in which more than 1,700 citizens participated, representing approximately 2.5 percent of all Chattanoogan households. The meetings encouraged small group collaboration and focused on generating ideas, concerns and suggestions for positive change. The ideas generated by the many neighborhood meetings were then considered by a city-wide congress of neighborhood representatives and any citizen who chose to participate. The congress boiled down hundreds of ideas to 40 consensus goals and 223 projects. The goals were diverse, ranging from creating a distribution and transportation center to promoting downtown redevelopment to solving air, water, toxic waste and noise pollution.

Venture referred to these projects as Chattanooga's "commitment portfolio." Interestingly, the visioning process was not designed to produce a cohesive plan, with a coherent strategy and prioritized projects. Rather, it was designed to release community energy. Projects from the commitment portfolio that were of particular importance to residents would attract the most follow-up because residents would put their energy into projects of most concern to them. In addition, the city government was not seen as the most important implementer of the portfolio. Rather, citizens and civic leaders would provide guidance and direction. The visioning process was thus conceived as a catalyst for community action.

From the public deliberations promoted by both Venture and the Moccasin Bend Task Force emerged a wider range of significant redevelopment efforts. The Tennessee Riverpark Master Plan built on Chattanooga's natural beauty, history and industrial infrastructure by creating an extensive system of parks, trails and attractions along the river and integrating this public space with new industrial, commercial and residential development. The 20-year plan has been largely implemented, with more than $440 million in new investments, 83 percent from private sources.

Chattanooga's downtown revitalization built on the Tennessee River, the district's remaining historic structures and the urban setting itself. The process focused on bringing residents back into the downtown core and riverfront. Early efforts were linked to festivals and other ways to make the process experiential.

In addition to continual efforts to involve both leadership and grassroots, the process focused on supporting mutual education. In part, dynamic speakers with expertise in issues of concern to the city were often invited to the city, to promote civic dialogue and learning.

The most visible transformations occurred in the early 1990s, within a decade of the visioning process. In 1992 the Tennessee Aquarium, constructed on the riverfront, was completed. Unlike most museums and aquariums, the Tennessee Aquarium contained no restaurant and only a small gift shop. Instead, the aquarium was to serve as a nucleus from which visitors would explore the riverfront and downtown, thereby catalyzing redevelopment in the surrounding areas. Since then, over 100 stores and restaurants have opened within a few blocks.

In 1993, the 19th century Walnut Street Bridge reopened as a pedestrian walkway connecting the downtown with the north shore of the Tennessee River. The bridge had been marked for demolition by the state department of transportation, which owned the structure. Concerted efforts on the part of Chattanoogans led to its preservation and integration into a pedestrian system designed to traverse the entire length of the Tennessee River within city borders. Riverwalk, a pedestrian greenway park, now includes Coolidge Park, the Walnut Street Bridge and eleven unbroken miles of walkways. Additional parks and an artificial stormwater management wetland have also been created along its path. Extensions of the path continue to be added, including trails penetrating into the neighborhoods along creek beds.

In 1994, the Riverset Apartments provided the first new downtown housing in 20 years. More housing has followed. Just east of downtown the Bluff View Art District has emerged as a vibrant collection of bed-and-breakfast hotels, restaurants and art galleries surrounding a sculpture garden, conference center and the Hunter and Houston museums.

Chattanooga has also implemented institutional changes. The Chattanooga Human Rights/Human Relations Commission was established to hear complaints about discrimination and to help resolve community problems. In 1990, the city charter was revised to better separate legislative and executive powers and to elect legislators by district, thereby improving neighborhood and minority representation. Today, the city is run by a mayor-council form of government, with the nine-member council elected from districts.

In 1992, just eight years after the initial visioning process, Chattanooga Venture re-examined its goals and commitment portfolio. Its progress was truly remarkable, with 37 of the 40 goals and 85 percent of the projects either fully or partially achieved. To maintain momentum, Venture initiated ReVision 2000. This time Venture trained 150 community residents to act as facilitators. More than 2,600 residents participated in nine community meetings, generating over

2,500 ideas. These were consolidated into 27 goals and 122 recommendations in a second round of five community meetings.
In the badly deteriorated Southside, restorations of the Warehouse Row and the Chattanooga Choo-Choo are anchoring redevelopment of older buildings throughout the area. In 1997, the Grand Hotel was renovated into apartments for moderate-and low-income people. The Chattanooga Neighborhood Enterprise, a non-profit corporation, managed the project. Founded in 1986 to expand affordable housing opportunities in both the downtown and throughout the city, CNE has invested over $190 million to build, finance or rehabilitate over 5,800 units of affordable housing. Between 1995 and 1998, the U.S. government recognized Chattanooga Neighborhood Enterprise as the nation's most effective affordable housing agency for four years in a row.
Citizen involvement remains a central tenet of public decision making in the city. Recent significant public participation processes include Futurescape in which over 2,500 city and county residents participate in a visual preference survey about how the community should develop, used by the Regional Planning Agency to develop growth management plans for the region; IMAGINE Eastgate in which over 300 people participated in a design charrette for the neighborhood surrounding a failing mall; and Recreate 2008 in which hundreds of people involved in a visioning and planning process for revitalizing the City's parks system.

5. The City Sustainable

In the 1990s, civic leaders in Chattanooga conceived of a new economy for the city, one based on *sustainability*. The city's slogan called for "economy, ecology, equity".
David Crockett, city council chairperson (and descendant of a very famous frontiersman), is at the heart of promoting ideas of sustainability in Chattanooga. "Within the 500-acre area of downtown, we were faced with a very ambitious brownfield exercise. There's an art to doing it so that you don't get bogged down, and full public participation, which we had, is crucial. There have to be both wingtips and hunting boots under the table."[10]
In 1993 Chattanooga created a unique17-vehicle electric shuttle bus service. The shuttle was a vital part of Chattanooga's downtown revitalization. The service, which is offered for free, moves over a million passengers a year. Parking garages were located at the periphery of downtown, thereby facilitating a more pedestrian-focused urban core. The buses in turn are manufactured locally by Advanced Vehicle Systems (AVS), a business first established especially to

[10] Jim Motavalli, "Chattanooga on a roll", E, the environmental magazine; Mar/Apr 1998; 9:2, p. 14-16.

build these electric buses for Chattanooga. AVS now exports its buses to cities across the United States.

Chattanooga is now focusing on the Southside Project, a 380-acre brownfield redevelopment just south of downtown. The city is promoting a mix of reuses, including housing, an eco-industrial park, and a conference and education center. In addition, the City Council and the Chamber of Commerce are cooperating on a public/private partnership called the Environmental City project, which seeks to promote clean industry and environmental awareness within the region. Another project, the Environmental Initiative, seeks to develop a national center for environmental information and business.

The city, once known as *The Most Polluted City in the United States*, is now widely known as *The Sustainable City*. In 1996, the United Nations Habitat II Conference in Istanbul recognized Chattanooga as one of the world's 12 "Best Practice Cities." Chattanooga also received a 1996 award from the President's Council on Sustainable Development. While serving as Vice President, Al Gore noted that Chattanooga "has undergone the kind of transformation that needs to happen in our country as a whole."[11] U.S. News and World Report described Chattanooga as one of six "smart cities."[12] The Utne Reader, a magazine that prides itself for unorthodox thinking and its focus on alternative perspectives, described Chattanooga as one of the ten "Most Enlightened Towns" in the country.[13] In 2001, National Public Radio highlighted Chattanooga in its "What makes a city great?" series.[14]

And how do people in Chattanooga describe their city? "We don't say we're a model," observes David Crockett. "We say we're a living laboratory."[15]

6. Conclusions

The experience of Chattanooga suggest the power of citizen engagement to transform and renew. Chattanooga as a city faced significant challenges to its economic and physical viability. In the face of significant disinvestment within the city, a wide range of community residents joined together to envision a better future, and then to work towards bringing that future into being. The participatory processes repeatedly proved successful at galvanizing community energy toward civic ends. As noted in a report by the RiverCity Company (a nonprofit

[11] Jim Motavalli, Chattanooga on a roll, E, the environmental magazine; Mar/Apr 1998; 9:2, p. 14-16.

[12] U.S. News and World Report, Smart Cities: What Your Hometown Can Learn from Six Success Stories, June 8, 1998.

[13] Cathy Madison, The Sustainable Blue-collar Town, Utne Reader, June/July 1997.

[14] Reported by Susan Stamberg, Special Correspondent, National Public Radio, Morning Edition, February 20, 2001.

[15] Lamar Graham, The Reborn American City: A Place You Might Want to Live, Parade Magazine, April 25, 1999.

company established to spur Chattanooga redevelopment): "Virtually every major project undertaken in Chattanooga ... bore these trademarks: input and involvement from people whom the project would affect, a plan that reflected their ideas combined with the contributions of experts in the field, and a partnership of players to make the plan into a viable development."[16] Thus, Chattanooga demonstrates the power of civic engagement and participation to move community planning, design and implementation beyond the traditional elite, to generate processes of reengagement, and to promote positive change.

[16] RiverCity Company, Chattanooga Resurgence: A Decade of Downtown Development, Self-Published, 2003.

9. In den bisherigen Beiträgen ist immer wieder darauf hingewiesen worden, dass die Veränderungen, vor die unsere Gesellschaft durch den demographischen Wandel gestellt ist, nicht allein durch die politischen und administrativen Funktionsträger gestaltet werden können. Dort, wo Veränderungsprozesse erfolgreich durchgeführt oder gestartet worden sind, war die Beteiligung der durch sie betroffenen Menschen in der Regel eine wesentliche Voraussetzung für das Gelingen.
Der Beitrag von Reinhard Sellnow greift nun die Frage auf, wie die Verantwortlichen in Politik und Verwaltung, aber auch die mit der Vorbereitung und Durchführung von kommunalen Planungen beauftragten Planungsbüros darin unterstützt werden können, effiziente und zugleich effektive Bürgerbeteiligung zu organisieren. Sellnow schreibt aus der Sicht eines Stadtplaners, der 25 Jahre Erfahrung in einer Großstadtverwaltung mit einer gleich langen nebenamtlichen Tätigkeit als allparteilicher Moderator und Mediator in kommunalen Planungsprozessen verbindet und daher sehr konkrete Handlungsempfehlungen geben kann.

IX Beratung und Coaching von Kommunalpolitik, Verwaltung und freien Planungsbüros bei schwierigen Beteiligungsprozessen

Reinhard Sellnow

1. Zum Erfahrungshintergrund des Autors

Ich schreibe diesen Bericht als jemand, der einerseits mit 30 Jahren Zugehörigkeit zu einer Großstadtverwaltung (Nürnberg) als Stadtplaner (davon 25 Jahre in Teilzeit) die Innensicht von Verwaltung mit ihren Hierarchien, Entscheidungsfindungsprozessen, Sachzwängen und Eigendynamik gut kennt. Und andererseits als jemand, der seit 25 Jahren parallel dazu freiberuflich arbeitet, überwiegend als allparteilicher „Mittler & Makler“ zwischen Politik, Verwaltung und Bürgern in der Rolle eines Moderators oder Mediators in kommunalen Planungsprozessen. Die letztgenannte Funktion geht aus Gründen der Neutralität nur in anderen Städten, nicht in der eigenen. In dieser freiberuflichen Funktion kommt es immer wieder und zunehmend zu Beratungsaufträgen von Politik, Verwaltung und freien Planungsbüros bei schwierigen Beteiligungsprozessen, über die ich hier schreiben möchte.

2. Beratungsgegenstand

Neben den formalen Beteiligungsinstrumenten (von der öffentlichen Auslegung bis zum Bürgerbegehren), deren Durchführung zwingend vorgeschrieben ist, gibt es die informellen Beteiligungsinstrumente, die man seitens der Kommune wählen kann, aber nicht zwingend muss. Diese sind inzwischen jedoch von Art und Umfang, Zielsetzung und Reichweite, Voraussetzungen und Rahmenbedingungen, Aufwand und Kosten ziemlich zahlreich und damit unübersichtlich geworden.

Die Bandbreite ist groß: Anwaltsplanung, Arbeitsgruppen, Bürgerhaushalt, Community Organizing, Delphi-Befragung, Fokusgruppe, Forum, Gemeinwesenarbeit, internetgestützte Verfahren, Konsensuskonferenz, Laien-Workshop, Mediation, Open-Space-Technology, Perspektivenwerkstatt, Planning for real, Planungsworkshop, Planungszelle, Runder Tisch, strategischer Dialog, Szenario-Workshop, Wertschätzende Erkundung, Zielgruppenbeteiligung, Zukunftskonferenz, Zukunftswerkstatt, usw. Da steht dann am Anfang schon die Frage nach den möglichen Vorteilen eines Dialoges mit den Bürgern, die es zu klären gilt.

Es gibt einen Selbstzweck von Beteiligung - das Einüben demokratischer Verhaltensweisen, das lokale Demokratie praktisch erlebbar macht und auf Dauer stärkt und damit die Politikverdrossenheit senkt. Darüber hinaus gibt es generelle Vorteile wie:

- Bürgerbeteiligung schafft für Politik und Verwaltung die Möglichkeit, Wünsche, Vorschläge und Ängste der Bevölkerung zu erfahren und sie als Informationsquelle und Korrektiv einzusetzen.
- Planungsprozesse können inhaltlich verbessert und zeitlich beschleunigt werden (Effizienzsteigerung).
- Die Planungen sind bedürfnisgerechter und damit langfristig zufrieden stellender.
- Laien bringenoft unerwartet einfache, gute und neue Lösungsideen.
- Entwicklung von Bürgerbewußtsein, z.B. für den Stadtteil, seine Probleme und Chancen.
- Konflikte können besser und schneller gelöst werden.
- Einsprüche, Klagen und Gerichtsverfahren können abnehmen.

Diese generellen Vorteile sind nicht immer präsent, aber an sie kann im Zuge von Beratung immer wieder erinnert werden. Sie ermutigen generell zu Beteiligungsprozessen, sagen aber nichts darüber aus, ob es im konkreten Fall dazu kommen sollte, geschweige denn in welcher Art und in welchem Umfang oder gar mit welchen Methoden.

Zur Vorklärung von kooperativen Planungs- und Beteiligungsprozessen und damit zur Beratung gehört daher die Suche nach Antworten auf folgende Fragen, die es herauszuarbeiten gilt:

- Was sind die Ziele des kooperativen Planungsprozesses?
- Welche Qualität (Art, Umfang, Tiefe) soll das Ergebnis haben?
- Was genau sind das Thema, die Aufgabenstellung und seine Abgrenzung?
- Wie soll das Ergebnis aussehen?
- Welche Betroffenheit und Mitwirkungsbereitschaft liegt bei den Bürgern vor?
- Wer muss am Prozess beteiligt werden?
- Ist der Beteiligungsprozess innerhalb der Kommune (Rat und Verwaltung) gesichert, wollen alle den Prozeß?
- Wie soll das Beteiligungsangebot strukturiert sein (Verfahrensmodell, Ablauf)?
- Wieviel Zeit steht für den Beteiligungsprozess zur Verfügung?
- Welche Budgets müssen gesichert werden und wer beteiligt sich daran?
- Ist die Information der Öffentlichkeit gesichert?
- Welche Methoden und Verfahren sollen zum Einsatz kommen?
- Welche Rollen gibt es im Beteiligungssprozess und ist das Rollenverständnis klar?
- Wie stellt sich die Kommune zum Experten-Laien-Dilemma?
- Ist die Nachbereitung des kooperativen Planungsprozesses gesichert?

Je genauer diese Fragen geklärt sind, umso zielgerichteter und maßgeschneiderter lassen sich Methoden wählen oder angepasste Beteiligungsmodelle entwickeln, die die in sie gesetzten Erwartungen auch erfüllen und damit für alle Beteiligten hilfreich und erfolgreich sind.

3. Experten-Laien-Dilemma

Zentraler Aspekt der Beratung ist die Auseinandersetzung mit dem Experten-Laien-Dilemma, für das es keine allgemeingültige, sondern nur eine einzelfallbezogene, maßgeschneiderte Lösung gibt, die erarbeitet werden muß.

Man kann menschliches Wissen grob in vier Kategorien einteilen:

- Deontisches Wissen
- Faktenwissen
- Erklärendes Wissen und
- Instrumentelles Wissen

BürgerInnen verfügen über ein sogenanntes „deontisches" oder „Was-soll-sein-Wissen", d.h. ein Wissen über Ziele und Werte, Normen und Ethik für ihr Leben, ihre Umgebung und die Gesellschaft, in der sie leben. Dieses Wissen ist kein Expertenwissen, sondern eine individuelle Vorstellung über eine wünschenswerte Gegenwart und Zukunft, die in einer Demokratie gleichberechtigt mit anderen in einen Meinungsbildungsprozeß einfließen sollte. Bei der Entscheidung über Ziele, Werte und Ethik gibt es kein „Fachwissen", keine Experten, jedes Votum ist gleich viel „wert", es gibt keine Hierarchie oder Rangordung. Hier sind auch Experten nur BürgerInnen mit einer Meinung bzw. Stimme wie jeder andere auch.

Experten sind deshalb Experten, weil sie zu bestimmten Themen über Faktenwissen (Daten, Statistiken), über erklärendes Wissen (über Zusammenhänge, Vernetzungen, Folge- und Nebenwirkungen) und über instrumentelles Wissen (Methoden, Modelle, Pläne, Verfahren) verfügen, das die Bürger als Laien (definitionsgemäß) nicht haben.

Hieraus entsteht nun ein Experten-Laien-Dilemma, da Experten manchmal glauben, mit ihrem Fachwissen in Spezialgebieten auch gleichzeitig die Kompetenz mitzubringen, aus ihrem Fachwissen heraus Festlegungen über sinnvolle Ziele und wünschenswerte Zukünfte, Leitbilder oder Prioritäten einer Gesellschaft treffen zu können. Wertekonflikte, wie z.B. die Frage, wann menschliches Leben beginnt (Stammzellenforschung, Schwangerschaftsabbruch), ob man die Risiken einer Energiegewinnung aus Atomkraft eingehen sollte, ob gentechnisch veränderte Lebensmittel erlaubt werden sollten, sind gesellschaftlich und politisch zu entscheiden. Auch die Demographieentwicklung in Deutschland bzw. konkret in Städten und Gemeinden, ihre Folge- und Nebenwirkungen sowie die Lösungsvorschläge enthalten viele Wert-Fragen und –Konflikte. Darüber können aber nur Politiker als Vertreter der BürgerInnen oder die BürgerInnen selbst entscheiden, nicht die Experten. Diese können mit ihrem Wissen nur sagen, ob, wenn ja wie und mit welchem Aufwand und welchen Kosten bestimmte Ziele zu erreichen sind, was die Folgen und Nebenwirkungen von bestimmten Vorgaben sind usw. Die Entscheidung darüber, welche Chancen eine Gesellschaft nutzen oder welche Risiken sie dabei eingehen sollte, steht ihnen nicht zu.

Umgekehrt glauben Laien häufig, schwierige Themen schnell zu erfassen und bis auf die Ebene konkreter Konzepte und Maßnahmen diskutieren oder gar entscheiden zu können. Auch dies ist eine Fehleinschätzung, denn hierfür muß das Fachwissen der Experten hinzugezogen werden, die sich durch lange Ausbildung und Berufserfahrung baulich-technische, rechtliche, wirtschaftliche, finanzielle und administrative Kenntnisse angeeignet haben, mit denen sie hochkomplexe, vernetzte Zusammenhänge durchschauen und die Machbarkeit von Maßnahmen beurteilen können.

Zum Verhältnis von Laien- und Expertenwissen bei der Erarbeitung von Leitbildern / Zielen und Maßnahmekonzepten

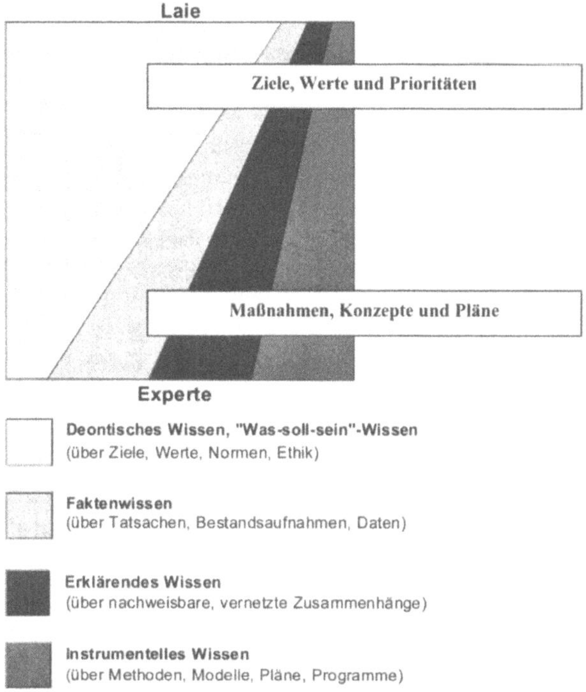

4. Gestaltungsmöglichkeiten der Beratungsarbeit

- Das einfachste und beste für eine Beratung zu den o.g. Inhalten ist ein offizieller Beratungsauftrag durch Politiker oder Verwaltungsdienststellen, die sich vor einer Entscheidung über die Art eines Beteiligungsverfahrens fachlich und strategisch beraten lassen wollen. Abgesehen von der fachlichen Qualität des Beraters, sich in den Methoden, ihren vernetzten Zusammenhängen und in Verwaltungsstrukturen gut auszukennen, ist es für eine ergebnisoffene Beratung auch notwendig, dass der Berater in diesem Fall keinesfalls der Auftragnehmer für die Durchführung eines Beteiligungsverfahrens ist, um nicht „pro domo“ zu beraten. Dies ist noch relativ selten. Ich habe es selbst positiv erlebt im Falle der Konzepte für Agenda 21-Prozesse. Nachdem ich der Stadt München beratend und intern moderierend geholfen hatte, ihr Organiationsmodell für den Agenda 21-Prozess zu entwickeln, bin ich von mehreren Städten um eine Prozessberatung gebeten worden, zur Entwicklung von eigenen, maßgeschneiderten Beteiligungsmodellen. Hierbei war klar, dass ich mit deren Durchführung nicht beauftragt würde.

- Manchmal bin ich mit der Durchführung eines Beteiligungsprozesses bereits beauftragt, und dennoch sind viele dieser inhaltlichen Fragen noch ungeklärt. Hier biete ich als erste Dienstleistung einen Klärungsworkshop mit Stadtrat und Verwaltung an, der diese Zusammenhänge beratenderweise beleuchtet und zur Festlegung von Zielen, Themenabgrenzung, Art der erwarteten Ergebnisse, damit auch Methode, Aufwand und Kosten führt. Das Modell des Klärungsworkshops ist grundsätzlich interessant, hätte aber noch wesentlich mehr Charme, wenn es entkoppelt wäre vom durchführenden Auftragnehmer, d.h. wenn der Klärungsworkshop von jemandem durchgeführt würde, der definitiv dann nicht mit der Durchführung betraut ist. Es geht hier auch nicht darum, einen Verfahrensvorschlag zu entwickeln, sondern die vernetzten Zusammenhänge transparent zu machen, so dass Politik und Verwaltung eine bewusste Entscheidung darüber treffen können, was sie wollen, um dies dann zum Gegenstand der Ausschreibung des Verfahrens zu machen.

- Ersatzweise zu einer offiziellen Beratung vor dem Verfahren biete ich bei Mediationen grundsätzlich eine Vorplanung an, in der in Vorgesprächen die Beteiligten informiert, ihre Einschätzung zum Konflikt und die Mitwirkungsbereitschaft an der Methode Mediation geklärt werden. Dies führt zu einer Vorlage, die inhaltlich eine Konfliktanalyse enthält und methodisch einen Vorschlag zur Vorgehensweise, in dem ich nun wesentlich genauere Angaben zu Art, Umfang, Dauer und Kosten des Verfahrens machen kann. Dies kann auch beinhalten, ggf. von einem Mediationsverfahren abzuraten und ein anderes Beteiligungsverfahren vorzuschlagen. Es ist so eine Art „Sollbruchstelle“, an der sich der Stadtrat nun noch einmal genauer überlegen und entscheiden kann, ob er das vorgeschlagene Verfahren mit diesem Aufwand zur Lösung des Problems will.

- Oft gibt es auch neben dem erteilten Moderationsauftrag für einen Beteiligungsprozeß einen (meist integrierten und nicht besondern ausgewiesenen) Beratungsauftrag für die Verwaltung, die in der Regel die Steuerungsaufgabe des Prozesses hat. Wenn das Vertrauensverhältnis gewachsen ist, kommt es dabei durchaus auch zu Coaching-Arbeit für einen Amtsleiter, die aber nicht offengelegt werden kann und unter anderen Etiketten läuft. Dies einerseits, weil es ein Image-Problem für den Amtleiter zu sein scheint, andererseits, weil es – im Gegensatz zu Unternehmen – für Führungskräfte der Verwaltung in der Regel keinen Topf, d.h. keinen Etat für Coaching gibt.

5. Anforderungen an Beratung und Coaching im öffentlichen Bereich

5.1 Beraterkompetenzen

Die Praxis der Beratung war in den letzten Jahren großen Änderungen unterworfen. Früher wurde der Berater als reiner Fachexperte angesehen, der angepasste Lösungen für die Probleme seiner Klienten entwirft, also z.B. bestimmte Verfahren der Bürgerbeteiligung empfiehlt. Heute setzt sich immer mehr ein Konzept der Beratung durch, das den Berater als einen Teil miteinander interagierender Systeme ansieht. Es wird heute in zunehmendem Maße die Fachberatung von der Prozessberatung unterschieden. Gleichzeitig differenziert man zwischen direktiver und nicht direktiver Beratung.

Der Berater soll jedoch nicht nur methodische Lösungen für Bürgerbeteiligungsverfahren anbieten können, sondern auch das gesamte Umfeld des Klienten (Verwaltungsstruktur, kommunalpolitische Struktur, Stadtgesellschaft) in seine Lösungsstrategien einbeziehen. Er muss nicht nur das *Was?*, sondern auch das *Wie?* beantworten.

Der Prozessberater hilft, Lösungen, die der Klient selbst (oder mit seiner Hilfe) gefunden hat, an die Organisationskultur (z.B. in der Verwaltung) anzupassen. Prozessberatung bedeutet die Gestaltung von Veränderungsprozessen. Sie zielt auf den Ausgleich von widerstrebenden Kräften im System und die Suche nach einer gemeinsamen Basis.

Die Entscheidung zwischen direktiver und nicht direktiver Beratung ist ein anderer Gesichtspunkt. Viele Beratungen scheitern, weil die Lösungsstrategien die eigentlichen Beteiligten, die Akteure, nur ungenügend oder gar nicht einbeziehen. Nachhaltigkeit von Beratung entsteht, wenn diese Akteure selbst Lösungen finden und der Berater sich eher im Hintergrund hält. Der Prozessberater bringt zwar auch Fachwissen ein, viel stärker jedoch noch seine Methodik, und er sorgt dafür, dass die Klienten ihre Lösung selbst finden.

Beratung in diesem Verständnis beinhaltet auf der einen Seite, dass die Aufmerksamkeit des Beraters nicht auf einen einzelnen Faktor (z.B. eine empfohlene Beteiligungsmethode) gerichtet ist, sondern auf das gesamte soziale, technologische und organisatorische System (Verwaltungsstruktur, politische Struktur, Stadtplanung, Stadtgesellschaft). Auf der anderen Seite ist Beratung zunächst einmal die Beratung einzeln handelnder Personen innerhalb eines Systems.

Zu den notwendigen Kompetenzen eines Beraters, die in einem Spannungsfeld zueinander stehen und im konkreten Fall immer eine angemessene Mischung sein müssen, gehören vier Bereiche:

Fachkompetenz

- spez. Berufsausbildung / Studium (z.B. Stadtplanung)
- ggf. Zusatzqualifikation (z.B. Beteiligungsverfahren)
- Spezialkenntnisse (z.B. Mediationsausbildung, Verwaltungsstrukturen)
- Branchenerfahrung (z.B. Öffentlicher Dienst, Kommunalverwaltung)
- Berufserfahrung

Methodenkompetenz (für die Beratungsarbeit)

- Zielvereinbarungen treffen
- systemisches Denken
- Moderationsfähigkeit
- Szenariodenken
- Präsentationstechniken
- Fragetechniken
- Problemlösetechniken
- usw.

Sozialkompetenz

- Vertrauen schaffen und halten
- Kommunikationsfähigkeit
- Teamfähigkeit
- Konflikt- und Kritikfähigkeit
- Wahrnehmungsfähigkeit
- Einfühlungsvermögen
- Überzeugungskraft
- Motivationsfähigkeit
- usw.

Persönlichkeitskompetenz:

- Initiative
- Erfolgsorientierung
- Entscheidungsfähigkeit
- Bereitschaft, Verantwortung zu übernehmen
- Integrität
- Loyalität
- Kreativität
- Belastbarkeit

5.2 Coaching

Der Coaching-Begriff stammt ursprünglich aus dem Ungarischen und ist dem Wort 'Kotscha' abgeleitet, was übersetzt 'Kutsche' heißt. Eine Kutsche hat die Aufgabe, Menschen zu einem Ziel zu befördern. 'Coaching' wurde durch den Sport geprägt: Gute Sportler - vor allem Profis - haben einen Coach. Dieser Coach weiß, wie Ziele erreicht werden. Er ist Fachexperte für Motivation, Gesundheit und Lebensbalance. Wenngleich im öffentlichen Dienst noch recht neu, so gibt es doch in Großstadtverwaltungen erste Ansätze für Coaching. Betriebsintern, oft auch unter der Bezeichnung „Supervision", wird Führungskräften eine Unterstützung durch geleitete persönliche Entwicklungsprozesse angeboten. Sie ermöglichen, Wahrnehmungsfelder zu erweitern oder zu verändern und die Praxiserfahrungen vor dem Hintergrund der Persönlichkeitsentwicklung des Klienten zu reflektieren: in noch seltenen, aber einer zunehmenden Zahl von Fällen auch durch externe Kräfte, wie es in der Wirtschaft und in Unternehmen inzwischen selbstverständlich ist. Ein vollständiger Coachingprozess würde dabei die acht klassischen Phasen umfassen:

1. Situation erkunden
2. Interessen erkunden
3. Ziele definieren
4. Ressourcen erschließen
5. Neue Wege entwickeln
6. Verhalten erproben
7. Zielerreichung überprüfen
8. Abschluss und Evaluation.

6. Beratungs- und Coachingbedarf bei Kolleginnen und Kollegen

- Unter den Kolleginnen und Kollegen, die Beteiligungsprozesse durchführen, kennt man sich. Es gibt einerseits die ganz normale Konkurrenzsituation (um die relativ wenigen Aufträge in diesem Feld) und andererseits aber auch Netzwerke, persönliche Beziehungen und Freundschaften, die über Jahre gewachsen sind. Dies führt einerseits dazu, dass man bei größeren Aufträgen, die die eigenen Kapazitäten, aber möglicherweise auch Bandbreiten an Erfahrung und Fähigkeiten übersteigen, projektbezogene Arbeitsgemeinschaften bildet und damit als Gruppe Bandbreiten und Qualitäten anbieten kann, die man als Einzelner oder kleines Büro nicht schafft. Andererseits führt es aber auch zu Konstellationen, wo man gebeten wird, im Hintergrund als Coach, Berater oder Supervisor zu wirken, eine Aufgabe, bei der man gegenüber dem Auftraggeber gar nicht in Erscheinung tritt.
- Interessant ist auch ein Modell der Nachwuchsförderung, bei dem junge Büros mit wenig Erfahrung und Referenzen mit mir eine Arbeitsgemeinschaft bilden. Ich bringe Referenzen und Erfahrung ein, die ihre Bewerbungssituation stärkt; im Falle des Erfolges, der Beauftragung, ist aber klar, dass ich eher eine Berater- und Coachingrolle im Hintergrund habe und nur sehr begrenzt im Projekt vor Ort mitarbeite.
- Da, wo sich ein Netzwerk – häufig von Einzelkämpfern oder kleinen Büros – gebildet hat, gibt es auch so etwas wie einen kollegialen Erfahrungsaustausch oder eine kollegiale Fallberatung, die als „Coaching bei schwierigen Beteiligungsprozessen beschrieben werden kann.

7. Abschließende Gedanken

Beratung und Coaching von Kommunalpolitik, Verwaltung und freien Planungsbüros bei schwierigen Beteiligungsprozessen bilden ein noch recht junges Tätigkeitsfeld, das angesichts der zunehmenden Komplexität in diesem Arbeitsbereich aber immer dringender wird. Im Gegensatz zu anderen Handlungsfeldern der Kommunalpolitik scheint es in Fragen der Prozessgestaltung von Beteiligungsverfahren und ihrer Einbettung in Verwaltungshandeln noch sehr ungewöhnlich und vom Image her wohl auch bedenklich zu sein, sich zu Beratungsbedarf und Coaching zu bekennen und die Bedingungen dafür zu schaffen.

Der Nutzen dieser Dienstleistung besteht darin,

- bei den Entscheidern einen Klärungsprozeß darüber herbei zu führen, welche Ziele unter welchen Rahmenbedingungen erreicht werden sollen,

- die geklärten Ziele mit der angemessenen Beteiligungsmethode dann auch zu erreichen,
- eine Methode zu wählen, die nicht nur effektiv ist, sondern dabei auch mit geringstmöglichem Aufwand und Kosten auskommt,
- Transparenz in diesem komplexen Themenbereich herzustellen und damit für die Auftraggeber Wahlfreiheit zwischen Alternativen zu gewinnen,
- eine Rollenklärung im Beteiligungsprozess zu erreichen, die das Risiko falscher Hoffnungen und Erwartungen bei Politik, Verwaltung und Bürgern und ggf. Gutachtern senkt (Experten-Laien-Dilemma),
- fachliche und persönliche Kompetenz bei den Entscheidern in Rat und Verwaltung zu steigern.

Je mehr hier eine Professionalisierung einsetzt, sind Selbstverständnisse und Transparenz von Zielen, Rollen und Aufgaben zu entwickeln, damit Beratung und Coaching offizielle Anerkennung finden und sich durch den spürbaren Erfolg auch verbreiten. Wie in anderen Bereichen auch können hier – trotz aller Besonderheiten - die langjährigen Erfahrungen in der Privatwirtschaft sehr befruchtend wirken.

10. In dem abschließenden Beitrag von Stefan Kessen wird das Thema dieses Buches, wie die durch den demographischen Wandel bereits ausgelösten und noch anstehenden Veränderungen angegangen werden sollen, noch einmal in sehr spezifischer Weise aufgenommen.
Kessen fragt danach, wie diejenigen, die von den Veränderungsprozessen betroffen sind, das Vertrauen darin gewinnen können, hier nicht einfach Widerstand zu leisten, sondern sich darauf einzulassen und das politisch und sozial Notwendige bewusst mit zu gestalten.
Für den Autor ist in diesem Zusammenhang entscheidend, ob die beteiligten Personen, Gruppen und Institutionen genügend Vertrauen in den Kommunikationsprozess haben können, der den anstehenden Entscheidungen vorausgeht. Er verweist auf die Chancen, die dafür unter anderen Verfahren die Mediation bietet, weil sie durch ihren Ablauf und die Unterstützung durch eine/n allparteiliche/n Dritte/n die kommunikative Kompetenz aller Beteiligten und damit auch deren kreatives Potenzial wesentlich erhöht. Mediation verändert die tradierten Konflikt- und Kommunikationsmuster dadurch, dass sie die Beteiligten dazu führt, sich im Gestaltungsprozess auf das zu konzentrieren, was ihnen jeweils besonders wichtig ist. Indem alle Beteiligten sich dies wechselseitig zugestehen, können sie auch entdecken, was sie gemeinsam als wichtig und zukunftsfähig ansehen und in den Veränderungsprozess einbringen wollen.

IX. Gestaltung durch Kommunikation – Mediation als Chance für die Bewältigung des demographischen Wandels

Stefan Kessen

1. Vertrauen als Voraussetzung für kreative Kommunikation

„Glücklicherweise gibt es noch große und schöne Probleme zu lösen." Der Planetenforscher Michael Mayor hatte bei diesem Satz mit sehr großer Wahrscheinlichkeit nicht den demographischen Wandel im Sinn. Gleichwohl kennzeichnet seine Aussage die Haltung, mit der wir einer der größten Herausforderungen unserer Zeit begegnen sollten: Schrumpfungstendenzen, Wanderungsbewegungen und Alterungsprozesse werden zweifelsohne gravierende Probleme mit sich bringen, die mit herkömmlichen und tradierten Lösungsstrategien nicht zu bewältigen sein werden. Das sollte uns nicht daran hindern, aufbauend auf ebenso unstreitig vorhandene Ressourcen neue Wege zu suchen.

Um gleich eine der anstehenden Herausforderungen zu konkretisieren: Vieles ist neu zu denken, doch ist es ein Irrglaube, dass allein diese Erkenntnis auch schon ausreichend wäre für eine entsprechende Umsetzung. Denn Neues bedeutet Veränderung, und Veränderung beschwört vielfach auch Sorgen, Ängste und generelle Verunsicherungen herauf. Widerstände gegen Veränderungsprozesse stellen eine „völlig normale Reaktion von einzelnen Individuen und Organisationen dar" (Glazinski/Rockrohr 2004, S. 45). Die entscheidende Vokabel für eine positive Wandlung lautet Vertrauen, zunächst einmal Vertrauen in sich selbst, dann in den anderen bzw. in die anderen, in die Zusammenarbeit, in mögliche Kooperationen usw. Dieses Vertrauen ist eine unabdingbare Voraussetzung für die Freisetzung von Kreativität in Veränderungsprozessen. Letztere produzieren in der Regel jedoch das Gegenteil: um sich ihren Teil zu sichern, bauen viele Menschen Positionen und Barrieren auf.

Angesichts der anstehenden Herausforderungen durch den demographischen Wandel

- wird ein Verhandeln über Positionen in vielen Fällen wahrscheinlich eher zu Verhärtungen und in deren Folge zu Nachteilen für alle Seiten führen;
- wird es in den meisten Konfliktfällen und Auseinandersetzungen um Entscheidungen nicht ausreichen, sich auf einen Kompromiss zu einigen, der zumeist aus einer konventionellen Lösung bestehen wird;
- es wird dagegen vorrangig darum gehen müssen, neue Wege zu denken und innovative und kreative Lösungen zu entwickeln,
- an denen alle von einem Ergebnis betroffenen Personen, Gruppen und Institutionen ausreichend beteiligt werden.

Die Nutzung der positiven Elemente des demographischen Wandels und die konstruktive Bearbeitung anstehender Konflikte mit der Erreichung vielfältiger kreativer und in erster Linie annehmbarer und zukunftsfähiger Lösungen für die unterschiedlichen Gruppierungen in der Gesellschaft wird den zunehmenden Einsatz mediativer Elemente erfordern. Mediation ist nicht der Königsweg für den Umgang mit Konflikten, und viele Konfliktsituationen werden kein Mediationsverfahren im engeren Sinne erfordern. Die zentralen Prinzipien von Mediation: die Eigenverantwortlichkeit der Beteiligten und die umfassende Beteiligung der von einem Vorhaben oder einer Planung Betroffenen werden indes häufig die Basis dafür sein, wenn Lösungen im kommunalen und regionalen Kontext für die durch den demographischen Wandel ausgelösten Veränderungsprozesse gefunden werden sollen. Dies gilt insbesondere dann, wenn die Betroffenen diese Lösungen mit gestaltet haben und sie nicht nur hinnehmen müssen: also den berechtigten Eindruck haben können, dass sie mit ihren Anliegen ernst genommen und adäquat beteiligt wurden.

Vertrauen ist ein elementarer Bestandteil des sozialen Lebens. Die meisten Menschen würden hingegen der Aussage zustimmen, dass das Fehlen von Vertrauen eher kennzeichnend für unsere sozialen und wirtschaftlichen Systeme ist. Gleichwohl vertraut jeder Mensch jeden Tag unzählige Male, da er ansonsten vor Angst, Unübersichtlichkeit und Überforderung morgens sein Bett nicht verlassen könnte. Vertrauen ist somit eine wirksame Form der Reduktion von Komplexität. Gleichzeitig ist Vertrauen im Zusammenhang von komplexen Problemlagen und Konfliktsituationen eine unabdingbare Voraussetzung dafür, dass die einzelnen Beteiligten ihre Handlungskapazitäten zu steigern vermögen: in dem sie nämlich vertrauensvoll mehr wahrnehmen, als ihre tradierten Muster der Konfliktaustragung zulassen würden. „Wo es Vertrauen gibt, gibt es mehr Möglichkeiten des Erlebens und Handelns, steigt die Komplexität des sozialen Systems, also die Zahl der Möglichkeiten, die es mit seiner Struktur vereinbaren kann, weil im Vertrauen eine wirksamere Form der Reduktion von Komplexität zur Verfügung steht" (Luhmann 1973, S. 7f).

Im Unterschied zu einer eher vergangenheitsorientierten *Vertrautheit* (mit bestimmten Abläufen und Ereignissen) ist Vertrauen in die Zukunft gerichtet. In konkreten Konfliktsituationen wird die Gestaltung einer gemeinsamen Wirklichkeit durch die beteiligten Personen, Gruppen und Institutionen folglich stark davon abhängen, ob sie genügend Vertrauen in einen Kommunikationsprozess besitzen, der sie in ihrer jeweiligen Gegenwart abholt und sie in eine Zukunft führt, die zu diesem Zeitpunkt weder greifbar noch denkbar ist. Fühlt sich ein Konfliktbeteiligter nicht angenommen oder verstanden, führt das zu einem Abwehr-Verhalten, das ihm zwar kurzfristig ein Gefühl der Sicherheit gibt, letztlich die wahre Dynamik einer Situation jedoch nur temporär zu verschleiern hilft (Argyris 1990) und zu einer dauerhaften Blockade führen kann. Das Vertrauen aller Beteiligten in einen gemeinsamen Planungsprozess wächst, wenn sie erleben, dass ihre jeweiligen Interessen und Bedürfnisse, also jene Aspekte, die ihnen individuell besonders wichtig sind, ernsthaft aufgenommen und als zentrale Kriterien für die Entscheidungsfindung wahrgenommen werden.

In einer Mediation fassen die Konfliktbeteiligten Vertrauen, wenn sie Wertschätzung und Respekt erfahren und ihnen das Verfahren jene Sicherheit gibt, die für sie notwendig und ausreichend ist. Besonders relevant für die Vertrauensbildung erscheint für viele Konfliktbeteiligte, wie sie die Mediation in bezug auf die Kriterien der Fairness und der Gerechtigkeit wahrnehmen und beurteilen (Sheppard/Lewicki/Minton 1992).[1] Zunächst ist das Vertrauen auf die eigene Rolle und die Mediation hin ausgerichtet. Eine mögliche Blockade besteht freilich in der verengten Sichtweise des Konflikts; „die Motive des ‚Gegners' werden negativ antizipiert und als feindliche Strategie gewertet" (Troja 2004, S. 23).

[1] Dabei sind grundsätzlich drei Ebenen zu unterscheiden, auf denen die Beteiligten Fairness und Gerechtigkeit messen: a) Ergebnis: die vielleicht gängigste Form, Gerechtigkeit zu evaluieren (Hält das Ergebnis den Anforderungen an Gerechtigkeit stand? Ist das Ergebnis im Vergleich zu anderen gerecht?); b) Prozess/Ablauf: die vielleicht wichtigste Form in der Mediation (Ist das Verfahren fair und gerecht angelegt? Können alle relevanten und wichtigen Dinge eingebracht werden?) und c) System: die vielleicht am schwersten zu greifende Form (Wird aufgrund übergeordneter, nachrangiger Verfahren und Abläufe überhaupt eine faire Behandlung und Bearbeitung möglich?).

Daher erfordert eine nachhaltige Vertrauensbildung gleichsam als zweite Stufe des sozialen Lernens die gegenseitige Anerkennung unterschiedlicher Sichtweisen, Interessen, Werte und Bedürfnisse (ebd.; auch Kessen 2000, S. 108f) „Der Mediator unterstützt die Parteien darin, sich über ihre Wirklichkeitskonstrukte auszutauschen und zu einer geteilten Interpretation zu gelangen. Nur so kann das gegenseitige Vertrauen entstehen, das für die gemeinsame Suche nach einer Lösung notwendig ist“ (Troja 2004, S. 23). Dieses Vertrauen öffnet erst das Tor für Kreativität.

Kreativität bedeutet eine Erweiterung der Handlungsspielräume, oder so wie Marcel Proust es einmal formulierte: Die wahre Entdeckung liegt nicht im Finden von neuen Ufern, sondern im Sehen mit anderen Augen. Eine der wichtigsten Funktionen des kreativen Denkens „besteht darin, uns auf Möglichkeiten aufmerksam werden zu lassen, die wir einfach stillschweigend ausgeblendet hatten“ (Sparrer/Varga von Kibéd 2000, S. 35).

Mentale Modelle bestimmen darüber, was und wie wir wahrnehmen. Wir benötigen diese Modelle der Vereinfachung, um uns in einer komplexen Welt zurechtzufinden, die ansonsten unsere Kapazität bei weitem übersteigen würde. Zahlreiche dieser mentalen Modelle zeichnen sich durch einen hohen Grad an Automatismus aus, sie agieren unsichtbar und wir hinterfragen sie nicht. Ohne reflexives Denken hören viele Menschen in Gesprächssituationen nur das, was sie hören wollen oder erwarten, und sie haben Schwierigkeiten zu verstehen, was andere tatsächlich sagen. Sobald sich Menschen ein Bild von der Welt gemacht haben, neigen sie dazu, dieses aufrecht zu erhalten. Dann fällt es ihnen schwer, Informationen aufzunehmen, die sich mit ihren Vorstellungen nicht vereinbaren lassen. Es entstehen manifeste Überzeugungen und Annahmen, die beinahe zwangsläufig zu einer noch selektiveren Auswahl an Informationen führen (Argyris 1990, S. 87).

Die Chance der Mediation liegt in solchen Situationen darin, dass sie über die Unterstützung und Förderung der kommunikativen Kompetenz der Menschen die Voraussetzung für eine neue Kreativität schaffen kann. Sowohl Fragen als auch Antworten werden von allen Beteiligten im gemeinsamen Diskurs zugelassen, ohne direkt in eine Bewertung der Aussagen überzugehen. Dies ist leichter formuliert als praktisch umgesetzt, aber mit der Hilfe der Mediatorin oder des Mediators können die Beteiligten zum eigenen Problemlösen angeregt werden. Mit der Motivation, in neue Lösungsbereiche vordringen zu können, welche die eigenen Interessen zu befriedigen vermögen, steigt ihre Bereitschaft, sich auf einen kreativen Prozess einzulassen und damit auch jenen Gedanken und Ideen Raum zu geben, die ansonsten gleich als unrealistisch oder unsinnig abgetan würden. Kreativität ist somit nicht an einzelne Personen gebunden, die kreative Eigenschaften besitzen, sondern es ist immer erst eine Situation, die Menschen kreativ werden lässt (Hentig 1998).

2. Veränderung der Kommunikations- und Konfliktmuster

Die Mediation als Kommunikationsprozess kann in vielen Situationen eine Antwort auf jene Anforderung an die Bearbeitung des demographischen Wandels stellen, die vielfach in der aktuellen Literatur erwähnt wird: der Wandel muss kommunikativ bewältigt werden.

Freilich: Unsere Alltagskommunikation und erst recht unsere Kommunikation in schwierigen Gesprächssituationen und konfliktbehafteten Veränderungsprozessen zeichnet sich üblicherweise nicht durch gutes Zuhören und strukturiertes Vorgehen aus, sondern vordergründig werden Positionen ausgetauscht und Ansprüche geltend gemacht.

Eines der zentralen Potenziale von Mediation beruht auf einer Veränderung der tradierten Konflikt- und Kommunikationsmuster durch die Fokussierung auf jene Aspekte, die den Beteiligten jeweils wirklich wichtig sind. Um einen effektiven und effizienten Austausch über die vielfältigen Bedürfnisse und Interessen der Beteiligten zu ermöglichen, ist es oftmals zwingend, die Kommunikation der Beteiligten durch die vorgegebenen Phasen und Schritte eines Mediationsverfahrens zu strukturieren (Kessen/Troja 2002).

Auf der Basis von Positionen ist es oft sehr schwierig oder sogar unmöglich, zu einer im Konsens getragenen Regelung zu gelangen, die Vorteile für alle Konfliktbeteiligten beinhaltet oder die zumindest für alle akzeptabel ist.

Die Mediation geht bewusst einen scheinbaren Umweg über die Interessen und Bedürfnisse der Konfliktbeteiligten, um

- eine kooperative Kommunikation aufzubauen, in der es nicht um Beurteilungen und gegenseitige Schuldzuweisungen geht, sondern vielmehr um die individuellen Problemsichten und Bedürfnisse,
- bei den Beteiligten ein tieferes Verständnis für die Haltung des anderen zu ermöglichen,
- für eine Erweiterung von Lösungsoptionen zu sorgen,
- eine Reflexion der jeweiligen Wahrnehmungen und Annahmen anzuregen,
- die Beteiligten darin zu unterstützen, auf der Basis der gegenseitigen Anerkennung von Interessen und Bedürfnissen selbst neue Perspektiven zu entdecken und neue Lösungsansätze zu entwickeln.

Die vorgenannten Motive für eine intensive Klärung von Interessen und Bedürfnissen greifen im Prozess der Mediation oftmals ineinander und bedingen sich gegenseitig. Gemeinsam ist ihnen, den Konfliktbeteiligten eine Perspektive zu eröffnen, die es ihnen ermöglicht, eine für alle Beteiligten akzeptable und zukunftsorientierte Konfliktregelung zu erreichen. Dass sie dieses Ergebnis eigenverantwortlich und gemeinsam erzielt haben, ist gleichzeitig Ausdruck einer neu- oder wiedergewonnenen sozialen Kompetenz.

Prallen Positionen aufeinander, entstehen oftmals starre Kommunikationsmuster mit hohem Eskalationspotenzial und geringer Lösungskapazität. Die Beteiligten verschanzen sich hinter ihren Forderungen, da sie darin meist die einzige Chance sehen, ihre Ansprüche zu verwirklichen. Doch oftmals ist ihnen das, was ihnen wirklich wichtig ist, nur unbewusst klar und längst in den Hintergrund getreten. Offensichtlich ist nur noch, was sie wollen, aber kaum noch, warum sie es wollen. Die Klärung der hinter den Positionen liegenden Interessen ist nicht nur als ein Puzzlespiel mit der Suche nach den richtigen Steinen zu begreifen, sondern vielmehr als ein systemischer Entwicklungsprozess, in welchem der Mediator die Konfliktbeteiligten darin unterstützt, sich selbst ihrer unterschiedlichen Bedürfnisse und deren Gewichtung bewusst zu werden. Auf der Basis von unvereinbaren Positionen („Ja" vs. „Nein"; „Schwarz" vs. „Weiss") nach Konfliktlösungen zu fragen, führt eher zu einer verstärkten Blockade bei den Beteiligten. Erst wenn die eigentlichen Interessen und Bedürfnisse zum Ausgangspunkt der Lösungssuche genommen werden, kann es den Beteiligten gelingen, das skizzierte Dreieck in Abbildung 1 (S. 275) zwischen Vermeidung, Anpassung und Durchsetzung über den Kompromisspunkt hinaus in Richtung der Kooperationspunkte zu verlassen.

Ein Beispiel:

Zwei Personen (A und B) sitzen in einem Raum in einer Bibliothek. Sie geraten darüber in Konflikt, ob das Fenster geöffnet oder geschlossen bleiben soll. Abb. 1 verdeutlicht anhand einer Nutzenmatrix der Kontrahenten A und B verschiedene Varianten, wie sie sich in ihrem Konflikt verhalten können. Sie können beide dem Konflikt aus dem Weg gehen, indem sie bspw. die Bibliothek verlassen. Vermeidung ist eine sehr häufige Form im Umgang mit Konflikten, führt aber auch zwangsläufig dazu, auf die Erfüllung eigener Interessen und Bedürfnisse zu verzichten. Spieltheoretisch handelt es sich um eine Verlierer-Verlierer-Situation. Anders verhält es sich, wenn eine der beiden Personen in der Lage ist, seine Position gegen die des anderen durchzusetzen (das Fenster bleibt geöffnet oder geschlossen). Der anderen Person bleibt dann nur die Möglichkeit der Anpassung (Gewinner-Verlierer- bzw. Verlierer-Gewinner-Situation). Bei den Bibliotheksbesuchern A und B ist das jedoch nicht der Fall, und so versuchen sie eine Lösung für ihren Konflikt zu finden. Bleibt es jedoch bei der Fragestellung „Fenster auf oder Fenster zu?", wird es ihnen in der Regel maximal möglich sein, einen Kompromiss zu finden (z.B. Fenster auf Kipp stellen oder Fenster 10 Minuten geöffnet, dann 10 Minuten geschlossen). So hat jeder von ihnen auf einen Teil seiner Wünsche und Bedürfnisse verzichtet. Je nachdem wie schwer der Verzicht für den einzelnen wiegt, wird er sich durch diesen Kompromiss als

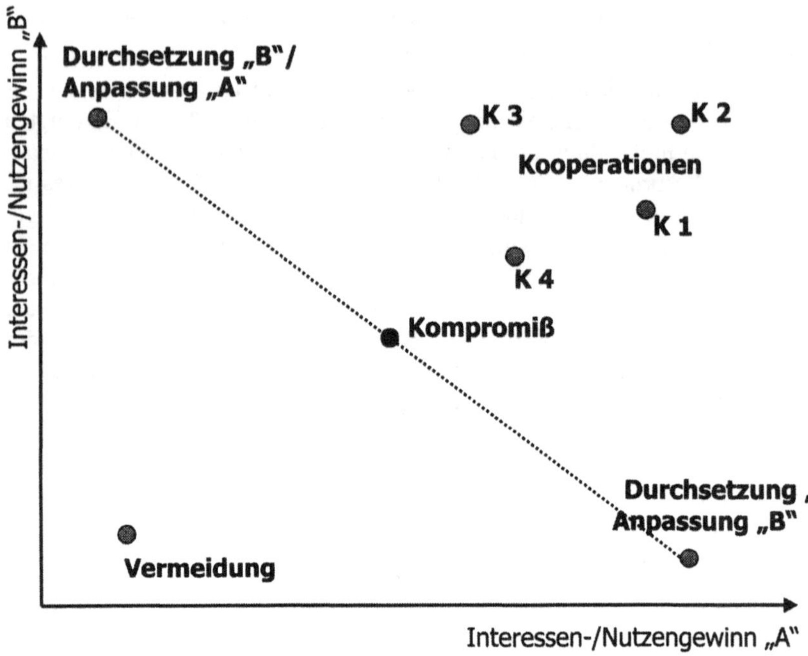

Abb. 1: Verhalten in Konflikten

Verlierer fühlen. Die bisher betrachteten Konfliktlösungen sind allesamt Elemente eines distributiven Verhandelns. Distributives Verhandeln konzentriert sich auf die Verteilung einzelner Ressourcen und Mittel. Dabei handelt es sich um ein Nullsummenspiel: Was der eine gewinnt, verliert der andere. Die Folge ist ein kompetitives Streiten um den größten Anteil vom Kuchen.

A und B sind jedoch bestrebt, eine kooperative Regelung zu finden, und so tauschen sie sich gegenseitig darüber aus, warum sie das Fenster entweder geöffnet oder geschlossen haben wollen. Dabei stellt sich heraus, dass der eine das Fenster geöffnet haben will, weil er frische Luft zum Arbeiten benötigt, der andere will hingegen das Fenster geschlossen halten, weil der Luftzug seine zahlreichen Notizzettel auf dem Tisch durcheinander weht. Auf der Basis dieser Interessen verändert sich die Fragestellung, für die es eine Lösung zu finden gilt. Sie lautet nun nicht mehr „Fenster auf oder Fenster zu?", sondern vielmehr „Wie können es A und B erreichen, dass A frische Luft zum Arbeiten bekommt und B die Notizzettel nicht durcheinander fliegen?" A und B sammeln mehrere Optionen und entscheiden sich dann dafür, im Nebenraum ein Fenster und gleichzeitig die Verbindungstür zu öffnen. Auf diese Weise kann frische Luft ohne Durchzug in die Bibliothek gelangen.

Durch die neue Fragestellung auf Basis der sichtbar gewordenen Interessen erweitert sich nicht nur das Spektrum der Konfliktregelungsoptionen. Sie fördert ebenso einen kooperativen Kommunikationsstil, da das Interesse des anderen nicht unmittelbar als Bedrohung für die Durchsetzung des eigenen Interesses wahrgenommen wird. Die Atmosphäre im Raum wird sich verändern. Vorausgesetzt, es existieren nicht noch weitere Interessen und Bedürfnisse, die bisher nicht zur Sprache gekommen sind, hat B im vorliegenden Bibliothekskonflikt wahrscheinlich nichts gegen frische Luft einzuwenden, solange seine Zettel nicht durcheinander fliegen. Noch offensichtlicher wird es im umgekehrten Fall: A hat sicherlich nichts dagegen, dass bei B die Zettel liegen bleiben. Durch die veränderte Fragestellung auf der Basis der tatsächlichen Interessen der Beteiligten ist sichtbar geworden, dass sich der Raum für mögliche Lösungen deutlich erweitert hat. Es werden nun auch Lösungsoptionen denkbar, die nicht zwingend etwas mit dem Fenster zu tun haben müssen. Wenn sich im Beispiel die Lösungsüberlegungen ausschließlich auf die Stellung des Fensters in dem Bibliotheksraum konzentriert hätten, wäre der denkbare Lösungsraum unnötig eingeschränkt worden.

Wenn nicht mehr Positionen unversöhnlich nebeneinanderstehen (und sich dann keiner bewegt, denn was der andere erhält, wird ihm weggenommen), sondern die tatsächlichen Interessen und Bedürfnisse offen gelegt werden, stellen die Beteiligten meistens überrascht fest, dass sich diese nicht zwingend ausschließen müssen, dass es sogar Gemeinsamkeiten gibt und dass es vorher viele Missverständnisse und Wahrnehmungsunterschiede gab. Auf einmal eröffnet sich ein neuer Raum, die Beteiligten müssen nicht krampfhaft etwas bewahren, sondern sie können aus eigener Überzeugung heraus von ihrer Position lassen und neu überlegen, was denn alles denkbar wäre. Ich bin der festen Überzeugung, dass in allen Menschen ein kreatives Potenzial für Lösungen in eigener Sache schlummert. Das liegt nur brach, solange der Konflikt sich auf der Ebene von Ja gegen Nein, Schwarz gegen Weiss bewegt. Neue Perspektiven und neue Lösungsräume können meines Erachtens in der Regel nur dann entstehen, wenn die Konfliktpartner zu jenen Aspekten eines Konflikts vorgedrungen sind, die ihnen individuell besonders wichtig sind. Und das sind nicht immer oder meistens sogar nur zu einem Teil und manchmal sogar zu einem sehr geringen Teil die sachlichen Streitgegenstände, um die es vordergründig geht.

Mediation ist sicher nicht die allein richtige und gute Vorgehensweise, doch sie bietet oftmals und in vielen Konflikten eine Chance für die Beteiligten, zu nachhaltigen und stabilen Lösungen zu kommen, die auf dem Fundament dessen stehen, was ihnen jeweils wirklich wichtig ist.

Mediation lenkt den Akzent auf den positiven, zukunftsorientierten Bestandteil von Konflikten. Sofern konstruktiv mit ihnen umgegangen wird, sind Konflikte der Motor zur Veränderung und ein enormes Lernfeld für die Beteiligten: „We have used the conflict to become more aware of ourselves and others; we feel more able to solve problems; ... our relationships are stronger and more able to deal with future difficulties" (Tjosvold 1993, S. 13).

Die Potenziale eines mediativen Vorgehens sind bereits in anderen Beiträgen in diesem Buch sichtbar geworden. Hier noch ein weiteres, kurz skizziertes Beispiel: In einem unserer letzten mediativen Dialogverfahren, in dem es um einen ergebnisoffenen Entschiedungsprozess über die Gestaltung einer hochsensiblen Fläche ging, die gleichzeitig potenzieller Wohnraum in einer Wachstumregion und Lebensraum seltener Tier- und Pflanzenarten ist, hat eine 2-tägige Auftaktveranstaltung – ohne dass Ansätze einer Lösung diskutiert wurden – bereits zu einem differenzierten Bild in der Wahrnehmung nahezu aller Beteiligten geführt, welches sich deutlich von dem polarisierenden der letzten zehn Jahre im Rahmen dieser Auseinandersetzung unterschied. Die Fokussierung auf jene Aspekte, die für alle Beteiligten wichtig waren – und dieses sowohl auf der rein inhaltlichen Ebene wie in Fragen der Zusammenarbeit – und das Bestreben der Verfahrensleitung, ein gegenseitiges Verstehen sicher zu stellen (z.B. durch gemeinsame Arbeiten an mehreren runden Tischen, an denen jeweils Vertreterinnen und Vertreter unterschiedlicher Gruppierungen und Meinungen sitzen), weckte die Bereitschaft vieler Teilnehmer/innen, an neuen Lösungen mitzudenken. Am Ende des zweiten Tages wurde vieles von vielen anders wahrgenommen: es wurde nicht die eigene Sichtweise auf Kosten der anderen als absolut angesehen, sondern beide bzw. alle Seiten wurden in ihrer besonderen Bedeutung für das Thema oder die sie jeweils vertretenen Menschen wahrgenommen und gewürdigt. Einige Teilnehmer/innen äußerten sich abschließend sehr überrascht über sich selbst, dass sie es auf einmal zumindest wieder für möglich halten würden, dass gemeinsame Lösungen entstehen könnten.

Eine entscheidende Voraussetzung für das Gelingen solcher Entwicklungsprozesse liegt darin, die Vielzahl der Betroffenen und zu beteiligenden Personen, Gruppen und Institutionen darin zu unterstützen, miteinander arbeiten, sich mit ihrem jeweiligen Wissen einbringen zu können und so die Möglichkeit zu erhalten, die eigenen Vorstellungen im Kontext weiterer Aspekte, Interessen und Bedürfnisse kritisch zu hinterfragen, zu differenzieren und zu verfeinern.

Die Herausforderungen durch den demographischen Wandel werden für viele Kommunen und Regionen eine Leitbilddiskussion mit allen Betroffenen erfordern, wie die jeweils eigene Zukunft aussehen sollte. Ein konstruktives Mitdenken aller Beteiligten erweitert den Raum für innovative und kreative Ideen. Kompromisse werden aller Wahrscheinlichkeit nach in vielen Fällen keine zufriedenstellenden Lösungen darstellen können. Mit Blick auf das Koordinatenkreuz (Abb. 1) bedeutet das eine Wanderung über die Kompromisspunkte hinaus nach Nordosten.

Das ist die Chance, die im demographischen Wandel liegt: er fordert die Suche nach neuen und kreativen Lösungen, er ist der Motor für Veränderungen – und wir können diese gestalten.

Literatur

Argyris, Chris, Overcoming Organizational Defences, Needham 1990.

Bateson, Gregory, Steps to an Ecology of Mind, San Francisco 1972.

Bush, Robert A. Baruch / Folger, Joseph P., The Promise of Mediation. Responding to Conflict through Empowerment and Recognition, San Francisco 1994.

Glazinski, Bernd / Rockrohr, Grit, Erfolgreiches Veränderungsmanagement, in: SEM/Radar. Zeitschrift für Systemdenken und Entscheidungsfindung im Management 1/2004, S. 35-58.

Hentig, Hartmut von, Kreativität. Hohe Erwartungen an einen schwachen Begriff, München 1998.

Kessen, Stefan, Fragen in der Mediation, in: Familiendynamik 28/2003, H. 3, S. 356-375.

Kessen, Stefan / Troja, Markus, Die Phasen und Schritte der Mediation als Kommunikationsprozess, in: Haft, Fritjof / Schlieffen, Katharina von (Hrsg.): Handbuch Mediation, München 2002, S. 393-420.

Luhmann, Niklas, Vertrauen. Ein Mechanismus der Reduktion sozialer Komplexität., 2. erw. Aufl., Stuttgart 1973.

Sheppard, Blair H. / Lewicki, Roy J. / Minton, John W., Organizational Justice. The Search for Fairness in the Workplace, New York, Toronto 1992.

Sparrer, Insa / Varga von Kibéd, Matthias, Ganz im Gegenteil. Tetralemmaarbeit und andere Grundformen systemischer Strukturaufstellungen – für Querdenker und solche, die es werden wollen, 2. korr. Aufl. Heidelberg 2000.

Tjosvold, Dean, Learning to Manage Conflict. Getting People to Work Together Productively, New York, Toronto 2000.

Troja, Markus, Transformative Mediation in einem „reinen Dollarkonflikt". Ein Mediationsverfahren zwischen zwei Unternehmen im Anlagenbau, in: Zeitschrift für Konfliktmanagement (ZKM) 1/2004, S. 22-27.

Autorenverzeichnis

Binne, Heike, Dipl.-Soz., Quartiersmanagerin
Amt für Soziale Dienste, Stadtverwaltung Bremen
Lüssumer Heide 6, 28777 Bremen
Telefon: 0421-3617 9293
E-Mail: projektbuero-luessum@asdnord.bremen.de

Dohmen, Dieter, Dr.
Direktor Forschungsinstitut für Bildungs- und Sozialökonomie FiBS
Reinhardtstr. 31, 10117 Berlin
Telefon: 030-8471 223-0
E-Mail: info@fibs.eu

Ebner, Peter, Prof. Dipl.-Ing. Arch.
Inhaber des Stiftungslehrstuhls für Wohnungsbau und Wohnungswirtschaft an der TU München
Arcisstr. 21/R2221, 80333 München
Telefon: 089-2892 8460
E-Mail: ebner-ullmann@aon.at

Elliott, Michael, Associate Professor
City and regional Planning Program, College of Architecture Georgia Tech
245 Fourth Street, Atlanta, GA 30332-0155, U.S.A.
Telefon: 001-404 894 9842
E-Mail: michael.elliott@coa.gatech.edu

Fink, Ulf, Senator a. D.
Büro für Gesundheit und Prävention, Gründer der WISO Gruppe
Französische Str. 23, 10117 Berlin
Telefon: 030-2639 1777
E-Mail: ulf.fink@gesundheitsbuero-berlin.de

Große Starmann, Carsten, Dipl.-Ing.
Projektmanager Demographischer Wandel Bertelsmann Stiftung
Carl-Bertelsmann-Str. 256, 33335 Gütersloh
Telefon: 05241-8181 228
E-Mail: carsten.grosse.starmann@bertelsmann.de
www.wegweiserdemographie.de

Heiss, Oliver, Dipl. Ing. Architekt
Geschäftsführer Architektur und Technik
Bayerische Architektenkammer
Waisenhausstr. 4, 80637 München
Telefon: 089-1398 8035
E-Mail: architektur@byak.de

Höllbacher, Roman, Dr. Architekturhistoriker
Ignaz-Rieder-Kai 35/20
A - 5026 Salzburg-Aigen
Österreich
Tel+Fax: 0043-(0)662-625113
E-Mail: lauro@aon.at

Kessen, Stefan, M.A., Mediator
MEDIATOR GmbH
Elisabethstr. 2, 26135 Oldenburg
Telefon: 0441-2172 733
E-Mail: stefan.kessen@mediatorgmbh.de

Merk, Elisabeth, Prof. Dr.
Hochschule für Technik Stuttgart
Fakultät für Architektur, Masterstudiengang Stadtplanung
Schellingstr. 24, 70174 Stuttgart
Telefon: 0711-8926 2616
E-Mail: lisafarfalla@hotmail.com

Müller, Bernhard, Prof. Dr., Direktor
Leibnitz-Institut für ökologische Raumentwicklung e.V.
Weberplatz 1, 01217 Dresden
Telefon: 030-4679 211
E-Mail: b.mueller@ioer.de

Münz, Rainer, Prof. Dr.
Senior Fellow Hamburgisches WeltWirtschaftsArchiv (HWWA)
Neuer Jungfernstieg 21, 20354 Hamburg
Telefon: 040-3405 7659
Rainer.Muenz@hwwa.de

Rentsch, Harald, Ass.jur., Mediator
Gescgäftsführer a.D. des Städteverbandes Schleswig-Holstein
Forstmeisterweg 23, 23568 Lübeck
Telefon: 0451-3 84 47 95
E-Mail: haraldrentsch@web.de

Rommel, Verena, Dipl.-Ing.
Landschaftsarchitektin, Referentin für Aus- und Fortbildung
Konradstr. 11, 80801 München
Telefon: 089-1209 9664
E-Mail: verena.rommel@gmx.de

Schmidt, Kerstin, Dipl.-Sozialwirtin,
Projektmanagerin Demographischer Wandel Bertelsmann Stiftung
Carl-Bertelsmann-Str. 256, 33335 Gütersloh
Telefon: 05241-8181 183
E-Mail: kerstin.schmidt@bertelsmann.de
www.wegweiserdemographie.de

Sellnow, Rainer, Dipl.-Volkswirt, Stadtplaner
Büro für Kommunalberatung, Moderation, Mediation
Amtmannsbrücklein 1, 90475 Nürnberg
Telefon: 0911-357761
E-Mail: reinhard@sellnow.de

Voskamp, Beate, Dipl.-Ing. Freie Landschaftsarchitektin
voskamp landschaftsarchitektur bdla + moderatorin. mediatorin
Westfalenring 2d, 12207 Berlin
Telefon: 030-7120 2566
E-Mail: mail@voskamp-la.de

Waske, Walter, Landrat
Landkreis Holzminden
Bürgermeister-Schrader-Str. 24, 37603 Holzminden
Telefon: 05531-707 200
E-Mail: walter.waske@landkreis-holzminden.de

Zillessen, Horst, Prof. Dr.
MEDIATOR GmbH
Elisabethstr. 2, 26135 Oldenburg
Telefon: 0441-2172 733
E-Mail: horst.zillessen@mediatorgmbh.de

Dieter Puschke

Sozialverwaltung im aktivierenden Staat

Die Reform der Sozialverwaltung zwischen Aufgabenkomplexität, bundesstaatlichen Rahmenbedingungen und Effizienzanforderungen am Beispiel des Landesamtes für Soziales, Jugend und Versorgung in Rheinland-Pfalz

Frankfurt am Main, Berlin, Bern, Bruxelles, New York, Oxford, Wien, 2006.
663 S., zahlr. Tab.
Speyerer Schriften zur Verwaltungswissenschaft.
Herausgegeben von Rainer Pitschas. Bd. 2
ISBN 978-3-631-53819-7 · br. € 97.50*

Das Buch arbeitet den organisatorischen Wandel der Landessozialverwaltung von Rheinland-Pfalz stellvertretend für die Veränderungen in den Sozialverwaltungen der Länder auf. Auf diese Verwaltungen wirken die seit den 1990er Jahren neuen Sichtweisen von Rolle und Aufgabe des Staates hin zum aktivierenden Staat ebenso ein wie die Veränderungen des Sozialrechts bei der sozialen Entschädigung, im Behindertenrecht, bei der Sozial-, Kinder- und Jugendhilfe sowie im öffentlichen Gesundheitsdienst und den Heimaufsichten. Die Entstehung und Veränderung dieser Sozialrechtsgebiete bis heute und ihr Einfluss auf die Sozialverwaltungen von Bayern, Nordrhein-Westfalen, Rheinland-Pfalz und Sachsen-Anhalt ist ein Schwerpunkt dieser Arbeit. Am Beispiel der Sozialverwaltung von Rheinland-Pfalz wird dargestellt, wie der organisatorische Wandel gestaltet werden kann, um beständig zu sein und Effizienz sowie größere Bürgernähe zu erzielen.

Aus dem Inhalt: Die Strukturen der Landessozialverwaltungen im *aktivierenden Staat* · Ihre Prägung durch das Recht der sozialen Entschädigung und sozialen Förderung sowie Aufgaben des öffentlichen Gesundheitsdienstes und der Heimaufsichten · Entwicklung der Landessozialverwaltungen von Bayern, Nordrhein-Westfalen, Rheinland-Pfalz und Sachsen-Anhalt · u.v.m.

FSC
www.fsc.org
MIX
Papier | Fördert
gute Waldnutzung
FSC® C083411

Kolibri 360 GmbH
Ferdinand-Jühlke-Straße 7
99095 Erfurt, Deutschland
produktsicherheit@kolibri360.de

Druck:
CPI Druckdienstleistungen GmbH
im Auftrag der
Kolibri 360 GmbH
Ferdinand-Jühlke-Str. 7
99095 Erfurt